热带海洋-大气相互作用

Tropical Ocean-Atmosphere Interaction

（第二版）

(Second Edition)

刘秦玉　郑小童　谢尚平 ● 著

海洋出版社

2023年·北京

图书在版编目(CIP)数据

热带海洋-大气相互作用 / 刘秦玉, 郑小童, 谢尚平著. — 2版. — 北京 : 海洋出版社, 2023.7

ISBN 978-7-5210-1139-5

Ⅰ. ①热… Ⅱ. ①刘… ②郑… ③谢… Ⅲ. ①热带-海气相互作用 Ⅳ. ①P732.6

中国国家版本馆CIP数据核字(2023)第130851号

审图号：GS京（2023）1467号

责任编辑：程净净
责任印制：安　森

海洋出版社 出版发行

http://www.oceanpress.com.cn

北京市海淀区大慧寺路 8 号　邮编：100081

鸿博昊天科技有限公司印刷

2023年7月第2版　2023年7月第1次印刷

开本：787mm × 1092mm　1 / 16　印张：11

字数：220千字　定价：98.00元

发行部：010-62100090　总编室：010-62100034

前 言

海洋和大气的相互作用在气候系统中起着重要的作用，是涉及海洋科学和大气科学两个学科的新兴研究领域。热带虽远离我们多数人居住的中纬度，但热带是驱动全球气候变化的引擎，是认识和预测气候变率和变化的关键区。热带海洋和大气的耦合比较明显，且为气候年际变率大的地区，因此，人类对热带海洋在气候变率和气候变化中的认识要比热带外其他海域的认识更全面、更深入。

20 世纪 80 年代是热带海洋－大气相互作用动力学研究的黄金年代，科学家通过提出有关海洋的厄尔尼诺现象与大气中的南方涛动现象之间的因果关系，奠定了大尺度海洋－大气相互作用及这两者之间反馈机制的基础。第一次提出了海洋－大气之间耦合不稳定性的概念，用海洋－大气耦合的数学模型成功地解释了厄尔尼诺和南方涛动现象的机制等。采用动力学耦合模式成功预测出了 1986 年的厄尔尼诺现象，是热带海洋－大气相互作用研究应用到气候预测的一个显著标志；而与厄尔尼诺现象对应的热带大气异常可以通过大气波动影响热带外的大气环流异常的发现，极大地提高了北美气候季节预测的准确率，并使热带海洋－大气相互作用的厄尔尼诺现象成为公众关注的气候变化信号。20 世纪 90 年代，新的海洋与大气之间的反馈机制也被提了出来，例如，信风背景下的海面风－蒸发－海表温度之间的正反馈机制，越赤道风－上升流－海表温度正反馈机制，以及层云－海表温度正反馈机制。这些机制不仅揭示了热带东太平洋和大西洋大气辐合带常年位于赤道以北的物理本质，并且解释了热带大西洋和热带太平洋上都存在的海洋－大气耦合经向模态。在赤道印度洋，气候态的温跃层比较平而且深，本应不利于海洋上升流的出现，但科学家发现了与赤道东印度洋上升流有关联的印度洋偶极子模态，该模态出现的本质是热带印度洋局地海洋－大气之间的相互作用。

国际上热带海洋与全球大气（TOGA）研究计划和气候变率与可预测性（CLIVAR）研究计划的开展为研究海洋－大气耦合反馈和由此产生的可预测性奠定了基础。这些计划在三大洋留下了大量的锚定浮标，并且使在许多国家的天气 \ 气候中心运用耦合动力学模型进行常规的季节性气候预测得以实现。卫星的观测和全球实时地转海洋学阵计划（Argo）的实施使得对海洋的描述空前详细，导致了 21 世纪在海洋－大气相互作用方面取得一系列突破性的进展。另外，对观测数据艰苦的整理和使用同化了观测资料的动力数值模式再分析产品都促进了我们对气候变率和气候变化的刻画、理解和模拟。

气候异常不仅有热带海洋 - 大气相互作用导致的自然变化，同时还越来越多地受到人为因素的影响。全球变暖被认为是人类社会所面临的最严重挑战之一，而在全球变暖背景下与热带海洋 - 大气相互作用有关的这些物理过程是否会有变化，该变化是否影响目前我们开展的气候预测，这一系列科学问题是海洋 - 大气相互作用研究面临的挑战，也是目前气候学研究中最令人兴奋的研究方向之一，代表着海洋 - 大气相互作用研究已经进入了一个新篇章。

三维立体观测（包括卫星观测）和计算机技术的飞速发展，使人类对大气和海洋的认知迅速提升，21 世纪以来，在海洋 - 大气相互作用方面取得了一系列突破性的进展，特别是中国的科学家在这方面的贡献有了极大的提升。本书重点回顾了在热带海洋 - 大气相互作用和气候变化方面现有的主要成果和已发现的重要现象，以 21 世纪最新的研究成果为主，兼顾历史上重要的学术观点；强调现象的描述和物理机制的探讨；尽量避免过多的、繁琐的理论和数学公式，深入浅出地着重阐述现象的物理本质，浅显易懂；尽量将有关重要的研究动态和研究结果用新的资料、清晰的图片和简短的文字提供给读者，使读者易于接受和消化，达到不同学科背景的读者都可以通过阅读该专著，了解热带大尺度海洋 - 大气相互作用的基本理论和最新研究进展的目的。由于这些特点，我相信该专著不仅可以作为大气科学、海洋科学本科生和研究生学习的教学参考书，还将会得到大气科学和海洋科学研究领域专业人员的关注，也将会受到从事地球科学研究和关注全球气候变化的广大读者的喜爱，有广泛的社会关注度和应用价值。

《热带海洋 - 大气相互作用》第一版于 2013 年 9 月出版，受到广大读者的欢迎，也被我国十几所高校选为本科生和研究生有关课程的教学参考书，在 2018 年已经售罄。为了更好地将最新的热带海洋 - 大气相互作用成果介绍给读者，本书除了第 1 章应读者的需求增加了一些有关海洋和大气大尺度运动的基本知识外，对第一版的第 3 章、第 5 章、第 6 章和第 7 章（本书中的第 8 章）都做了许多补充和修改，增加了对厄尔尼诺 - 南方涛动（ENSO）多样性及气候预测的讨论，以及海洋 - 大气耦合模态对全球变暖响应的最新进展。此外，本书还增加了第 7 章，重点介绍热带太平洋 - 印度洋主要海 - 气耦合模态对热带外气候的影响和正在开展的全球热带海洋之间的相互作用。本书还删除了第一版中有关太平洋年代际变化的介绍。

重大的科学发现往往来源于意想不到但是好奇的思维，认真的分析和艰苦的努力则是重大的科学发现必不可少的前提。我们希望本书可以激励新一代从事海洋和气候研究的科学工作者，他们中的一些人定将成为未来的教科书中讲述的科学发现上的巨人。

感谢所有参与绘制图表的研究生对本书的完成做出的重要贡献；感谢全球变化研究国家重大科学研究计划“太平洋印度洋对全球变暖的响应及其对气候变化的调控作用”（2012CB955600）为本书的写作提供的支持；感谢中国海洋大学对本书出版的支持。

刘秦玉

2023 年

目　录

第1章　预备知识

我们所处的地球是一个旋转的动力学系统。地球上的流体（不管是海洋中流动的海水，还是包围地球的大气，甚至地壳、地幔及地球内部熔化的岩浆），由于受到地球旋转及自身密度分布的影响，它们的大尺度运动显现出一些共同的动力学特征。海洋与大气中的大尺度运动就是流体在重力、科氏力和其他力共同作用下的运动。海洋－大气相互作用是地球系统多层圈相互作用中对气候变化影响最显著的层圈相互作用之一。

海洋是气候系统的一个重要组成部分，地球表面约71%的面积被海水所覆盖，海洋在很大程度上决定着地球对太阳辐射的吸收以及与大气之间的热量交换。相对大气来说，海洋有较大的热容量，其调整过程相对缓慢，因此具有较长期的“记忆”功能。通过海洋与大气之间的相互作用，海洋抑制并削弱气候系统中的高频率变异信号，“增强”气候系统中缓慢变异的信号，从而决定了气候系统变化的某些时间尺度，加强了气候系统的可预测性。在气候系统中，海洋的作用主要通过与大气之间的相互作用来实现，认识和理解海洋－大气相互作用的规律，是掌握天气与气候系统变化规律的前提和基础；对海洋与大气之间的物质和能量交换作出正确的定量估计是目前气候系统数值模拟中需要解决的最重要的问题之一。

为了认识和理解海洋－大气相互作用的基本规律，首先需要了解与海洋－大气相互作用有关的基础知识，本章将介绍这些基础知识，为认识和理解海洋－大气相互作用做好准备。

1.1　海洋与大气的共性和差异

处于地球系统中的海洋和大气，在大尺度运动方面既具有显著的共性，也存在个体的差异。更重要的是，它们之间还存在相互作用。海洋与大气的变化和相互作用成为地球气候系统变化的最重要组成部分。海洋和大气的运动是指相对地球的运动，因此，相对自西向东旋转坐标系运动成为海洋和大气运动最显著的共同特征。地球自转一周的时间平均约为23小时56分4秒，称为一个恒星日。地转角速度为一矢量，记为$\boldsymbol{\Omega}$，其大小约为$7.29\times10^{-5}\ \mathrm{s}^{-1}$，方向为地轴方向，即垂直于旋转平面，并与其构成右手螺旋系统。在地球旋转坐标系中，大气和海洋的运动是指流体相对该坐标系的运动。由于地球坐标系是一个非惯性坐标系，于是就出现了“惯性力”：惯性离心力和科氏力。一旦引进科氏力就会出现一些很有趣的动力学现象，这就是大气和海洋共有的“旋转效应”。

其次，“层结效应”是海洋与大气运动的另一个显著共性。它主要是由于密度不均匀而引起的。在地球重力场中，无论是大气还是海洋都具备较重的流体下沉、较轻的流体上升，系统在重力作用下力图趋向于位能最小的平衡状态。然而，这种平衡只是相对的，在外来加热源及外力的推动下产生扰动并发展，破坏了这种平衡，因此，大气和海洋又总是处于一个准平衡态。这一特性是大气和海洋共有的“层结效应”。

为了定量刻画海洋与大气都具备的这两种效应，需要介绍以下与这两个效应有关的常用的基本概念和无量纲数。

1.1.1 旋转效应

地球绕轴旋转，而我们关心的大气和海洋的大尺度运动是相对于这个旋转坐标系的运动，因此，必须引入两种惯性加速度项。在旋转坐标系的动力学系统中可以将这两种惯性加速度看成虚拟力，它们分别是科氏力和离心力。通常我们将这种大气和海洋相对旋转地球的大尺度运动称为旋转地球流体运动。在地球系统中，如果流体运动的时间尺度与地球旋转的时间尺度是相当的或前者比后者更长一些，则必须考虑旋转效应。我们可以定义如下无量纲的量：

$$\omega=\frac{\text{旋转时间尺度}}{\text{流体运动时间尺度}}=\frac{2\pi/\Omega}{T}=\frac{2\pi}{\Omega T} \tag{1.1}$$

式中，T 代表流体运动的时间尺度。标准如下：如果 ω 的量级小于或等于 1，则要考虑旋转效应。从运动的速度及时间尺度中可以找到另一种更有用的判据，即下面要介绍的罗斯贝（Rossby）数。我们分别用 U 和 L 来表示运动的速度尺度及长度尺度，那么 T 就表示一个流体质点以速度 U 运动距离 L 所用的时间。如果 T 与旋转周期相当或大于旋转周期，则运动轨迹将受到旋转效应的影响，我们可以把两者的比值称为罗斯贝数，并用 ε 表示：

$$\varepsilon=\frac{2\pi/\Omega}{L/U}=\frac{2\pi U}{\Omega T} \tag{1.2}$$

如果 ε 小于或等于 1，便可认为旋转是重要的。前面所提到的大尺度运动，就是罗斯贝数远小于 1 的运动。

在旋转动力学系统中，运动方程应含有科氏力项，在 x 轴指向东、y 轴指向北、z 轴垂直于地球切平面并指向天顶的局地直角坐标中，

$$\text{科氏力} = -f\boldsymbol{k} \times \boldsymbol{V} \tag{1.3}$$

式中，

$$f = 2\Omega \sin \varphi \tag{1.4}$$

称为科氏参数，其中 φ 为纬度；$\boldsymbol{V}$ 为流速矢量；$\boldsymbol{k}$ 为铅直坐标单位矢量。科氏参数随纬度的变化率，用 β 表示，

$$\beta = \frac{\partial f}{\partial y} = \frac{1}{a}\frac{\partial f}{\partial \varphi} = \frac{2\Omega \cos \varphi}{a} \tag{1.5}$$

式中，地球半径 R 近似取其平均值为 a。

罗斯贝数 ε 的定义是$\dfrac{U}{fL}$，它具有广泛的物理含义，至少可以表示成如下物理量之比值：

（1）惯性力 $\left(\dfrac{U^2}{L}\right)$ / 科氏力（fU）；

（2）旋转时间尺度 $\left(\dfrac{1}{f}\right)$ / 平流时间尺度 $\left(\dfrac{L}{U}\right)$；

（3）相对涡度 $\left(\dfrac{U}{L}\right)$ / 牵连涡度（f）；

（4）相对速度（U）/ 牵连速度（fL）。

以上这些表明了各种动力学特征量与其相应的旋转作用的比较，所以罗斯贝数是一个表明旋转作用相对重要性含义的量。

1.1.2　地转流

对大尺度旋转流体运动，罗斯贝数的量级 $O(\varepsilon) \leqslant 10^{-1}$，在旋转流体水平运动过程中，若略去 $O(10^{-1})$ 以上的量，流体元便在科氏力和压强梯度力的作用下基本上达到平衡。此时的运动即地转运动，它是大气和海洋中最基本的一种运动形式，它充分反映了旋转效应的重要性。地转运动表示为

$$\boldsymbol{V} = \boldsymbol{k} \times \frac{1}{\rho f} \nabla p \tag{1.6}$$

此式表明，旋转流体运动基本上不是沿压力梯度（$-\nabla p$）方向流动的，而是沿着与压力梯度（$-\nabla p$）相垂直方向流动的，并且对北半球的观察者来说是顺着流动方向高压基本上保持在右侧。

1.1.3 Proudman-Taylor 定理

旋转效应的主要影响是产生流体的垂直刚性。在旋转坐标系中的均质流体中，这种效应可能较强以至流体呈柱状运动；也就是说，所有的质点沿垂直轴同步运动，因而永远保持它们的垂直一致性，这就是 Proudman-Taylor 定理中所描述的现象。所谓 Proudman-Taylor 定理，即在均质或正压旋转流体中，流体的准定常和缓慢的运动，其速度在沿旋转轴的方向上将不改变。也就是说，对于均质或正压旋转流体的准定常和缓慢运动，其速度将独立于旋转轴的方向，运动将趋于两维化。

1.1.4 流体的斜压性

对于准定常缓慢流动，罗斯贝数 $O(\varepsilon) \leqslant 10^{-1}$，相当于强旋转条件，运动是地转的，即

$$2\boldsymbol{\Omega} = \boldsymbol{V}_\mathrm{h} = -\frac{1}{\rho}\nabla p \tag{1.7}$$

式中，$\boldsymbol{V}_\mathrm{h}$ 为水平流速矢量。对式（1.7）取旋度，得

$$2\nabla\times(\boldsymbol{\Omega}\times\boldsymbol{V}_\mathrm{h}) = -\nabla p\times\nabla\frac{1}{\rho} \tag{1.8}$$

若流体为斜压流体，即$\nabla p\times\nabla\frac{1}{\rho}\neq 0$，利用 $\nabla\cdot\boldsymbol{V}_\mathrm{h}=0$，将式改写成

$$f\frac{\partial}{\partial z}\boldsymbol{V}_\mathrm{h} = \nabla p\times\nabla\frac{1}{\rho} \tag{1.9}$$

即流场将随高度变化，体现了流体的斜压性。

若流体满足正压条件（等压面与等密度面严格重合），$\nabla p\times\nabla\frac{1}{\rho}=0$，在海洋中特指密度为常量，式（1.9）化简为

$$\frac{\partial}{\partial z}\boldsymbol{V}_\mathrm{h} = 0 \tag{1.10}$$

即流场不随高度变化，称该流体为正压流体。

1.1.5 位势涡度及其守恒

在旋转流体中，流体运动存在着一个保守性或守恒性较强的组合物理量，称作位势涡度 Π，且定义为

$$\Pi \equiv \frac{(\boldsymbol{\omega}+2\boldsymbol{\Omega})}{\rho}\cdot\nabla\lambda \tag{1.11}$$

式中，$\boldsymbol{\omega}=\nabla\times\boldsymbol{V}$ 为相对涡度；$2\boldsymbol{\Omega}$ 为牵连涡度；λ 为热力学守恒量，经常取作位温 θ。由旋转地球流体的控制方程组，即绝对涡度方程、质量连续方程和热流量方程等，在一定条件下可导得位势涡度守恒方程为

$$\frac{\mathrm{d}}{\mathrm{d}t}\Pi=0 \tag{1.12}$$

此即 Ertel 定理：对旋转、层结流体中的绝热过程，位势涡度守恒。当流体是不可压缩的且又是绝热过程（流体加热率等于零），在不考虑摩擦效应的前提下，位势涡度守恒定律可被改写成

$$\frac{\mathrm{d}}{\mathrm{d}t}\left[\frac{(\boldsymbol{\omega}+2\boldsymbol{\Omega})\cdot\nabla\rho}{\rho}\right]=0 \tag{1.13}$$

在一定意义上讲，大气和海洋动力学可简单地认为是流体的位势涡度守恒动力学。

1.1.6　浮力频率

作为旋转地球流体，大气与海洋都是具有一定层结结构的层结流体。由于受扰抬升或下降的流体元在上升或下降时，其密度按一定的规律随高度（或深度）变化着，而四周环境流体的密度是按层结分布随高度（或深度）变化的，因此，我们设流体绝热地位移到新高度（或深度）的时候，这一流体元本身的密度与环境密度差异将促使其产生振荡运动，称为浮力振荡。浮力频率为流体层结稳定度或静力稳定度的判据。大气的浮力频率为

$$N\equiv\left(\frac{g}{\theta}\frac{\mathrm{d}\theta}{\mathrm{d}z}\right)^{\frac{1}{2}} \tag{1.14}$$

对于海洋，流体元在小位移中所受的压缩性影响可以忽略，其表达式可被简化为

$$N\equiv\left(-\frac{g}{\rho}\frac{\mathrm{d}\rho}{\mathrm{d}z}\right)^{\frac{1}{2}} \tag{1.15}$$

式中，g 是重力加速度。对于大气来讲，当 $\mathrm{d}\theta/\mathrm{d}z>0$ 时，由于流体元绝热上升后比环境流体重，受到的作用力向下，流体元下沉，将受到向上的恢复力，恢复力的方向与运动方向相反，因此，这种层结是稳定的；当 $\mathrm{d}\theta/\mathrm{d}z<0$ 时，流体元所受的作用力方向与运动方向相同，这种层结是不稳定的。由式（1.15）可知，对于海洋来讲，当 $\mathrm{d}\rho/\mathrm{d}z<0$ 时为稳定层结；当 $\mathrm{d}\rho/\mathrm{d}z>0$ 时为不稳定层结。大气与海洋都具备这种层结效应。

1.1.7 准不可压缩流体和 Boussinesq 近似

严格来说，海水和空气都是可压缩的。但据观测，在一般外压力作用下海水的密度变化不大。平均而言，上下层海水的密度相对变化约为 5%。大气的压缩性虽然比海水要大得多，但其密度变化的动力学作用也只需要在某些情况下考虑。19 世纪物理学家 J. Boussinesq 为求得层结流体控制方程组的合理简化而提出了 7 点假设。根据他的近似假设应用于大气动力方程组，其主要结论有 4 点：①在连续方程中不考虑密度的个别变化，即近似地作为不可压缩流体处理；②在与重力相联系的铅直向运动方程中部分地考虑密度变化的影响，即考虑浮力与重力的差值——净浮力；③在状态方程或热流量方程中要考虑密度变化的影响，而密度变化主要是由温度变化所引起的；④空气的分子黏性系数和分子热传导系数可作常数处理。这些结论在海洋中也是适用的，称作 Boussinesq 近似。

正如 Boussinesq 近似所讲述的，如果流体运动在质量守恒方程中略去密度个别变化，而在动量方程中只在与重力相联系的项中保留密度变化的重力效应，则这样的流体称作准不可压缩流体，也称作 Boussinesq 流体。

总而言之，大气与海洋运动中存在一些共性：旋转效应和层结效应。以上给出的是刻画海洋与大气大尺度运动都具备的共性所必要的基本概念。但是海洋和大气的大尺度运动也存在着差异，首先，海洋和大气在热力性质方面是有显著差异的。比如，海水的密度要比大气大得多，它与温度、盐度和压力有关，不同深度海水的密度变化不大；大气密度仅与温度、压力和湿度有关，压缩性较大（表 1.1）。

表1.1 海洋与大气的差异

海 洋	大 气
由风应力、潮汐力、浮力和摩擦力驱动	由水汽相变产生的加热、浮力和摩擦力驱动
存在水平边界	无水平边界（除了某些盆地）
密度 ρ 较大，运动较慢	密度 ρ 较小，运动较快
密度与温度 T、盐度 S、压强 P 有关	密度与温度 T、湿度 q、压强 P 有关
弱层结	强层结
准不可压缩	可压缩性较大

其次，海洋和大气运动的主要机制不同。海洋与大气的运动的能量都来源于太阳热辐射：太阳发射的短波辐射穿越大气层，大部分被陆地和海洋吸收，而陆地和海洋又以潜热和长波辐射的形式将能量传到大气。因此，大气是从底部被加热，从而产生对流驱动了大气运动，形成了风。而驱动海洋运动的机制比较复杂，除了产生潮汐的天体引潮力，海洋表面还受风的驱动产生风生环流。海洋和大气的热力差异产生了蒸发及降水等物理过程，并在海－气界面交换热量和动量，影响海洋风生环流甚至产生附加环流。另外，两者的运动尺度也不相同。相对而言，大气的运动要比海洋快很多。因此，大气和海洋耦合系统长周期变化的“记忆”来自海洋。除此之外，海洋和大气在某些特殊的运动上也存在着许多不同。例如，海洋在陆地和岛屿附近的侧摩擦可以引起边界流现象，这在大气中是比较少见的。

正是由于海洋与大气运动在时空尺度上的差异，在时间尺度越长的海洋－大气相互作用现象中，海洋的主导作用越明显。

1.2　全球大气环流

地球的旋转造成了作为连续介质覆盖在地球表面相对“浅薄”的大气与海洋的运动。大气和海洋这两个密度不同的流体之间存在相互作用，成为复杂的地球气候系统中一个重要的组成部分。从全球平均的纬向环流来看，在对流层里最基本的特征是：大气大体上沿纬圈方向绕地球运动。在低纬地区常年盛行东风，称为东风带，又称信风带。信风带的风向在南北半球有所不同：北半球为东北信风，南半球则为东南信风。两半球的中纬度地区盛行西风，称为西风带，其经向跨度比东风带宽，西风强度随着纬度增高而增大，最大风速出现在纬度 30° 左右上空的 200 hPa[①] 附近，称为西风急流。在极地附近，低层存在较浅薄的弱东风，称为极地东风带。

从全球经向环流来看，在南北及垂直方向上的平均运动构成三类经圈环流：第一类是低纬度的正环流，即哈德利环流。该环流的特征是，在近赤道地区空气受热上升，在北半球向北（南半球向南）运动的过程中逐渐转为偏西风，到 30°N（30°S）左右产生下沉气流，在低层又分为两支，一支向南（向北）运动回到近赤道，另一支向北（向南）运动。第二类是中纬度形成的一个逆环流或称间接环流，即费雷尔（Ferrel）环流。第三类是气流在极地下沉而在 60°N（60°S）附近上升，从而形成的一个极区的正环流，但其强度较弱。在极地东风带与中纬度西风带之间，常有极锋活

① hPa，压强单位，百帕。

动（伍荣生，1999）。

全球风系的主要成因有以下几方面：一是太阳辐射，这是地球上大气运动能量的来源。由于地球的自转和公转，地球表面接受的太阳辐射能量是不均匀的，热带地区偏多、极区偏少，从而形成大气的热力环流；二是地球自转，在地球表面发生的大气运动都受到科氏力的作用而发生偏转；三是地球表面海陆分布不均匀；四是大气内部的涡通量和角动量守恒等。以上种种因素的合成效应，一方面形成了全球风场的平均状态；另一方面也使全球风系具有复杂多变的形态。

可以想象，如果在一个非旋转的地球气候系统中，长期给赤道地区加热、极地冷却，则在所有纬度上热量必须向极地输运，大气环流将会成为一个单一的闭合环流系统。在这个环流系统中，地面风从极地高压吹向赤道低压，暖空气在赤道上升、在对流层顶返回极地完成整个环流过程。然而，当我们考虑到地球是旋转的这个事实时，问题变复杂了。由于地球的旋转和由此引起的科氏力，向赤道运动的气流在北半球向右偏转、在南半球向左偏转，因此在两个半球产生了向西的分量，信风在南北半球分别从东南和东北方向吹向赤道。科氏力随纬度升高而增大，在赤道为零，在极地为最大值。因此，在科氏力影响下，对流层上层极向流角动量守恒使极向气流在纬度30°左右下沉，从而导致哈德利环流不能伸展到极地。低纬风场在科氏力的影响下偏移量相对较小，构成哈德利环流圈；而在中、高纬地区科氏力影响下偏移量较大，可以形成大气涡旋（低压和高压系统）。

在暖西风和极地东风之间总存在一个被称为极锋的边界区，极锋上的波动可发展为低压，这些低压的形成使热量向极地运输。中纬度气旋和反气旋所选取的运动路径由高空急流所取的路径来决定，该路径也被称为“风暴轴”的路径。

热量被大气和海洋直接或间接地运输到极区。地表上空向赤道运动的空气从海洋和大陆吸收热量，当它在低压区（如赤道）上升后向极地运动时，热量也被输运到极地。

1.3 东风波、热带气旋和季节内振荡

从热带海洋－大气耦合系统的季节变化、年际变化和更长时间尺度的变化来认识海洋－大气相互作用是本书的重点。但是海洋与大气的相互作用具备多时空尺度的特征，在天气尺度和季节内尺度上，海洋－大气相互作用也非常重要，例如，东风波、热带气旋和季节内振荡。

1.3.1 东风波与热带气旋

低纬地区大气的水平温度梯度很小，大气中有效位能很小，但海洋作为下垫面可以通过释放潜热来影响大气的水汽含量，从而通过影响大气稳定度来影响大气环流。通常温度越高、密度越小，密度小的空气上升造成低压区，风由高压区吹向低压区。举例来说，在赤道地区海表温度（Sea Surface Temperature, SST）极高、水汽含量高，大气垂向层结为条件不稳定，深对流频繁发生，通过水汽凝结加热整个对流层气柱，从而在底层形成低压，这是热带辐合带（Inter-Tropical Convergence Zone, ITCZ）的形成机制。热带辐合带位于东北信风及东南信风辐合处，为哈德利环流的上升部，此处的对流潜热释放是哈德利环流及信风的驱动力。在热带对流层中层或低层的东风带中，常常有波状的天气系统随东北 / 东南信风向西运动，通常被称为东风波。东风波的平均波长约为 3 000 km，周期约 3 ～ 6 d，其移动速度为 5 ～ 12 m/s，其能量来自纬向平均流或非绝热加热。它们出现最频繁的时节是在北半球晚夏，这与此时水温最高、信风逆温最弱、对流层最不稳定、对流活动最活跃有关。只有小部分东风波发展成为气旋，但它们很重要，因为只要信风受到扰动，它们就会给干旱地区带来降水（伍荣生，1999）。

热带气旋一旦形成，便以紧密围绕低压中心（通常为 950 hPa 环状等压线）为特征。气旋中心气压梯度大，促使空气向低压区螺旋上升（在北半球呈逆时针旋转，南半球呈顺时针旋转），风速达到 100 ～ 200 km/h。气旋内核或气旋眼区云淡风轻，但其周围有强烈的暖湿空气上升。当上升空气中的水汽凝结为云和雨时，释放出的潜热驱动了气旋的形成，导致气旋中心区附近的空气被加热、密度减小而逐渐上升，加强了对流层上层空气的反气旋式辐散。

实际上，促使垂直对流不断发展的 SST 大约为 27 ～ 29℃，而垂直对流可导致积雨云发展和气旋的产生。空气温度越高其所能够容纳的水汽越多，向上输运的潜热通量也就越多，考虑到这一正反馈过程，温度从 27℃ 升高到 29℃ 应当比温度从 19℃ 升高到 21℃ 对上层大气的影响更大。然而，这个问题的具体答案还不十分确定。促使垂直对流不断发展的 SST 范围因海域有别，也与不同的背景气流状况有关，例如，研究表明在南海中部春季的高温暖水区，当 SST 大于 29℃ 时对流依然随温度增加而加强（阮成卿和刘秦玉，2011）。

热带气旋伴随的强风易在海表产生大浪，这些波浪从中心区向外逐渐发展。当气旋加强，海面也变得混乱起来。风向和气旋移动方向一致的地区是很危险的，因为在此处波浪已经移动了很长距离，此处也是风浪导致海水混合最强的海域。此外，气旋也影响它所经过的海域的上层结构。气旋中心附近的气流运动使表层水产生辐散，从而导致深层冷水上升代替表层水。因此，不但气旋受 SST 的影响，而且气旋也会改变 SST，而 SST 的改变又可以通过海洋 – 大气相互作用影响气旋的路径和强度。

热带气旋的形成区几乎都在距赤道 5 个纬距之外的海域，当气旋移离其生成点时，总是向极地运动，因此，气旋是向高纬输送热量的重要方式之一。当气旋移至陆上，驱动气旋发展的水汽垂直输送大大减弱，地面摩擦剧增，气旋开始减弱。热带气旋的平均生命期约为 1 周。

热带气旋发生的频数随时间表现出鲜明的变化特征。在过去的几十年中，热带气旋发生频数变化不大，但强气旋增多，似乎与热带海温的上升有关（Webster et al., 2005）。

众所周知，热带气旋是由小的低压中心触发形成的，例如，可能在与 ITCZ 有关的小旋涡中产生。几乎所有的热带气旋都在热带海洋的暖水面中形成，其中 87% 在赤道两侧 20 个纬距内形成。热带西北太平洋不仅是全球热带气旋出现频数最多的海域，也是全球唯一全年都有热带气旋活动的海域（伍荣生，1999）。南海暖水的独特性，也为南海“土台风”的形成与发展提供了有利的条件。

1.3.2 大气季节内振荡

大气季节内振荡是大气中一种广泛存在的周期大约为准双周和 30 ~ 60 d 的运动形式。Madden 和 Julian（1971；1972）首先发现了大气中周期为 40 ~ 50 d 的振荡，因此，后人也将大气季节内振荡称为马登 – 朱利安振荡（Madden-Julian Oscillation, MJO）。李崇银（1993）对国内外有关 MJO 的研究作了系统性总结。将 MJO 的重要特征概括如下。

MJO 最早在热带大气中被发现，热带大气中的 MJO 也最强，因此，有关热带大气中 MJO 的机制研究较多，主要可分为积云对流加热的反馈（Wave-CISK）机制理论、蒸发 – 风反馈结合积云对流加热的反馈机制理论等。研究结果表明，不考虑海洋作用的单纯大气模式难以再现真实的 MJO 图像；而与此同时，考虑海洋 – 大气相互作用的研究结果却取得了较好的进展，因此，人们开始关注海洋 – 大气相互作用在 MJO 形成和发展中的作用。利用全球大气环流模式，通过加入不同 SST 强迫场，可以发现提高 SST 强迫场的真实性有助于增强 MJO 的模拟（李薇等，2002）。

研究表明，大气 MJO 对西北太平洋台风的生成有比较明显的调制作用。在 MJO 的活跃期与非活跃期，西北太平洋生成台风数的比例为 2∶1；而在 MJO 活跃期，对流中心位于赤道东印度洋（即 MJO 第 2、第 3 位相）与对流中心在西太平洋地区（即 MJO 第 5、第 6 位相）时的比例也为 2∶1。对大气环流的合成分析显示，在 MJO 的不同位相，西太平洋地区的动力因子和热源分布形势有极其明显的不同。在第 2、第 3 位相，各种因子均呈现出抑制西太平洋地区对流及台风发展的态势；而在第 5、第 6 位相则明显促进对流发生发展，并为台风生成和发展创造了有利的大尺度环流动力场（李崇银等，2013）。

在年际变化尺度上，MJO 活动不同位相的强对流会在东亚 / 西北太平洋地区激发产生不同形势的遥响应（罗斯贝波列），导致在中国不同地区出现有利（或不利）降水的环流形势和条件（李崇银等，2013）。

除此之外，热带西太平洋的 MJO 被认为是热带太平洋年际变化异常事件的重要触发机制，印度洋和南海海域的 MJO 与夏季风爆发也有密切的关系。

目前，对于东风波、热带气旋、温带气旋和 MJO 在气候系统的年际、年代际变化和更长期变化中起什么作用还不清楚，与这些天气尺度和季节内尺度大气变化现象有关的海洋 – 大气相互作用的规律和机制亟待进一步被揭示。因此，本书将不包含有关天气尺度和季节内尺度海洋 – 大气相互作用的内容，但是这些相对高频变化的信号必定会通过能量的转换对低频变化产生重要影响，这也是海洋 – 大气相互作用研究，特别是中高纬度海洋 – 大气相互作用未来的研究重点。较高时空分辨率卫星观测资料的获取和数值模式的建立为研究天气尺度和季节内尺度的海洋 – 大气相互作用提供了可能性，可以预测，在未来 5 年内，该研究领域将会有一系列新的研究成果。

1.4　海洋上混合层、温跃层、密跃层和障碍层

海洋上混合层是指通过湍流混合在海洋上层形成的垂直方向密度相对均匀的海水（图 1.1）。海洋上混合层直接受海面动量、热量和淡水通量的调控，它在海洋 – 大气相互作用中处于非常重要的地位，也是低层大气与上层海洋进行物质交换的重要界层。

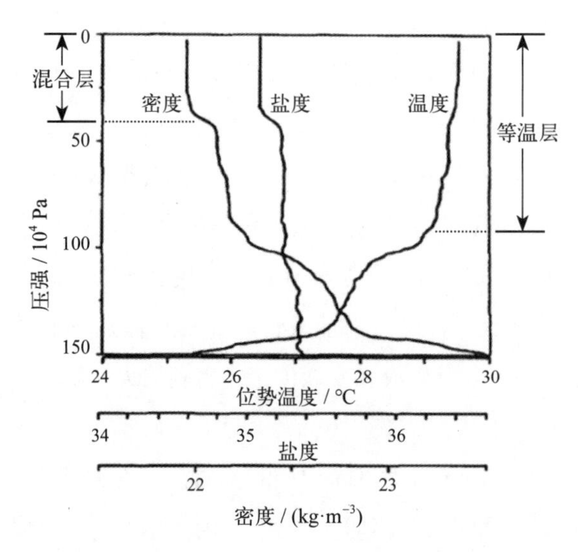

图1.1　海水的温度、盐度和密度垂直分布示意图

海洋温跃层是指海洋上混合层的暖水与深海冷水之间温度垂直梯度较大的一层水体，通常以温度垂直梯度最大的深度为海水温跃层深度（图 1.1）。正如温跃层一样，密跃层是指海洋上混合层密度小的轻水与深海密度大的重水之间密度垂直梯度较大的一层水体。海水的密度主要由温度与盐度决定，在盐度变化不大的深海，温跃层几乎就是密跃层。

海洋温度、盐度和密度在上层海洋的垂直分布形成对应的温度、盐度和密度跃层。温跃层的上界为等温层，密跃层的上界为等密度层（混合层）；如果等温层深度和等密度层深度不一致，且前者比后者深时，两者之间的水层称为障碍层 (barrier layer)，障碍层厚度为等温层厚度与等密度层厚度之差（图 1.1）。海洋的上层经常有大量的淡水注入，使在等温层中盐度存在明显的垂直梯度，导致等密度层比等温层浅，出现障碍层。障碍层对海洋上层通量与物质的垂直交换起到障碍作用，并将海洋－大气界面交换的热量限制在混合层中。障碍层通常出现在热带降水量大或近河口、而风速较小的海域。

位于海洋密跃层之上的海洋上混合层只能通过混合层底的夹卷（混合层底的水进入混合层）效应与密跃层进行质量、热量和水中包含的其他物质交换。由于海洋上混合层在垂直方向上具有均一性，可以将海洋上混合层的温度变化和厚度变化用以下方程组表示：

$$\frac{\partial T_{\mathrm{m}}}{\partial t}=\frac{Q_{\mathrm{net}}}{\rho_0 C_{\mathrm{p}} h_{\mathrm{m}}}-\boldsymbol{u}_{\mathrm{m}}\cdot\nabla T_{\mathrm{m}}-\frac{w_{\mathrm{e}}(T_{\mathrm{m}}-T_{\mathrm{d}})}{h_{\mathrm{m}}} \tag{1.16}$$

$$\frac{\partial h_{\mathrm{m}}}{\partial t}+\boldsymbol{u}_{\mathrm{m}}\cdot\nabla h_{\mathrm{m}}=A_{\mathrm{h}}\nabla^2 h_{\mathrm{m}}+w_{\mathrm{e}} \tag{1.17}$$

式中，T_{m} 代表混合层温度；∇T_{m} 表示水平温度梯度；Q_{net} 表示海表净热通量；ρ_0 和 C_{p} 分别指代参考密度和海水比热；h_{m} 表示混合层深度；$\boldsymbol{u}_{\mathrm{m}}$ 表示水平流速；w_{e} 表示夹卷速度；T_{d} 代表混合层底的水温。方程（1.16）是混合层温度倾向方程，其中的 4 项分别为温度倾向项、表面热力强迫项、平流项和垂直夹卷项（Qiu，2002）。方程（1.17）是混合层深度倾向方程，其中的 4 项分别为深度倾向项、水平辐散项、水平扩散项和垂直夹卷项（Qiu, 2002）。Q_{net} 由 4 项组成，分别为感热通量 Q_{S}、潜热通量 Q_{L}、短波辐射 Q_{s}，以及长波辐射 Q_{l}。

方程（1.16）和方程（1.17）反映了海洋上混合层温度和深度变化的主要物理过程。在海面热通量相同的情况下，混合层深度的大小直接影响温度的变化：深的混合层被加热或冷却的速度慢。例如，冬季黄海、渤海、东海海域混合层的深度几乎与海水的深度相同，冬季气候平均的 SST 等值线在空间分布上就受控于海底地形：暖舌出现在深水海槽上，岸边浅水区 SST 较低（Xie et al., 2002）。在混合层较深的冬季，海流的水平热平流效应对 SST 变化影响的相对重要性更突出。

混合层深度的计算方法目前并不统一，有一种计算方法为由表层盐度和比表层温度低 0.5℃ 的温度值计算一个密度，这个密度所在的深度为混合层深度（Sprintall et al., 1992）；另一种计算方法是将密度的垂直梯度大于 0.015 kg/m^4 处，即密度跃层上界所在处作为混合层深度（贾旭晶等，2001）。混合层深度变化应该在 SST 的变化中扮演重要角色。目前，对这方面的研究还相对欠缺，需要进一步的研究。

1.5 海洋 – 大气界面通量及风驱动下的海洋环流

大气与海洋通过在界面的动量、热量和水汽的交换产生相互作用。低空大气具有以湍流活动为主的边界层，该层贴近海面的部分是表面层，在表面层这个薄层里，热量和动量的铅直通量不随离海面的距离变化而变化。海洋 – 大气相互作用通过界面的动量、热量、水汽和其他物质交换来实现。本书中主要讨论海洋 – 大气界面的动量和热量交换。

1.5.1 海洋－大气界面通量

根据目前对界面之间由于湍流产生的动量和热量交换的参数化表达方式可知，在海洋－大气界面上动量和热量的交换通常与风应力有关。以下 3 个公式为界面动量和热量（包括感热与潜热）交换的计算公式（Stewart，2008）：

$$\boldsymbol{\tau} = C_D \rho_a |\boldsymbol{w}|\boldsymbol{w} \tag{1.18}$$

$$Q_S = \rho_a C_p C_s |\boldsymbol{w}|(T_s - T_a) \tag{1.19}$$

$$Q_L = \rho_a C_L L|\boldsymbol{w}|(q_s - q_a) \tag{1.20}$$

式中，$\boldsymbol{w}$ 和 $\boldsymbol{\tau}$ 分别为海面 10 m 处的风速和风应力；ρ_a 代表空气的密度；其他变量与参数的意义见表 1.2。目前，计算上述通量面临的困难来自两个方面：一是观测的缺乏；二是湍流参数化理论的发展遇到障碍。蓬勃发展的卫星观测和逐步建立的海洋观测网使海洋－大气界面通量资料的获取得到了改善，但还需要开展大量的研究才能满足基本的需求，这也使海洋－大气相互作用的研究更具有挑战性。

表1.2 有关通量计算的变量与参数（Stewart，2008）

符号	变量名称	取值与单位
C_p	空气比热	1 030 J/(kg·K)
C_D	拖曳系数	$(0.50+0.071\ U_{10})\times10^{-3}$
C_L	潜热交换系数	1.2×10^{-3}
C_s	感热交换系数	1.0×10^{-3}
L_e	蒸发潜热	2.5×10^{6} J/kg
q_a	10 m 处大气的比湿	g/kg
q_s	海面大气的比湿	g/kg
Q_S	感热通量	W/m²
Q_L	潜热通量	W/m²
T_a	10 m 处的气温	K 或 ℃
T_s	SST	K 或 ℃

当风吹向海洋时，能量从风向海洋表层转移，其中的一些能量被消耗用来产生表

层重力波，从而导致了在波传导方向上水质点的净运动，还有一些能量用来驱动海流。波和流之间的能量转化过程是复杂的，为描述和模拟带来了困难，目前有关问题尚未解决，例如，一个波破碎过程有多少能量被消耗、又有多少能量传递给表层流迄今为止并不清楚。然而，我们还是可以用各种方法对海上风的运动作出总体描述和进行预报。风速越大，作用于海面上的风应力越大，表层流越强。

1.5.2　风生环流

大气强迫使海洋中产生了风生环流，在热带外地区形成了副热带环流和副极地环流。根据埃克曼的理论，我们已经能够理解风如何引起表层海水的运动以及该运动如何导致整个上层海洋（包括温跃层）的运动：赤道信风和中纬度西风分别驱动向极地和向赤道的埃克曼输运，造成了位于这两个风系之间的副热带海域的海水堆积，从而加大了局地的压力，形成了科氏力和水平气压梯度力相平衡的地转流，该地转流即在北半球顺时针旋转的副热带环流（Huang，2009）（图 1.2）；同理，极地东风带与中纬度西风带之间形成了副极地环流（图 1.2）。在大气环流的驱动下，副热带环流与副极地环流能够在西边界流区将海洋的热量进行经向输送，并在中纬度地区对大气加热，这是海洋－大气相互作用的一个非常典型的例证。目前，在中纬度地区，由于中等尺度（水平尺度为百米、千米）的海洋涡旋和 SST 锋存在，海洋加热大气的物理过程和大气对海洋涡旋的响应过程都还不是十分清楚。

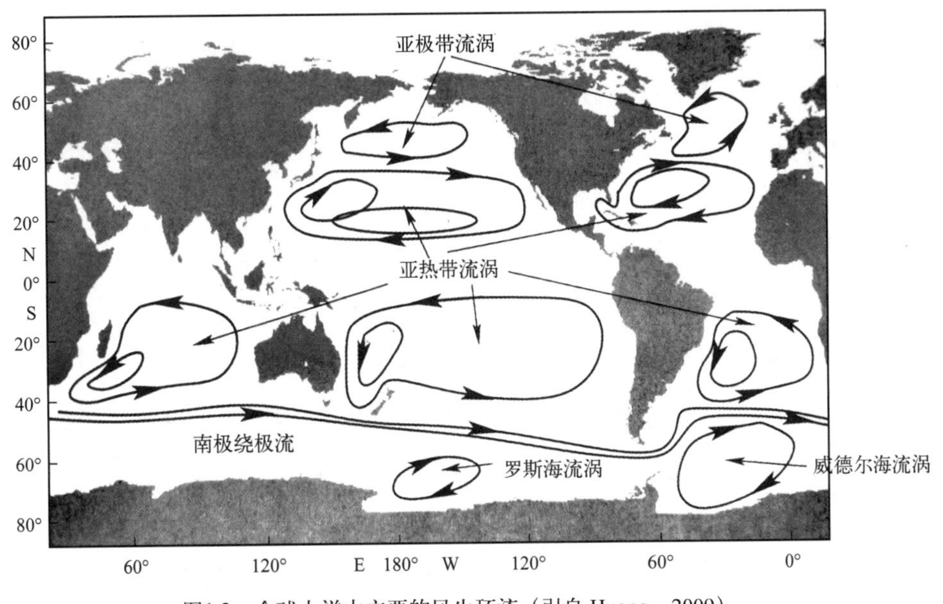

图1.2　全球大洋中主要的风生环流（引自 Huang，2009）

在热带，信风直接驱动的西向流是南赤道流（South Equatorial Current, SEC）和北赤道流（North Equatorial Current, NEC）。SEC 控制着 15°S—4°N（包括赤道在内）的宽广海域，东风驱动引起的赤道上升流是东太平洋冷舌形成的主要原因，中、东太平洋赤道附近的南北分量具有显著的辐散特征；与 SEC 相对应的 NEC 则主要位于赤道以北 10°—20°N 之间。SEC 和 NEC 都属于直接由信风驱动的洋流，由于处于低纬度、科氏参数小，二者都能很快地响应风的变化。最强的 NEC 和 SEC 分别出现在北半球冬季和南半球冬季，分别对应东北信风和东南信风最强盛的季节。

在赤道以北，NEC 和 SEC 之间存在一支逆风而动的东向流，这就是北赤道逆流（North Equatorial Counter Current, NECC），大体位置在 3°—10°N 之间。NECC 源于 NEC 和 SEC 在太平洋西边界附近分别向南、向北转向后形成的低纬度西边界流。实际上，任何风应力作用在海面上，海水就会通过一系列的调整和适应过程导致与该风应力相匹配的响应。在零级近似的条件下，风生海洋环流在长时间尺度（海洋能完成一系列的调整和适应过程）意义下的平均状况可以作为对该时间尺度平均风强迫的一个响应，如果该时间尺度足够长（大于海洋对风强迫响应的调整时间），可以近似地将风生海洋环流平均状况视为与该时段平均风应力达到一个平衡，该平衡被称为“斯韦尔德鲁普关系”。

斯韦尔德鲁普关系的数学表达式为

$$v = \mathrm{curl}_z \boldsymbol{\tau} \tag{1.21}$$

其物理意义是：在忽略底摩擦和侧摩擦的情况下，海洋内区垂直于环境位涡等值线的运动，基本上可以由海面风应力的旋度所决定。

在实际海洋中，由于风随时间的变化，作为风生海洋环流定常解的斯韦尔德鲁普关系与实际海洋环流还是有一定的差异，但是，作为气候平均意义下，对风生海洋环流定常解的认识是十分重要的，它在海洋长期经向热输送中也起重要作用。

1.6 热带海洋 - 大气波动动力学简述

为了使读者从最简单的理论推导理解热带海洋和大气波动的最基本特征，在此，我们介绍了 Cushman-Roisin（1994）的较简单的热带海洋和大气波动理论的推导。

热带大气基本上可以认为具有正压结构，热带海洋也可以用斜压一层半模式来描述海洋温跃层变化的主要特征。由于科氏力在赤道上为零，热带地区有着不同于中高纬度的独特的动力学性质。选择赤道作为经度轴的起点，这样在科氏参数的 β 平面上

近似有 $f=\beta_0 y$，这里 y 表示离开赤道的距离（向北为正），$\beta_0=2\Omega/a=2.28\times10^{-11}\mathrm{m}^{-1}\cdot\mathrm{s}^{-1}$，其中 Ω 和 a 分别代表地球的角速度和半径（$\Omega=7.29\times10^{-5}\mathrm{s}^{-1}$，$a=6\ 371\ \mathrm{km}$）。这种表征科氏参数的方法称为赤道平面近似。

罗斯贝变形半径为

$$R=\frac{\sqrt{g'H}}{f}=\frac{c}{f} \tag{1.22}$$

式中，g' 是约化重力（$g'=g\Delta\rho/\rho_0$），用来刻画层结效应；H 表示流体层的厚度。很显然，如果离给定的经向位置的距离 y 为 R_{eq}，并令 $R=R_{\mathrm{eq}}$，可得

$$R_{\mathrm{eq}}=\sqrt{\frac{c}{\beta_0}} \tag{1.23}$$

R_{eq} 称为赤道罗斯贝变形半径。根据前面给出的 β_0 和热带海洋典型值 $c=\sqrt{g'H}=1.4\ \mathrm{m/s}$（Philander, 1990），我们可以得到 $R_{\mathrm{eq}}=248\ \mathrm{km}$（即 2.23 个纬度）。由于大气的层结远比海洋强，大气中的赤道罗斯贝变形半径（百万米量级）比海洋要大一个量级，这就意味着大气和海洋中热带与温带的划分是不同的（Cushman-Roisin, 1994）。

1.6.1　热带海洋波动

Cushman-Roisin（1994）指出：赤道附近的热带海洋可以理想化地视为由被温跃层所隔开的较浅的暖水层和较深的冷水层组成，典型的层结特征值为 $\Delta\rho/\rho_0=0.002$，温跃层深度约为 100 m［可得出 $c=(g'H)^{1/2}=1.4\ \mathrm{m/s}$］，这表明可以对热带海洋使用一层半约化重力模式，其线性化方程为

$$\frac{\partial u}{\partial t}-\beta_0 yv=-g'\frac{\partial\eta}{\partial x} \tag{1.24}$$

$$\frac{\partial v}{\partial t}+\beta_0 yu=-g'\frac{\partial\eta}{\partial y} \tag{1.25}$$

$$\frac{\partial\eta}{\partial t}H\left(\frac{\partial u}{\partial x}+\frac{\partial v}{\partial y}\right)=0 \tag{1.26}$$

这里，u 和 v 分别表示纬向和经向速度分量；g' 是约化重力（约为 $0.02\ \mathrm{m/s^2}$）；η 代表流体层厚度变化。上述方程组中包含一个经向速度为 0 的解。设 $v=0$，由方程（1.24）和方程（1.26）可推出：

$$\frac{\partial u}{\partial t}=-g'\frac{\partial\eta}{\partial x} \tag{1.27}$$

$$\frac{\partial \eta}{\partial t}+H\frac{\partial u}{\partial x}=0 \tag{1.28}$$

它们有 $x\pm ct$ 和 y 为任意函数的解，结合方程（1.25），有

$$\begin{cases} u=cF(x-ct)\,\mathrm{e}^{-y^2/2R_{eq}^2} \\ v=0 \\ \eta=HF(x-ct)\,\mathrm{e}^{-y^2/2R_{eq}^2} \end{cases} \tag{1.29}$$

式中，F 为任意函数；$R_{eq}=(c/\beta_0)^{1/2}$ 为赤道变形半径。这个解描述了一种波动，这种波动以速度 c 向东传播，最大振幅在赤道处，在赤道变形半径范围内随纬度升高在南北半球对称地衰减，这一特点与沿岸开尔文波（Kelvin Wave）类似（波速等于重力波波速，没有法向流动，在变形半径范围内逐渐衰减）。基于上述原因，这种波动被称为赤道开尔文波（图 1.3 中 n=−1 的情况）。

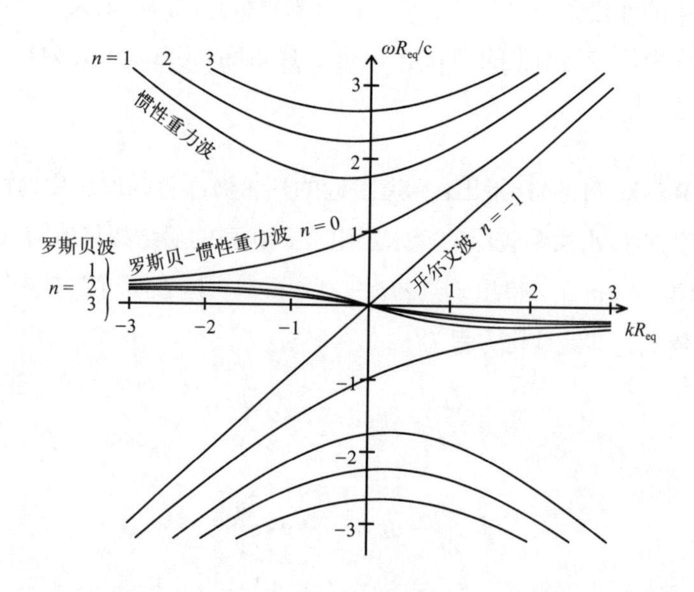

图1.3 线性浅水方程导出的赤道波动频散图（参考Cushman-Roisin, 1994）

方程组（1.24 ~ 1.26）还有另外的波动解，它们与惯性重力波（庞加莱波，Poincare Wave）和行星波（罗斯贝波）相似。设振幅随纬度变化的波动解：

$$\begin{cases} u=U(y)\cos(kx-\omega t) \\ v=V(y)\sin(kx-\omega t) \\ \eta=A(y)\cos(kx-\omega t) \end{cases} \tag{1.30}$$

消去 $U(y)$ 和 $A(y)$ 可以得到控制经向速度的经向结构［即 $V(y)$］的单一方程：

$$\frac{\mathrm{d}^2V}{\mathrm{d}y_2}+\left(\frac{\omega^2-\beta_0^2y^2}{c_2}-\frac{\beta_0 k}{\omega}-k^2\right)V=0 \tag{1.31}$$

由于括号中的项与变量 y 有关，该方程的解必然不是三角函数。事实上，对于充分大的 y，系数变为负值，我们可以期望离赤道很远时波动有指数衰减。式（1.31）的解应有如下形式：

$$V(y)=H_n\left(\frac{y}{R_{\mathrm{eq}}}\right)\mathrm{e}^{-y^2/2R_{\mathrm{eq}}^2} \tag{1.32}$$

这里，H_n 是 n 阶 polynomial 多项式。上述方程只有在满足如下条件时解才存在：

$$\frac{\omega^2}{c^2}-k^2-\frac{\beta_0 k}{\omega}=\frac{2n+1}{R_{\mathrm{eq}}^2} \tag{1.33}$$

这种波动只能取离散模态形式（$n=0, 1, 2, \cdots$）。对每个 n 而言，当 k 变化时，ω 存在 3 个根。当 $n \geqslant 1$ 时，代数方程（1.33）则是热带流体波动的频散关系式。频率很大时方程（1.33）中含 β 项可以被忽略。频率可以近似表示为

$$\omega_n \approx \pm\sqrt{\frac{2n+1}{T_{\mathrm{eq}}}+g'Hk^2} \quad (n \geqslant 1) \tag{1.34}$$

这一关系式类似于惯性重力波的频散关系，这些波动可以视为惯性重力波在低纬地区的扩展。当频率足够小（低频）时，对于波长较长（k 很小）的长波，其近于无频散波，向西传播，波速为

$$c_n=\frac{\omega_n}{k}\approx\frac{\beta_0 R_{\mathrm{eq}}^2}{2n+1} \quad (n \geqslant 1) \tag{1.35}$$

当 $n=0$ 时，频率由下式给出：

$$\omega T_{\mathrm{eq}}-\frac{1}{\omega T_{\mathrm{eq}}}=kR_{\mathrm{eq}} \tag{1.36}$$

这种波具有行星罗斯贝波和惯性重力波的混合特征。

开尔文波解可以包含在取 $n=-1$ 时的解集之中。式（1.32）中的多项式不能任意选取而必须是 Hermitte 多项式，它的前几个多项式为 $H_0(\xi)=1$，$H_1(\xi)=2\xi$，$H_2(\xi)=4\xi^2-2$。偶数阶的波是关于赤道反对称的，即 $\eta(-y)=-\eta(y)$；而奇数阶的波则是对称的，

即 $\eta(-y)=\eta(y)$。因此，具有罗斯贝波和惯性重力波混合行为的混合波是关于赤道反对称的，通常简称为罗斯贝波；而开尔文波则是对称的。

当赤道海洋受到扰动时（例如，由于风场的变化），海洋将调整到一个新的状态，海洋调整的过程伴随着波动的传播。在低频（周期长于 T_{eq} 或 2 d）尺度上，不会激发出惯性重力波，海洋的响应将完全由开尔文波、混合波和一些行星罗斯贝波所组成；如果这种扰动关于赤道是对称的（一般扰动关于赤道都有很高的对称性），混合波以及所有偶数阶的行星波都将被排除。开尔文波和短波长的奇数阶行星波向东传播，而波长较长的奇数阶行星波向西传播，可以相信：开尔文波和低阶行星罗斯贝波，以及这些波动调整过程引起的风生环流对外强迫变异的适应过程，在赤道附近的热带海洋中总是存在的。

以上是 Cushman-Roisin（1994）对热带海洋和大气自由波动频散关系推导的简单介绍（注意海洋与大气的罗斯贝变形半径不同），有关不同时空尺度赤道波动的频散关系如图 1.3 所示。有关热带海洋对海面风异常的响应，如何以上述波动的形式出现在各个不同的大洋和南海，导致海洋在不同尺度上的响应；并如何通过赤道开尔文波和罗斯贝波调整来决定各个大洋年际变化的时间尺度，是一个重要的科学问题。在以下各章的论述中，将会给出初步的结果和对应的结论。

1.6.2 热带大气对热源的响应

在热带，海洋不仅通过释放感热通量加热大气，而且还会通过海面水汽释放后影响大气对流，大气对流活动释放的潜热驱动大气环流，对流的强度和位置决定了热带大尺度环流的强度和分布。本节简要介绍热带大气如何对一个给定的大气中热源产生响应。

海面上大气关于赤道的对称热源和反对称热源响应已经在 20 世纪 60 年代和 80 年代给出（Matsuno, 1966; Gill, 1980）。在对称加热时，垂直上升运动的区域与强迫加热场基本吻合。热源低层东部的东风是加热场激发的开尔文波以衰减的形式向东传播所导致的，热源低层西部的西风和有关赤道对称的两个气旋式环流是罗斯贝波西传的结果。由于开尔文波没有经向分量，所以强东风被限制在赤道上（Gill, 1980）。在反对称加热的情况下，由于不存在向东传播的开尔文波，热源东部的响应不复存在。主要的上升和下降区域与强迫加热和冷却的区域相一致，在被加热的半球存在一个气旋式环流，在被冷却的半球低层存在一个反气旋式环流。沿着赤道方向，低（高）层存在北（南）向的风，这意味着在低层质量从被冷却（被加热）半球向被加热（被冷却）半球输送（Gill, 1980; 巢纪平 , 2009）。以上有关大气对赤道附近加热的响应都仅限于热带。但是赤道中、东太平洋异常加热不仅可以导致上述的热带“Matsuno-Gill 分布型”响应，还能通过激发大气的正压罗斯贝波，形成太平洋－北美（PNA）“遥相关”，影响热带外大气（Hoskins et al., 1981; Wallace et al., 1981; Horel et al., 1981）。依据一个两层球坐标大气原始方程模式，Lee 等（2009）推导了在气候平均流背景下的大气对热源响应的稳态解。通过对理想背景流和真实背景流稳态解的讨论，不仅证实了热带“Matsuno-Gill 分布型”响应是无背景流条件下大气对热源的斜压响应（图 1.4），而且只有在正压背景流是西风、斜压背景流也存在的情况下，类似 PNA 这样从热带向高纬度的波列才出现。针对与热带太平洋和印度洋 SST 有关的热带大气加热异常场及其对热带和热带外海域大气环流的影响的论述见本书中的第 7 章。

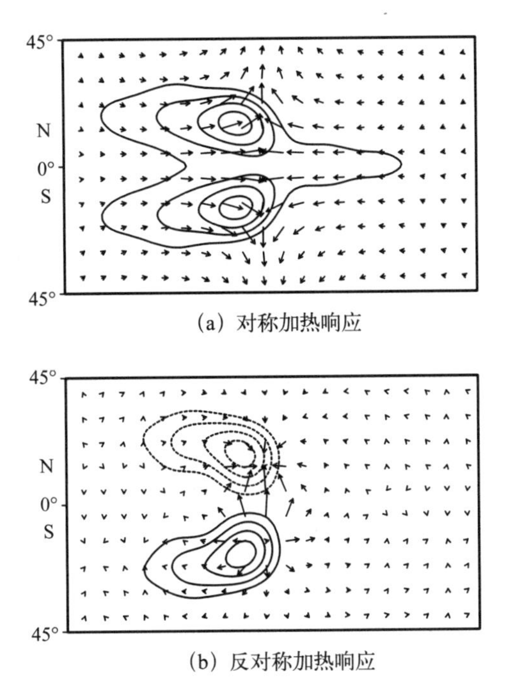

（a）对称加热响应

（b）反对称加热响应

图1.4　低空背景平均流为零，高空背景流为空间均匀的常数条件下，热带大气斜压流函数对（a）关于赤道对称的海洋加热的响应和（b）关于赤道反对称的海洋加热的响应（参考Lee et al., 2009）

参考文献

巢纪平，2009. 热带大气和海洋动力学 . 北京：气象出版社 .

贾旭晶，刘秦玉，孙即霖，2001. 1998 年 5—6 月南海上混合层、温跃层不同定义的比较 . 海洋湖沼通报，(1): 1−7.

李崇银，1993. 大气低频振荡 . 北京：气象出版社：310.

李崇银，潘静，宋洁，等，2013. MJO 研究新进展 . 大气科学，37 (2): 229−252.

李薇，宇如聪，刘海龙，2002. 大气模式中季节内振荡特征对不同海温强迫场的响应 . 青岛海洋大学学报（自然科学版），(1): 9−17.

阮成卿，刘秦玉，2011. 中国南海海表面温度与对流关系初探 . 中国海洋大学学报，41(7/8): 24−28.

伍荣生，1999. 现代天气学原理 . 北京：高等教育出版社：57−99.

CARTON J A, GIESE B S, 2008. A reanalysis of ocean climate using Simple Ocean Data Assimilation (SODA). Monthly Weather Review, 136(8): 2999−3017.

CUSHMAN-ROISIN B, 1994. Introduction to Geophysical Fluid Dynamics. Prentice Hall, Englewood Cliffs, New Jersey 07632, 284−293.

EKMAN V W, 1905. On the influence of the earth's rotation on ocean-currents. Arkiv För Matematik, Astronomi Och Fysik, 2(11): 1−53.

GILL A E, 1980. Some simple solutions for heat-induced tropical circulation. Quarterly Journal of the Royal Meteorological Society, 106(449): 447−462.

HOREL J D, WALLACE J M, 1981. Planetary-scale atmospheric phenomena associated with the Southern Oscillation. Monthly Weather Review, 109(4): 813−829.

HOSKINS B J, KAROLY D J, 1981. The steady linear response of a spherical atmosphere to thermal and orographic forcing. Journal of Atmospheric Sciences, 38(6): 1179−1196.

HUANG R X, 2009. Ocean Circulation, Wind-driven and Thermohaline Processes. Cambridge: Cambridge University Press.

KALNAY E, et al., 1996. The NCEP/NCAR 40-year reanalysis project. Bulletin of the American Meteorological Society, 77(3): 437−470.

LEE S K, WANG C, MAPES B E, 2009. A simple atmospheric model of the local and teleconnection responses to tropical heating anomalies. Journal of Climate, 22(2): 227−284.

MADDEN R A, JULIAN P R, 1971. Description of a 40−50 day oscillation in the zonal wind in the tropical Pacific. Journal of the Atmospheric Sciences, 43: 702−708.

MADDEN R A, JULIAN P R, 1972. Description of Global-Scale Circulation Cells in the Tropics with a 40-50 Day Period. Journal of the Atmospheric Sciences, 29: 1109−1123.

MATSUNO T, 1966. Quasi-geostrophic motions in the equatorial area. Journal of the Meteorological Society of Japan, 44(1): 25−43.

PHILANDER S G, 1990. El Niño, La Niña, and the Southern Oscillation. London: Academic Press: 289.

QIU B, 2002. The Kuroshio Extension system: Its large-scale variability and role in the midlatitude ocean-atmosphere interaction. Journal of Oceanography, 58(1): 57–75.

SMITH T M, REYNOLDS R W, THOMAS C, et al., 2008. Improvements to NOAA’s Historical Merged Land-Ocean Surface Temperature Analysis (1880–2006). Journal of Climate, 21(10): 2283–2296.

SPRINTALL J, TOMCZAK M, 1992. Evidence of the barrier layer in the surface layer of the tropics. Journal of Geophysical Research, 97, C5: 7305–7316.

STEWART R H, 2008. Introduction to physical oceanography. [2023-06-06]http: //oceanworld.tamu.edu/resources/ocng_textbook/PDF_files/book_pdf_files.html.

WALLACE J M, GUTZLER D S, 1981. Teleconnections in the geopotential height field during the Northern Hemisphere winter. Monthly Weather Review, 109(4): 784–812.

WEBSTER P J, HOLLAND G J, CURRY J A, et al., 2005. Changes in tropical cyclone number, duration, and intensity in a warming environment. Science, 309(5742): 1844–1846.

WOODRUFF S D, WORLEY S J, LUBKER S J, et al., 2011. ICOADS Release 2.5: Extensions and enhancements to the surface marine meteorological archive. International Journal of Climatology (CLIMAR-III Special Issue), 31(7): 951–967.

XIE P, ARKIN P A, 1997. Global precipitation: A 17-year monthly analysis based on gauge observations, satellite estimates, and numerical model outputs. Bulletin of the American Meteorological Society, 78(11): 2539–2558.

XIE S P, HAFNER J, TANIMOTO Y, et al., 2002. Bathymetric effect on the winter sea surface temperature and climate of the Yellow and East China Seas. Geophysical Research Letters, 29(24), 2228.

第 2 章　热带海洋 – 大气耦合系统的平均状态和年循环

2.1　热带海洋 – 大气耦合系统概述

热带大气将热带三个大洋（热带太平洋、热带大西洋、热带印度洋）和南海联系在一起，构成了一个统一的热带海洋 – 大气耦合系统；什么是该系统气候平均和季节变化特征，哪些物理过程可以维持该系统这些基本特征，这是本章主要探讨的科学问题。对整个热带海洋 – 大气耦合系统气候平均和季节变化的认识，是认知与预测热带气候变异和变化的基础及前提。

2.1.1　热带海洋 – 大气耦合系统的平均状态和两个重要的维持机制

热带太平洋和热带大西洋上空盛行信风（东风），热带印度洋盛行季风。与信风和年平均印度洋季风对应的是印度洋 – 西太平洋暖池（海表温度大于 28℃），赤道东太平洋和赤道东大西洋的冷舌（海表温度小于 28℃），以及热带太平洋和热带大西洋 20℃ 等温面出现西深东浅的现象（图 2.1）。热带海面上空强对流区则出现在热带辐合带（ITCZ）和印度洋 – 西太平洋暖池附近［图 2.1(a) 中灰色阴影区］，在 ITCZ 中大气对流过程释放的凝结潜热进一步加热了大气，加强了大气的上升运动和海表面风的辐合，形成了热带太平洋和热带大西洋 ITCZ 南（北）的东南信风（东北信风）［图 2.1(b) 中箭头］。

依据对过去半个多世纪观测资料的分析（图 2.1），可以看出：一方面，沿着赤道方向，作用在海面上的东风使上层水体向西输运，从而使温跃层（热带 20℃ 等温面常常被用于代表热带的温跃层）东部变浅、西部加深［图 2.1 (b)］。温跃层在东部抬升，使较冷的温跃层水接近海表，加强了赤道冷水上涌的冷却作用，从而与赤道两侧经向埃克曼输运相对应的上升流共同作用，在东部形成了赤道 SST 冷舌，该冷舌的存在不利于大气深对流在赤道东、中太平洋（或者大西洋）的发展；与之相对，在太平洋西部和大西洋西部存在的较深的温跃层，则使温跃层以下的冷水难以上升到海表。因此，太平洋西部和大西洋西部 SST 较东部高，这种 SST 的纬向差异在赤道低层大气中建立了纬向的压力梯度，增强了赤道信风和对应的沃克环流（Walker cell）（图 2.2）；而信风增强之后又加强了大洋东部的海表冷却和温跃层上翘，使 SST 的纬向梯度进一步加强，从而进一步加强了信风和对应的沃克环流，形成了热带太平洋和热带大西洋

的海洋 - 大气耦合正反馈过程，维持了热带太平洋和热带大西洋 SST 西暖东冷的分布。类似的现象也发生在赤道印度洋，只是在赤道印度洋气候平均的纬向风为西风，气候平均状况下热带印度洋东部的 SST 高于西部。这种纬向风、纬向温度梯度、赤道温跃层倾斜之间的正反馈作用是热带海洋 - 大气相互作用中最基本的物理机制之一（图 2.2），也是热带大气、海洋气候平均态能够维持的最重要的机制之一。由于该机制是 Bjerknes（1969）提出的，故被称为 Bjerknes 正反馈机制（图 2.2），该机制也是厄尔尼诺 - 南方涛动（El Niño-Southern Oscillation，ENSO）形成和发展过程中最重要的正反馈机制。另一方面，由于热带东、中太平洋和热带大西洋 ITCZ 年平均位置在赤道以北，东太平洋和大西洋上的赤道东南信风穿过赤道。信风在驱动海洋东边界表层海水的同时，也在赤道南北形成经向埃克曼输运以及对应的赤道以南的上升流，导致深层冷水上升；除此之外，东南信风的北向分量在赤道以南的太平洋和大西洋东海岸也驱动了沿岸上升流。这些从深层上升的冷水使东赤道太平洋和东赤道大西洋保持较冷的状态。

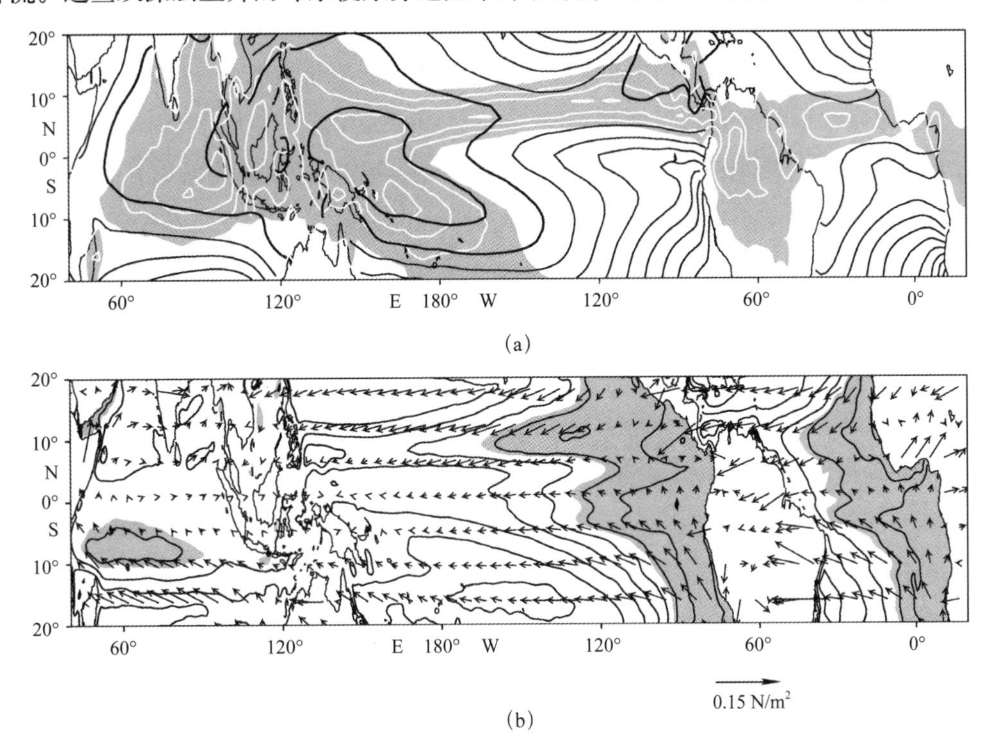

图2.1 热带三大洋的气候平均态。（a）海表温度（黑色等值线，间隔为1℃，大于28℃的海温用粗等值线标识）和降水（白色等值线，间隔为2 mm/d，阴影区域降水量大于4 mm/d）；（b）海面风应力（单位：N/m²）和20℃等温面深度（等值线间隔为20 m，阴影区域深度小于100 m）。海表温度来自ERSST资料（1950—2010年），降水来自CMAP资料（1979—2010年），风应力来自NCEP资料（1950—2010年），20℃等温面深度来自SODA的三维温度数据（1950—2010年）

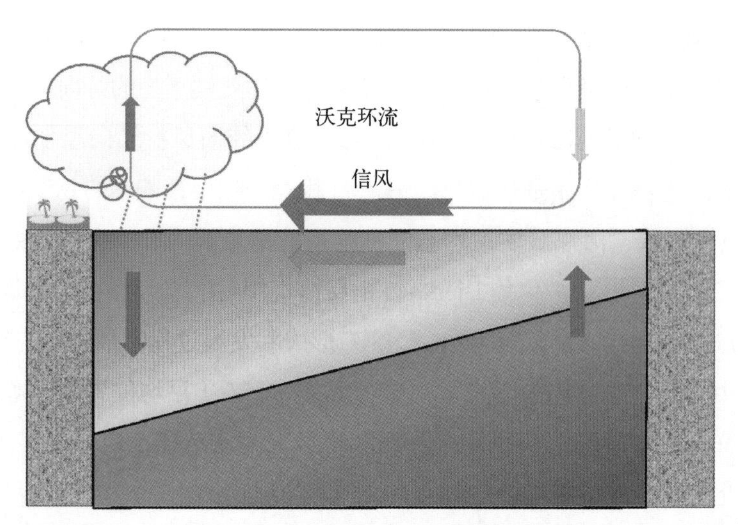

图2.2　赤道太平洋（大西洋）Bjerknes正反馈机制示意图

作为地球气候对称轴的 ITCZ 本应出现在接受太阳短波辐射量最多的赤道，但是，在热带太平洋和热带大西洋，却存在着常年位于赤道以北的 ITCZ［图 2.1(a)］。自 17 世纪发现该现象以来，直到 1994 年之前没有人对此现象作出合理的物理解释。Xie 等（1994）首次指出，在热带太平洋和热带大西洋的东部，由于南北半球的海陆分布差异以及海面风－蒸发－SST（wind-evaporation-SST, WES）相互作用导致 ITCZ 常年位于赤道以北。海面风－蒸发－SST 正反馈机制（Chang et al., 1997; Xie, 1999, 2004）也是热带海洋－大气相互作用最基本的物理机制之一。形成和维持热带东太平洋和热带东大西洋 ITCZ 的气候平均位置在赤道以北的物理机制可以简述如下：在热带海洋的气候平均背景风场为东风的条件下，由于热带东太平洋和热带东大西洋都具有赤道北陆地比赤道南陆地多的特征，使北半球夏季赤道以北海域海面气温受陆地影响略高于赤道以南海域海面气温，从而引发自南向北的越赤道气流。在科氏力影响下，越赤道气流在南半球左偏、北半球右偏，加强了南半球东南风风速而减弱了北半球东北风风速，从而使南半球海洋蒸发加强、SST 降低，北半球海洋蒸发减弱、SST 升高。在这种情况下，南北半球之间的 SST 梯度会进一步增大，从而产生了更强的越赤道气流，使南半球蒸发进一步加强、SST 进一步降低，北半球蒸发进一步减弱、SST 进一步升高。正是这种正反馈物理过程的存在，最终使高海温保持在赤道以北，而低海温保持在赤道以南（图 2.3）。而热带东太平洋和热带大西洋海陆分布具有的南北不对称性，为高海温位于赤道以北提供了初始条件（Xie, 2004）。

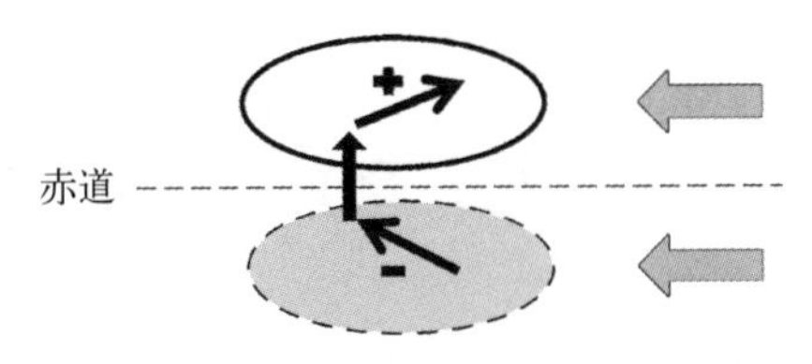

图2.3　赤道附近的WES正反馈机制示意图

海面风－蒸发－SST 之间相互作用的正反馈过程是维持 ITCZ 的气候平均位置在赤道以北的重要机制之一。除此以外，Chang 等（1998）指出赤道中东太平洋和大西洋的越赤道南风气流可以引起赤道上的强混合以及赤道以南东边界处的上升流增强，进而导致温跃层上凸、冷水上翻增强，上翻的冷水在表层风应力的作用下向北输送，越赤道后在赤道以北堆积、下沉，形成了越赤道的经向翻转环流（图 2.4）。与赤道以南上升、赤道以北下沉的经向翻转环流对应，赤道东太平洋和赤道东大西洋出现温跃层在赤道南较浅和赤道北较深的现象，也会导致赤道和赤道以南的 SST 降低、增加赤道南北的 SST 经向梯度，从而进一步加强越赤道南风。该机制被称为越赤道风－上升流－SST 正反馈机制（图 2.4）。此外，Philander 等（1996）指出赤道以南的东太平洋和东大西洋冷水区上空的层云和 SST 之间也存在正反馈过程（层云－SST 正反馈机制）：海温越低，海面边界层越稳定，从而层云量越多、海面得到的太阳短波辐射越少，导致海温进一步降低（图 2.5），因此，冷水区的低层云也在赤道南北温差（北暖南冷）的建立中发挥着重要作用。WES、越赤道风－上升流－SST 和层云－SST 三种海洋和大气间相互作用的正反馈过程打破了年平均太阳辐射构建的关于赤道对称的热力状况，并加强了由海岸线走向和其他海陆分布的不对称因素造成的海洋、大气气候平均状况的经向不对称性（Xie, 2004）。正是这三种正反馈机制的共同维持作用，使得热带东太平洋和热带东大西洋 ITCZ 的位置终年位于赤道以北。

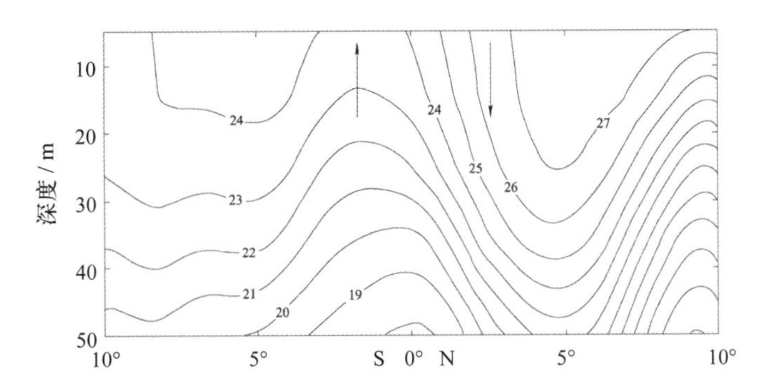

图2.4　赤道东太平洋和赤道东大西洋附近的越赤道风–上升流–SST正反馈机制示意图

等值线为沿90°W断面1950—2010年平均等温线（单位为℃，来自SODA资料）（参考Xie, 1999）

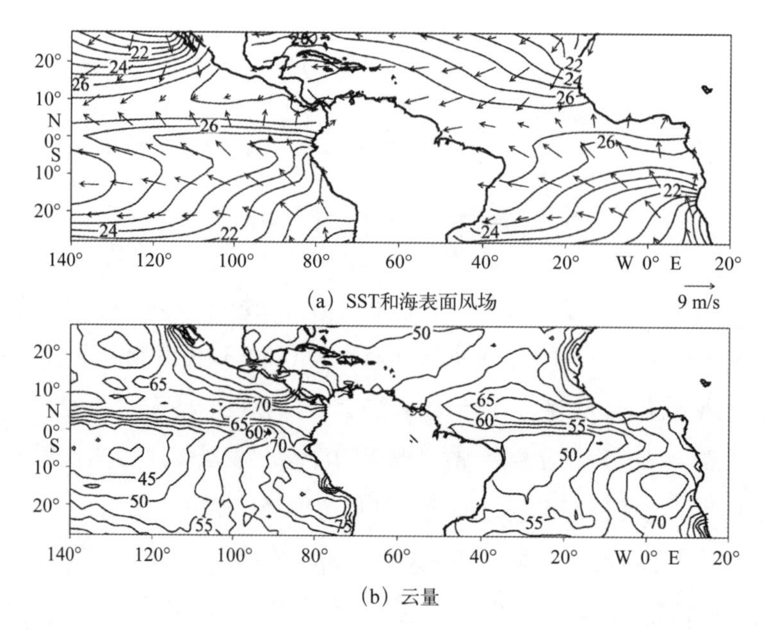

图2.5 热带东太平洋和热带大西洋的气候平均态（1950—2010年）（a）SST等值线（单位：℃）、海表面风场矢量（单位：m/s）和（b）云量（%）的空间分布（位于赤道以南的东南太平洋和东南大西洋冷水区的高云量为层云的云量）

综上所述，热带海洋－大气相互作用中存在两个最重要的正反馈机制：一个是纬向风、纬向温度梯度、赤道温跃层倾斜、赤道上升流之间相互作用形成的Bjerknes正反馈机制，该机制是赤道海域SST东西向不对称分布的主要原因；另一个是表面风场、海洋蒸发和SST之间相互作用形成的WES正反馈机制，这一机制与海陆分布关于赤道的不对称性相结合，加上越赤道风－上升流－SST正反馈机制以及层云－SST正反馈机制共同形成了赤道中、东太平洋和赤道大西洋的ITCZ年平均位置在赤道以北的独特的气候学现象。

总之，热带三大洋的海洋－大气相互作用使得热带海洋－大气耦合系统的气候平均态具有两个显著特征：①纬向风、纬向温度梯度和赤道温跃层倾斜之间的相互作用形成了热带大气中特有的沃克环流和对应的海洋环流体系，并维持着印度洋－西太平洋暖池（SST>28℃）和位于热带西北大西洋的暖水，以及对应的赤道东太平洋和赤道东大西洋的冷舌；②由于热带东太平洋和热带大西洋的海陆分布关于赤道具有不对称性，在WES反馈机制、越赤道风－上升流－SST正反馈机制和层云－SST正反馈机制等物理过程的作用下，热带东太平洋和热带大西洋ITCZ的位置得以常年维持在赤道以北。这两个特征也是整个热带海洋－大气耦合系统所具有的最重要的特征。

2.1.2　热带海洋 – 大气耦合系统的季节变化

太阳辐射是热带海洋 – 大气耦合系统的外强迫。依据观测的 SST，我们可以绘制全球海洋 SST 的年较差（年循环中最大值与最小值之差）（图 2.6）。从年较差的空间分布可以看出，在北太平洋黑潮 – 亲潮延伸体和北大西洋湾流离开西边界向东进入大洋内区处，SST 的年较差都超过 10℃。与中纬度相比，热带 SST 的年较差较小，但是在近赤道东南太平洋，相对其他热带海域，SST 的年较差最大，已经超过 6℃。这些 SST 年较差大的海域都是海洋动力过程在 SST 变化中起主要作用的海域，例如，黑潮 – 亲潮延伸体海域（Liu et al., 2005）、赤道东南太平洋上升流区等。另外，反映 SST 季节变化的年较差在印度洋 – 太平洋暖池中心区温跃层较深的地方达到了极小值（2℃ 左右）。

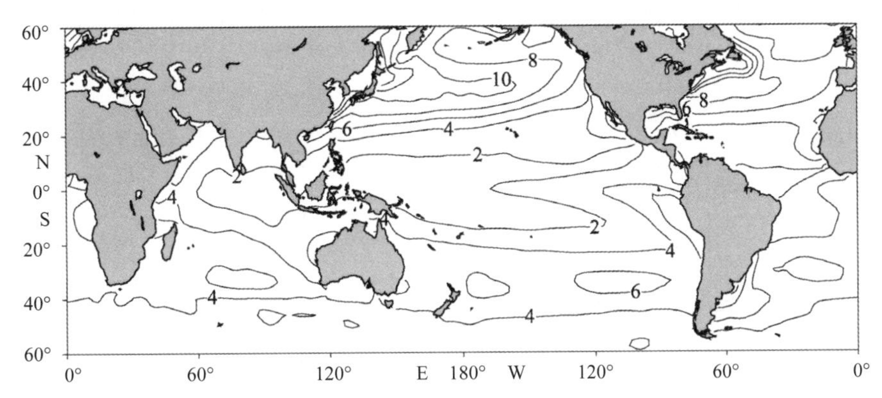

图2.6　气候平均意义下（1950—2010年）全球海表温度季节变化振幅（年较差）（单位：℃）

在热带三大洋中，受季风影响最强的是北印度洋，那里的风场存在季节性反向，即夏季吹西南风、冬季吹东北风，从而风速的季节循环在一年中会出现两次峰值，对应了与众不同的 SST 一年有两个极大值和两个极小值。这种 SST 半年循环在西阿拉伯海和中国南海表现得尤其显著（Yang et al., 1999），但赤道印度洋的 SST 表现出弱的年周期循环（McPhaden, 1982）。

在赤道太平洋和赤道大西洋，SST 和海面风场的季节变化如图 2.7 和图 2.8 所示。可以看出，尽管太阳每年越过赤道两次，但是赤道东太平洋和赤道大西洋 SST 和海面风场的变化周期均为一年。SST、赤道太平洋的经向风和赤道大西洋的纬向风的年周期变化在赤道东太平洋和赤道东大西洋表现得最明显，且有明显的西传特征（图 2.7 和图 2.8）。Mitchel 等（1992）注意到，在东太平洋存在 SST 和纬向风异常沿赤道向西传播的现象，因此提出 SST 的年循环是海洋与大气相互作用的结果。那么，太阳每年越过赤道两次，为什么赤道东、中太平洋 SST 的变化周期不是半年而是一年？为什么年周期变化信号会向西传播？这是两个非常有意思且对全球气候系统具有重要意义的科学问题。针对该科学问题，我们将在下节给出物理解释。

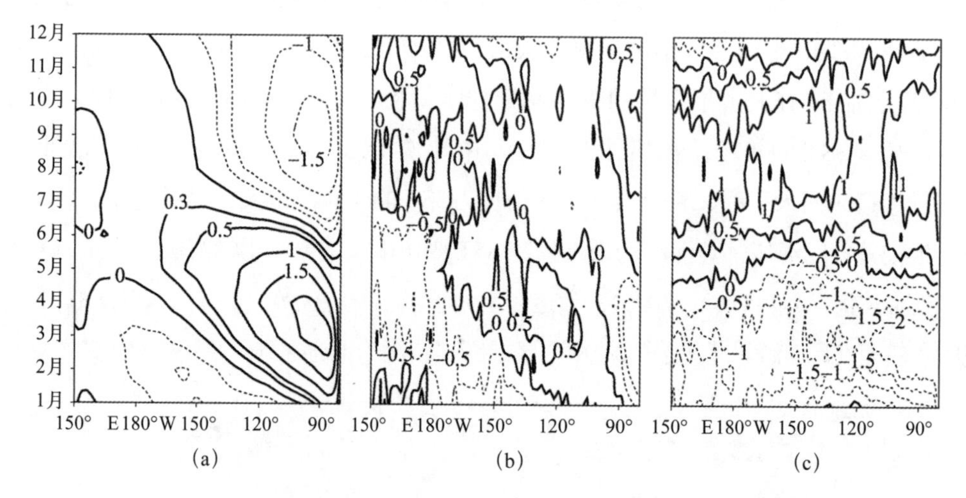

图2.7 气候平均意义下（1950—2010年）沿赤道太平洋（5°S—5°N）（a）海表温度季节变化（单位：℃）、（b）纬向风季节变化（单位：m/s）和（c）经向风季节变化（单位：m/s）

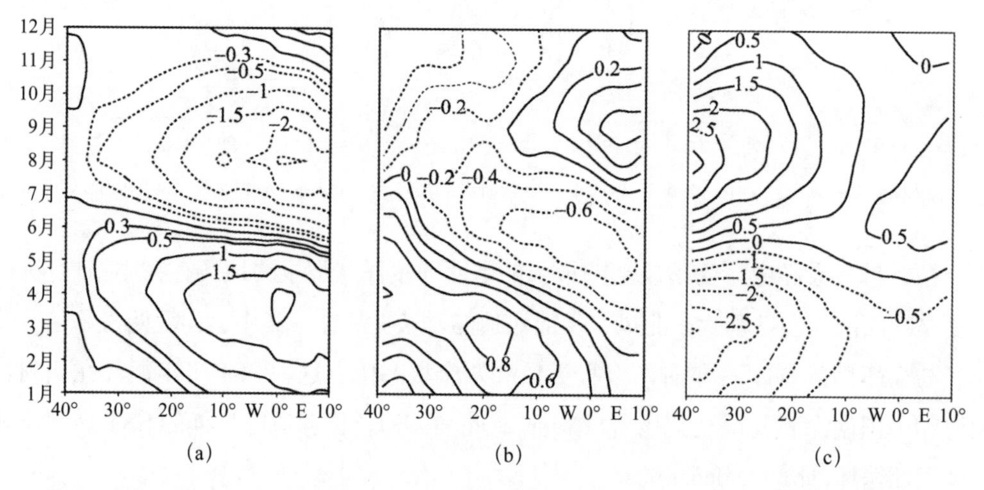

图2.8 气候平均意义下（1950—2010年）沿赤道大西洋（5°S—5°N）（a）海表温度季节变化（单位：℃）、（b）纬向风季节变化（单位：m/s）和（c）经向风季节变化（单位：m/s）

2.2 热带大西洋和热带东太平洋海洋－大气耦合系统的年循环

太阳直射点一年两次通过赤道，如果只考虑对太阳短波辐射强迫的响应，赤道附近海洋－大气耦合系统的季节变化应以半年周期为主，但从上节对观测事实的讨论可知，在赤道太平洋（图 2.7）和赤道大西洋（图 2.8）的大部分海域，海洋和大气中的许多变量呈现出年周期变化，且年周期变化的振幅在赤道东太平洋和赤道东大西洋最强，并有向西传播的现象。为什么赤道地区会存在这种年周期变化，其物理本质是什么？这是一个值得深入探讨的问题。

2.2.1　年循环特征与机制

大西洋 ITCZ 的位置始终位于北半球是赤道大西洋 SST 年周期变化的主要原因（Wang et al., 2004）。通过对历史观测资料的分析，可以得知赤道东大西洋 SST 变化的显著周期是年周期（图 2.8），其年周期形成的主要物理过程为：3—4 月，由于 ITCZ 的位置最接近赤道，赤道上信风最弱（蒸发量少）、太阳短波辐射最强，因此 SST 最高；而 7—8 月，由于 ITCZ 远离赤道，位置偏北，越赤道南风最强，导致沿岸上升流增强，上翻的冷水使该海区的温度降到最低，并出现冷舌，且中心偏南（图 2.9）。在 10°W 附近，3—4 月 SST 达到最高（约为 27℃），而到了 7—8 月则降到了 23℃ 左右。同时，升温与降温也表现出不对称的特征，升温期可以维持 7 个月，而降温期只有 3 个多月（4—8 月）［图 2.8(a)］。

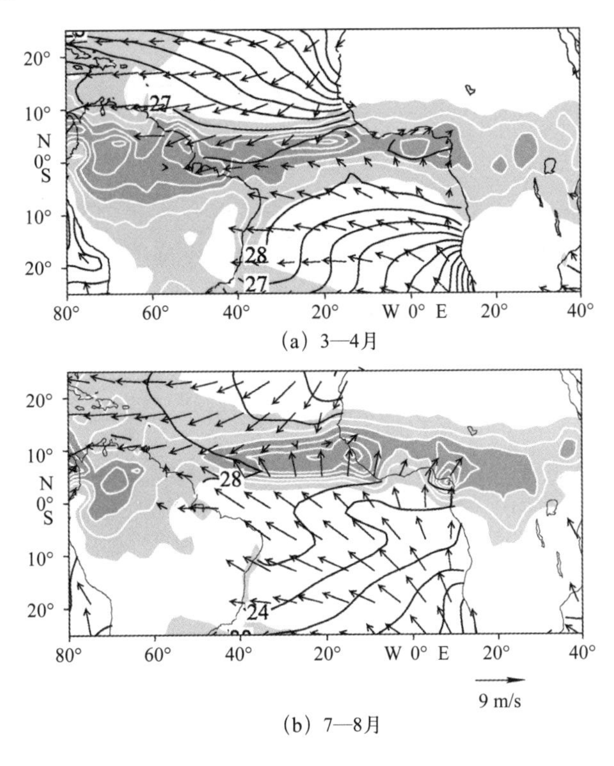

图2.9　热带大西洋（a）3—4月和（b）7—8月的降水（白色等值线，浅色阴影表示降水量大于2 mm/d，深色阴影表示降水量大于6 mm/d）、海表温度（黑色等值线，单位：℃）和海面风场（矢量，单位：m/s）的气候平均态（1950—2010年）

同样的现象发生在热带东太平洋，SST 高值区与 ITCZ 之间有着非常好的对应关系，降雨带也主要集中在海温大于 27℃ 的带状区域。在 3—4 月时降雨带位于赤道附近，整个近赤道海区（10°S—5°N）的 SST 水平梯度很小；随着太阳直射点向北移动，到了 6 月，赤道东部的冷舌开始发展，并可以一直维持到 9 月，此时 ITCZ 处于最北的位置。因此，赤道东太平洋 SST、降水与海面风场的年循环，也表现出明显的年周期特征（图 2.7 和图 2.10）。从图 2.11 可知，赤道东太平洋尽管每年 SST 和降水的年变化有一些差异，但是其共同年周期的特征非常明显：SST 和降水最大都出现在 3—4 月，最小都出现在 8—9 月。

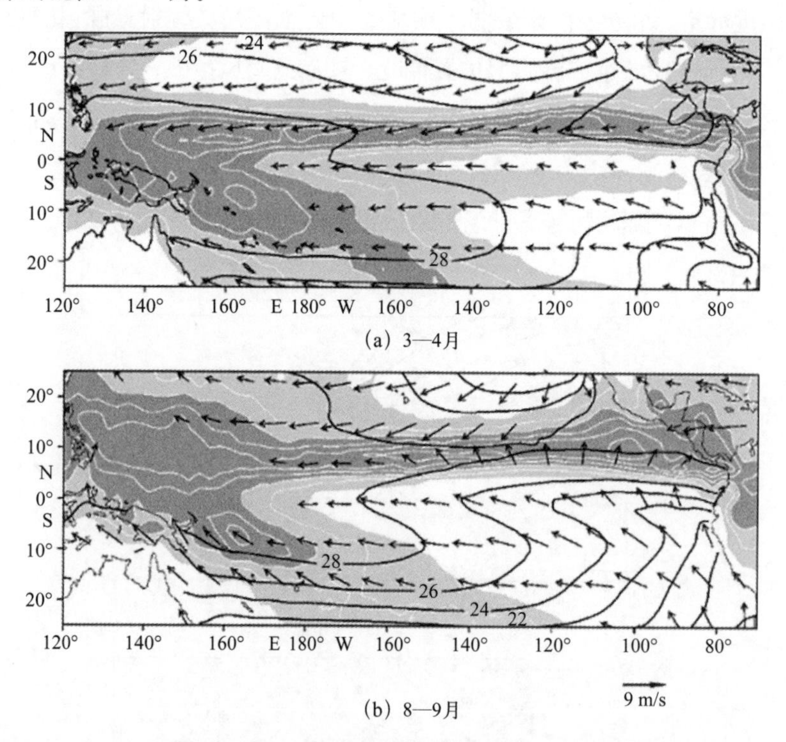

图2.10 热带太平洋（a）3—4月和（b）8—9月的降水（白色等值线，浅色阴影表示降水量大于2 mm/d，深色阴影表示降水量大于6 mm/d）、海表温度（黑色等值线，单位：℃）和海面风场（矢量，单位：m/s）的气候平均态（1950—2010年）

总之，无论是热带东太平洋还是热带大西洋，在 ITCZ 年平均位于赤道以北的背景下，海 - 气相互作用是赤道海区形成年循环的主要原因。具体的物理过程可以归纳如下：北半球夏季，热带东太平洋和热带东大西洋附近由于陆地分布关于赤道的南北非对称性，使赤道以北的陆地成为强热源，从而导致由南向北的越赤道气流增强、ITCZ 位置达到一年中的最北，而对应的越赤道气流的增强引发赤道南侧的上升流并加强海洋的风混合，有助于使赤道上的 SST 降低。这种效应一直持续到太阳直射点越过赤道的秋分期间，尽管太阳形成的短波辐射在秋分增加，但强的越赤道南风造成较大的海面蒸发和潜热释放，导致 SST 降低。另外，南风增强导致南半球东边界处上升流增强即冷水上翻增强，上翻的冷水在海面风应力的作用下向北输运，也会导致赤道上的 SST 降低，在秋分时节，这两个冷却作用远大于太阳短波辐射增强对 SST 的升温作用，使 SST 表现出年循环中的最低值。随着北半球冬季的来临，由于 WES 正反馈机制、越赤道风 – 上升流 –SST 正反馈机制和层云 –SST 正反馈机制的存在，ITCZ 虽然随着太阳直射点向南移动而向南迁移，但位置始终保持在赤道以北。春分时，太阳直射点又一次越过赤道，此时越赤道气流减弱，使 SST 迅速增暖（图 2.7 和图 2.8）。

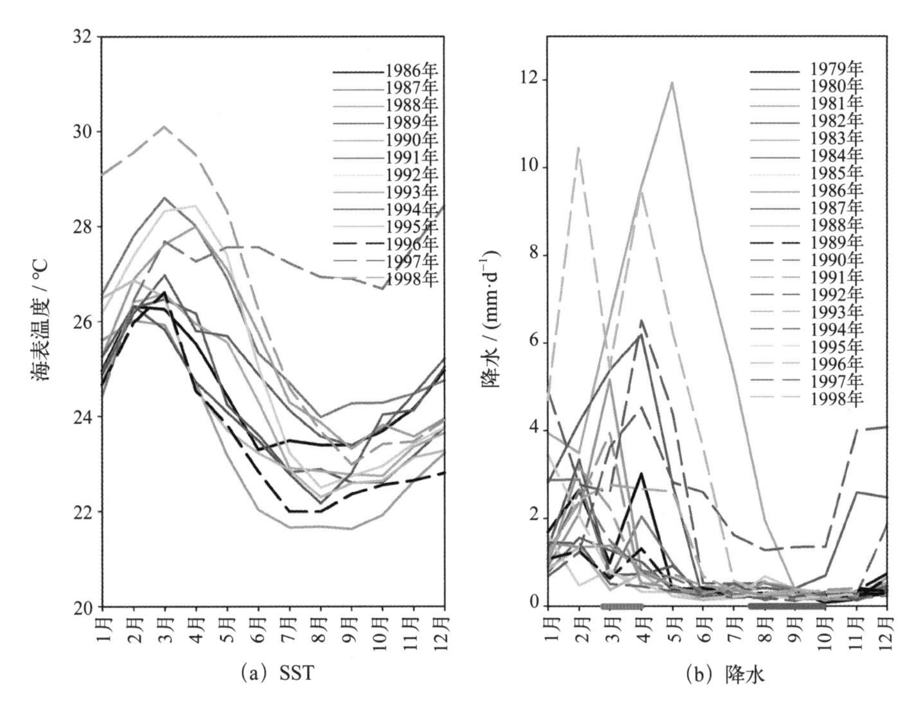

图2.11　赤道东太平洋（90°W）历年（a）SST和（b）降水的季节变化

海表温度来自ERSST资料（1986—1998年），降水来自CMAP资料（1979—1998年）

因此，赤道东太平洋和东大西洋这种强的年周期变化的本质是，ITCZ 长期位于北半球导致的平均越赤道东南风以及对应的海洋上升流对 SST 影响的结果，这种影响表现最明显的海域就是温跃层较浅的大洋东部（图 2.12）。位于赤道东太平洋和赤道东大西洋的年周期变化信号会向西传播，也就是在赤道东太平洋 SST 达到一年中最大时（3 月底），其西部的 SST 则在其后的一段时间达到该经度 SST 一年中的最大值（图 2.7）。这种传播可以影响到日界线（国际日期变更线），其机制是赤道附近纬向风、海面蒸发和 SST 之间的相互作用，该相互作用的物理过程将在下节中讨论。

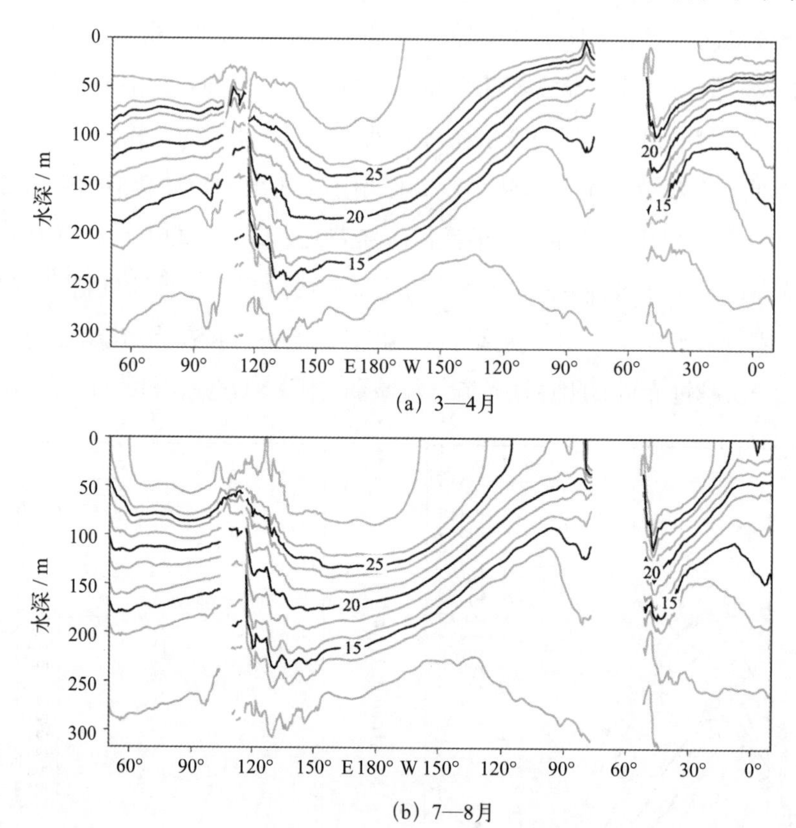

（a）3—4月

（b）7—8月

图2.12　赤道三大洋的（a）3—4月和（b）7—8月温度垂直剖面的气候平均态（1950—2010年）（单位：℃）

2.2.2　热带东太平洋海洋－大气耦合系统年循环信号西传的理论基础

依据上节的讨论我们清楚地看到，热带东太平洋海洋－大气耦合系统年周期循环的振幅最大，还有年周期循环的信号出现自东向西传播的现象。本节主要通过对物理过程的阐述和数学模型的建立揭示该现象的机制。

Xie（1994）曾为描述这种赤道 SST 的季节变化，将包含海面风作用和上升流作用的简化混合层温度变化方程表示为

$$\frac{\partial T}{\partial t}=\frac{Q}{C_p h\rho}-\frac{w_e}{h}\Delta T \tag{2.1}$$

式中，Q 为海表净热通量；h 为混合层深度；ΔT 为混合层底温度与混合层温度之差；w_e 为混合层底的垂直速度；C_p 为空气比热。如果将 $w_e\Delta T$ 用海表净热通量和与风应力有关的摩擦速度表示，并将其线性化，可以给出以下简化方程（Xie，1994）：

$$\frac{\partial T'}{\partial t}+c\frac{\partial T'}{\partial x}=\frac{a\overline{V}}{H^2}V'-\varepsilon T' \tag{2.2}$$

式中，$c=\frac{a\mu}{H^2}\overline{U}$，$\overline{U}$和$\overline{V}$为年平均纬向风和经向风。式（2.2）表明温度变化的周期由强迫项$\frac{a\overline{V}}{H^2}\overline{V}'$的周期决定，即 V' 的周期，而 V' 的周期由 ITCZ 的位置决定。由于在东太平洋 ITCZ 始终位于赤道以北，ITCZ 一年里只有靠近赤道和远离赤道两种状态：在 3—4 月，ITCZ 靠近赤道，V' 为负的最大值时，V 为最小的北风，此时由于海表面风最小，蒸发较弱，SST 出现最大值，秋季时相反。赤道常年为向北的越赤道气流，只有大小的变化，所以 V 的周期为一年，SST 的周期也为一年。式（2.2）还表明当年平均纬向风为东风（负值）时，异常海温信号则向西传播。该现象是以下赤道海域海洋 - 大气相互作用的产物，具体物理过程如下：在背景风场为信风的情况下，SST 正（负）异常信号的西侧会出现异常西风（东风），从而造成西侧的背景信风减弱（加强），导致海面蒸发减弱（加强），因此，平均西向流的冷平流作用减弱（加强），最终出现在赤道 SST 正（负）异常的西侧。这就是 SST 异常信号向西传播的物理机制，这一机制也可以从描述海温变化的数学模型式（2.2）中得到，在该模型解的表达式中可以得到西传的必要条件是背景风场为东风（Xie，1994）。

2.3　本章小结

综上所述，由于海陆分布在南北半球的差异以及热带海洋 - 大气相互作用中包括 WES 在内的正反馈机制，热带东太平洋和热带大西洋存在 ITCZ 关于赤道不对称的现象。ITCZ 常年位于赤道以北，从而产生了由南向北的越赤道南风气流，引起海洋蒸发和赤道上升流加强，使赤道 SST 降低，越赤道气流的降温效应有效地抵消了秋季太阳直射点越过赤道导致的辐射增温。ITCZ 的位置偏北这一现象的存在使越赤道的东南风常年存在，而且造成赤道中、东太平洋和赤道大西洋的 SST 出现了年循环而不是半年循环周期，形成了热带海洋 - 大气耦合系统的年周期变化。年周期变化振幅在温跃层最浅的海域（即赤道上升流对 SST 影响最大的海域）最大。背景东风的存在使得大洋东部的年周期异常信号可以通过海洋 - 大气相互作用向西传播，导致整个热带东太平洋和热带大西洋都表现出显著的年周期变化，这就是热带东太平洋和大西洋海洋 - 大气耦合系统的年循环理论。此外，我们应该注意到，由于热带西太平洋暖水、印度尼西亚附近强对流中心和热带印度洋季风的存在，使赤道东太平洋年循环的信号不可能一直传到日界线以西的热带西太平洋；因此，季风控制的热带印度洋和西太平洋海洋－大气耦合系统的季节变化与信风控制的热带东太平洋和热带大西洋有着明显的不同。

以上讨论的是气候平均意义下近代（海陆分布与现今的状态基本相同）热带海洋－大气耦合系统的核心特征，在后面的章节中我们将详细讨论各个大洋热带海洋－大气耦合系统的特殊性，以及与之相关的气候年际和年代际变化。

参考文献

BJERKNES J, 1969. Atmospheric teleconnections from the equatorial Pacific. Monthly Weather Review, 97(3): 163−172.

CHANG P, PENLAND C, JI L, et al., 1998. Prediction of tropical Atlantic sea surface temperature. Geophysical Research Letters, 25(8): 1193−1196.

CHANG P, JI L, LI H, 1997. A decadal climate variation in the tropical Atlantic Ocean from thermodynamic air-sea interactions. Nature, 385(6616): 516−518.

LIU Q, XIE S P, LI L, et al., 2005. Ocean thermal advective effect on the annual range of sea surface temperature. Geophysical Research Letters, 32(24): L24604.

MCPHADEN M J, 1982. Variability in the central equatorial Indian Ocean. Part Ⅱ :Oceanic heat and turbulent energy balance. Journal of Marine Research, 40:403-419.

MITCHELL T P, WALLACE J M, 1992. The annual cycle in equatorial convection and sea surface temperature. Journal of Climate, 5(10): 1140−1156.

PHILANDER S G, GU D, HALPERN D, et al., 1996. Why the ITCZ is mostly north of the equator. Journal of Climate, 9(12): 2958−2972.

WANG C, XIE S P, CARTON J A, 2004. A global survey of ocean-atmosphere interaction and climate variability//Earth Climate: The Ocean-Atmosphere Interaction. AGU Geophysical Monograph Series, 147: 119.

XIE S P, 1994. On the genesis of the equatorial annual cycle. Journal of Climate, 7(12): 2008−2013.

XIE S P, 1999. A dynamic ocean-atmosphere model of the tropical Atlantic decadal variability. Journal of Climate, 12(1): 64−70.

XIE S P, 2004. The shape of continents, air-sea interaction, and the rising branch of the Hadley circulation//The Hadley Circulation: Past, Present and Future. Dordrecht: Kluwer Academic Publishers: 121−152.

XIE S P, CARTON J A, 2004. Tropical Atlantic variability: Patterns, mechanisms, and impacts//Wang C, Xie S P, Carton J A. Earth Climate: The Ocean-Atmosphere Interaction. AGU Geophysical Monograph Series, 147: 121−142.

XIE S P, PHILANDER S G H, 1994. A coupled ocean-atmosphere model of relevance to the ITCZ in the eastern Pacific.Tellus, 46(4): 340−350.

YANG H, LIU Q, JIA X, 1999. On the upper oceanic heat budget in the South China Sea: Annual cycle. Advances in Atmospheric Science, 16(4): 619−629.

第 3 章　热带太平洋海洋 – 大气耦合系统的年际变化

热带太平洋是全球热带海洋中纬向宽度最宽的大洋，它不仅具有明显的季节变化，而且有着显著的年际变化，该变化不仅会通过“大气桥”和“海洋桥”影响其他热带海洋，而且会对全球气候变化产生重要影响。本章将重点介绍热带太平洋的年际变化特征及其成因。

3.1　厄尔尼诺 – 南方涛动

正如第 2 章指出的，在赤道太平洋纬向风、纬向温度梯度、赤道温跃层倾斜之间的正反馈作用（Bjerknes 正反馈机制）是热带大气、海洋气候平均态能够维持的最重要的机制之一，该机制维持热带太平洋的西暖东冷，温跃层的西深东浅和对应的沃克环流。在 19 世纪末，人们发现每年圣诞节前后，沿秘鲁和厄瓜多尔沿岸会发生一次 SST 上升事件。秘鲁的地理学家发现：在有些年份 SST 上升的幅度较大而且伴随着某些气候异常事件的出现，将其称为厄尔尼诺（El Niño，西班牙语中意为“圣婴”）现象。直到 20 世纪 50—60 年代，科学家们才逐渐认识到厄尔尼诺事件不仅仅是沿秘鲁和厄瓜多尔沿岸出现的现象，而是可以波及整个热带太平洋海域，并能影响全球的现象。每隔 2 ～ 7 年，赤道中、东太平洋都会出现异常增暖现象，并对应异常的大气环流和赤道西太平洋温跃层变浅、赤道东太平洋温跃层变深的现象。与异常增暖现象相反，赤道中、东太平洋也常常发生异常变冷的现象，被称为拉尼娜（La Niña，西班牙语中意为“圣女”）现象，该现象则对应加强的沃克环流和信风，以及东西倾斜更强的温跃层。沃克在 20 世纪 20—30 年代将“太平洋上气压高，非洲与澳大利亚之间的印度洋上气压低”这种年际尺度上气压呈反位相振荡的现象称为南方涛动（Southern Oscillation）。南方涛动描述的是热带太平洋东西方向海平面气压变化的跷跷板现象：在厄尔尼诺现象发生时，澳大利亚、印度尼西亚附近的低压系统减弱，而位于东南太平洋的太平洋高压也减弱，拉尼娜现象出现时则相反。厄尔尼诺现象与南方涛动是热带太平洋海洋 – 大气年际变化的不同表现形式，是同一事件的两个不同侧面，因此，统称为厄尔尼诺 – 南方涛动（ENSO）。由于 ENSO 具有周期性，这种冷暖位相之间的振荡被称为 ENSO 循环。因此，ENSO 指的是整个热带太平洋上发生的海洋 – 大气耦合系统准周期的年际变异现象。

厄尔尼诺（或拉尼娜）主要表现为赤道中、东太平洋 SST 的变化，人们通常用一些区域平均的 SST 异常作为一种指数来定量地描述厄尔尼诺的强度，这些指数被称为尼诺（Niño）指数。160°E 以东的赤道太平洋一般被分成 4 个区，这些区域划分如下：Niño 1 区（5°—10°S，85°—90°W）、Niño 2 区（0°—5°S，85°—90°W）、Niño 3 区（5°S—5°N，90°—150°W）和 Niño 4 区（5°S—5°N，150°W—160°E）。其中，Niño 1 区和 Niño 2 区位于南美沿岸，Niño 3 区位于赤道中、东太平洋，Niño 4 区位于赤道中、西太平洋（图 3.1）。

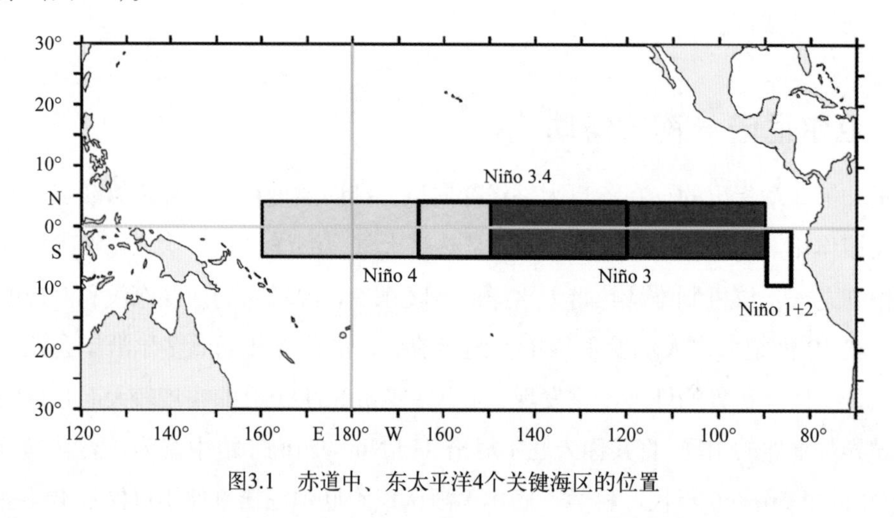

图3.1　赤道中、东太平洋4个关键海区的位置

在年际变化尺度上，热带太平洋海洋－大气相互作用最典型的例子就是 ENSO。ENSO 这一年际变化现象因受赤道东太平洋年循环的影响而具备“锁相”特征。正如第 2 章中提到的，热带海洋和大气的相互作用导致赤道太平洋的 SST 具有年周期循环特征：正常情况下，一年之中北半球夏季（7 月和 8 月）赤道东太平洋 SST 最冷、信风最强、温跃层最浅，北半球春季（3 月和 4 月）则相反。因此，北半球夏季东部温跃层最浅，此时等温线露头，年际变化尺度上异常的海洋－大气相互作用最容易发生，一点微小的异常扰动（如西风异常）就很容易触发风－温跃层 –SST 的正反馈过程，从而进一步加强初始扰动，使异常信号的振幅不断增大。因此，出现赤道东太平洋 SST 异常在北半球夏季发展，冬季达到极值，而第二年春天开始消失这一现象。考察 12 个（7 个）显著的厄尔尼诺（拉尼娜）事件中 Niño 3.4 区平均海温随时间的演变，可以看出，厄尔尼诺（拉尼娜）事件中 SST 暖（冷）异常的极值都出现在 11 月至翌年 1 月的 3 个月间（图 3.2）。厄尔尼诺（拉尼娜）对季节的这种依赖关系，前人称之为 ENSO 的“锁相”特征。

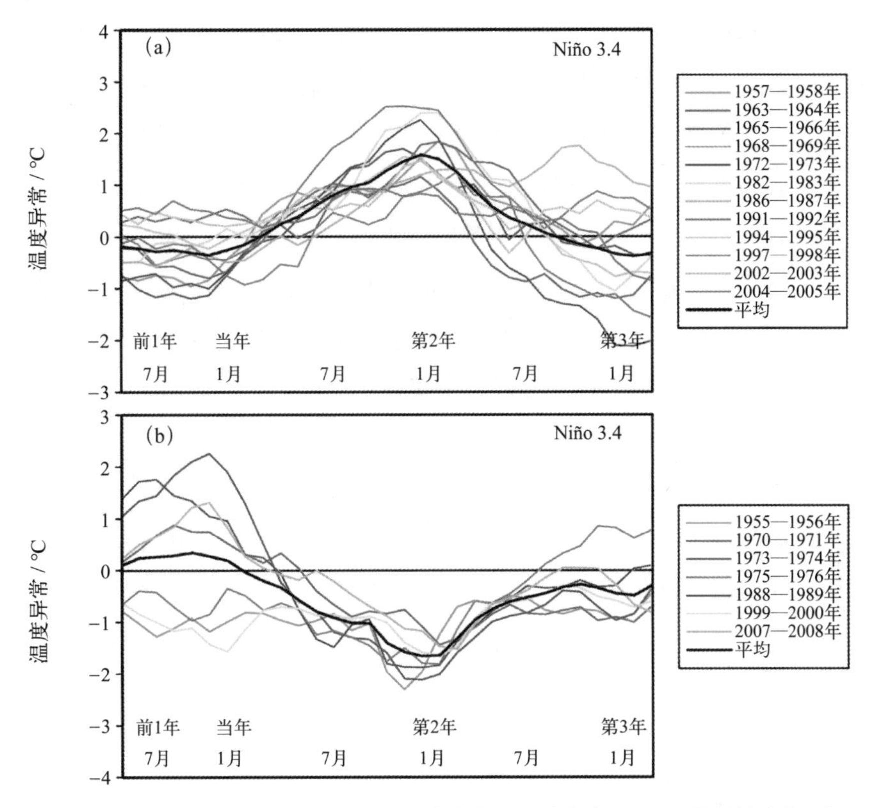

图3.2　几次典型（a）厄尔尼诺事件和（b）拉尼娜事件中 Niño 3.4指数的演变过程

Rasmusson 等（1982）提出了一种划分方案，将厄尔尼诺现象分为 6 个阶段：第一阶段称为“先行阶段”，通常发生在厄尔尼诺现象出现前 1 年的 8—10 月，热带太平洋大部分海域 SST 负异常，赤道西太平洋出现东风异常；第二阶段称为“开始阶段”，通常发生在厄尔尼诺现象出现前 1 年的 11 月至厄尔尼诺现象出现当年的 1 月，在这一阶段，赤道太平洋开始出现小范围的 SST 正异常，赤道西太平洋东风异常转变为西风异常；第三阶段称为“发展阶段”，一般发生在厄尔尼诺现象出现当年的 3—5 月，赤道东太平洋出现大范围 SST 正异常，赤道西太平洋西风异常得以持续；第四阶段称为“转换阶段”，往往发生在厄尔尼诺当年的 7—9 月，赤道东、中太平洋出现大范围 SST 正异常，赤道太平洋西风异常的范围从西太平洋跨过日界线一直东伸至 140°W；第五阶段称为“成熟阶段”，一般发生在当年的 11 月至第 2 年的 1 月，赤道东、中太平洋 SST 正异常达到极大值，整个热带太平洋表现为西风异常，且异常风场向赤道辐合；最后一个阶段为“衰退阶段”，出现在第 2 年的 3—5 月，此时 SST 正异常衰减的速度远大于在“发展阶段”中 SST 正异常发展的速度。如果从第二阶段（前 1 年的 11 月）开始计算，厄尔尼诺现象的生命史长达 20 个月，ENSO 循环约为 40 个月（约 3.3 年）。

Philander（1990）也曾概括地把一个典型厄尔尼诺事件的发展分为两个阶段：先兆阶段和发展阶段。在先兆阶段，异常的沃克环流的上升支东移到新几内亚和日界线之间。因此，澳大利亚达尔文附近的海平面气压升高，日界线附近的信风减弱，SST表现出微弱的正异常，印度尼西亚附近的降水量减小，而日界线附近降水量增加。在东南太平洋，海平面气压在之前一个季度已有所下降。当沃克环流东移时，哈德利环流也开始发生变化，这主要反映在ITCZ的强度和位置上。在厄尔尼诺年的最初几个月，东太平洋ITCZ向南移动，有时甚至可越过赤道，ITCZ的这一移动伴随着赤道东南太平洋信风减弱、SST升高、温跃层加深。在发展阶段，厄瓜多尔和秘鲁沿岸的SST暖异常向西扩展。在日界线以西出现的异常条件得到进一步发展，但在时间上滞后于东太平洋异常条件的发展。当ITCZ进一步向南移动时，哈德利环流得到进一步加强，SST暖异常覆盖赤道中、东太平洋大范围地区。此后，信风减弱，在部分海域消失甚至转为西风时，厄尔尼诺在年底进入它的成熟位相。此时，异常沃克环流的上升支已东移到赤道中太平洋，那里对流活动旺盛，而日界线以西的赤道西风则向这一对流区辐合。

需要注意的是，每个厄尔尼诺事件都有自己的独特之处，各个厄尔尼诺的盛期非常相似，但开始和衰败时的情形则有所不同。1982—1983年的厄尔尼诺是当时认为异常信号较明显的一次，该次厄尔尼诺与以往有着显著的不同，信风的减弱和正的海温异常不是首先出现在热带东太平洋，而是首先出现在热带中太平洋，该信号的出现似乎与位于赤道外东北太平洋的暖水异常有关（Chiang et al., 2004）。1997—1998年的厄尔尼诺与1982—1983年的厄尔尼诺相比强度更强，SST正异常信号出现得更早，该次厄尔尼诺的主要特点是在发展阶段，中、东太平洋SST正异常同时出现，衰退时则迅速减弱；在这次典型的厄尔尼诺事件中，SST正异常的出现与赤道温跃层的加深都与赤道西太平洋西风异常有密切的关系，一连几次的西风异常导致了强的SST正异常与赤道温跃层的加深在赤道中、东太平洋同时出现（图3.3）。

在紧接着2002—2003年厄尔尼诺事件之后出现的2004—2005年的厄尔尼诺表现出很多与以前的厄尔尼诺不同的特点：中太平洋首先增暖；对流异常仅发生在日界线附近；秘鲁沿岸的SST正异常没有得到持续。2004—2005年的厄尔尼诺是紧接着2002—2003年赤道太平洋出现SST正异常之后又发生的一次厄尔尼诺事件。由于在这次厄尔尼诺处于盛期时，SST正异常仅发生在日界线附近，从而使人们对厄尔尼诺的定义产生了质疑，提出了应将此次异常事件称为“假的厄尔尼诺”（“假”厄尔尼诺，即看起来与厄尔尼诺相似，但实际上有很大的差别）。通过对历史上类似的现象进行分析，指出了“假的厄尔尼诺 ”和厄尔尼诺本身对全球气候的影响有着很大的不同（Weng et al., 2007）。2006—2007 年，一次新的厄尔尼诺又出现了，此次事件也具有 SST 正异常先出现在赤道中太平洋的特征，这次厄尔尼诺的衰退比 1997—1998 年厄尔尼诺还要早，从而导致了 2007—2008 年的拉尼娜事件（图 3.4）。

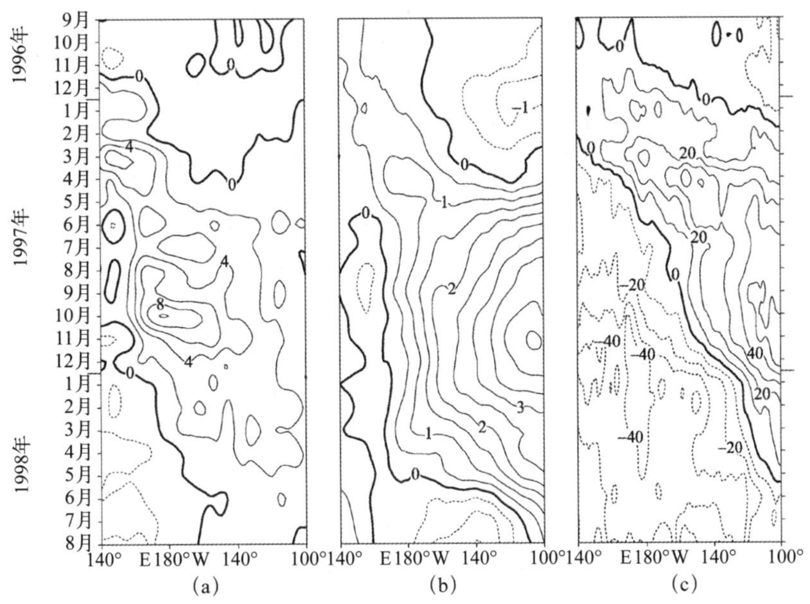

图 3.3　1997—1998 年（a）赤道纬向风（单位：m/s）异常、（b）SST（单位：℃）异常和（c）20℃ 等温线深度（单位：m）异常随时间的变化

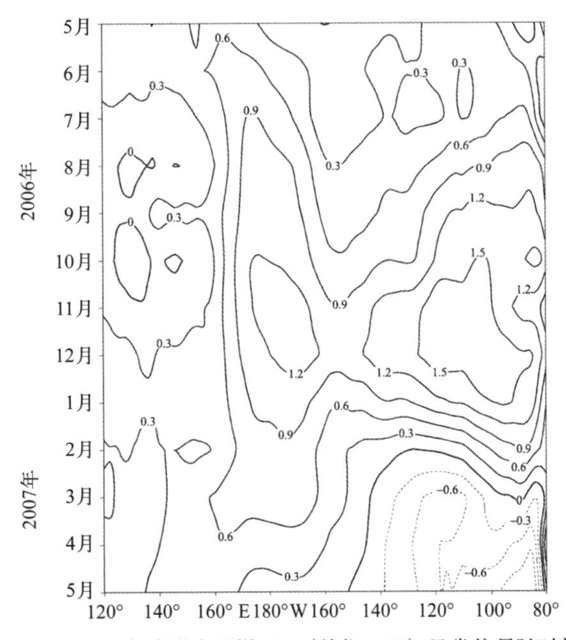

图3.4　2006—2007年赤道太平洋SST（单位：℃）异常信号随时间的演变

为什么每次厄尔尼诺（拉尼娜）事件的时间跨度不同？对赤道东太平洋 Niño 3 区（5°S—5°N，90°—150°W）SST 异常和赤道远西太平洋（0°—10°N，120°—140°E）的 SST 和纬向风异常进行功率谱分析，结果表明：赤道东太平洋 SST 年际变化的周期是 2 ～ 5 年，最主要周期为 3.6 年；而赤道远西太平洋年际变化的最主要周期为准 2 年和准 5 年。尽管赤道东太平洋 SST 以 4 年左右周期的变化为主，但也包含明显的 2 年变化的峰值；同样，赤道西太平洋的 SST 和纬向风变化也在 ENSO 时间尺度上（3 ～ 5 年）具有明显的功率谱峰值（刘秦玉等，2006）。这一结果说明，热带太平洋大部分海域都具有 3 ～ 5 年的周期变化，但由于西太平洋处于准 2 年周期的季风控制之下，海洋的变化以准 2 年周期为主，而海洋过程（如赤道开尔文波）和“大气桥”（如沃克环流）将东—西太平洋紧密地联系在一起，使得赤道太平洋各个海区都具有宽谱的特征（刘秦玉等，2006）。

自 1985 年开始实施 TOGA 研究计划、1991—1992 年在热带西太平洋开展加密观测实验（Tropical Ocean Global Atmosphere-Coupled Ocean-Atmosphere Reresponse Experiment，TOGA-COARE），以及在整个热带太平洋布设浮标阵列（Tropical Ocean Global Atmosphere-Tropical Atmosphere Ocean，TOGA-TAO）以来，由于资料的日趋丰富和几个典型的强厄尔尼诺事件（如 1982—1983 年和 1997—1998 年的厄尔尼诺事件）的发生，掀起了研究 ENSO 形成机制和海洋－大气相互作用动力学的高潮。特别是卫星资料的获取，提供了全球连续的观测数据，从而使科学家在 ENSO 的变化机制方面取得许多研究成果，指出了年循环、准 2 年振荡和周期比 2 年长的低频振荡相互作用在 ENSO 中的作用。20 余年来，借助海洋－大气耦合模式开展对 ENSO 动力学的研究以及对 ENSO 的数值模拟研究十分活跃，一些简单的海洋－大气耦合模式和某些海洋－大气耦合环流模式已能较成功地捕捉到 ENSO 事件的时空演变特征，人们对模式中 ENSO 的形成机理已经进行了较深入的探索，引入了一些重要的概念，并提出了若干基本理论。目前，初步实现了对厄尔尼诺和拉尼娜现象提前 3 ～ 6 个月的实时预报。

总之，厄尔尼诺现象和南方涛动是热带太平洋海洋－大气耦合系统年际变化的不同表现形式，是同一事物的两个不同侧面，因此统称为 ENSO。概括来说，ENSO 具有以下特点：厄尔尼诺的生命史大约为 20 个月，对应的 ENSO 的生命周期约为 40 个月；ENSO 的正、负异常的最大值都出现在冬季，具有“锁相”的特征；厄尔尼诺的成长速率小于其衰减速率；热带远西太平洋季风的准 2 年振荡与 ENSO 现象之间有着密切的联系。另外，厄尔尼诺和拉尼娜之间的不对称性和年代际变化也已被前人的研究证实。

在本章的最后一节，我们将就 ENSO 多样性问题进行研讨。

3.2 厄尔尼诺 - 南方涛动的形成机制

ENSO 是一个准周期的海洋 - 大气相互作用现象，因此，必然存在着能使异常信号发展的正反馈机制和能使异常信号衰减并转为相反位相的负反馈机制。

3.2.1 厄尔尼诺 - 南方涛动循环中的 Bjerknes 正反馈机制

厄尔尼诺现象发生时，热带太平洋大尺度海洋和大气条件处于一种异常状态，这种异常状态的维持和发展依赖于海洋 - 大气相互作用中的正反馈机制。

著名的 Bjerknes 正反馈机制，即纬向风、纬向温度梯度、赤道温跃层倾斜、赤道上升流各个因子之间的正反馈作用是热带海洋 - 大气相互作用中最基本的机制之一，是形成热带海洋温跃层东西方向倾斜、构建 SST 纬向梯度的重要原因（详见第 2 章），该机制也在热带太平洋 ENSO 现象的形成和维持中起到重要作用。从年际变化的角度来看，当赤道东太平洋出现一个 SST 的正（负）异常扰动时，就会改变海温的东西方向梯度，使原来在西太平洋上升、东太平洋下沉的沃克环流减弱（加强），沃克环流的减弱（加强）又会引起赤道东太平洋潜热释放减少（增加）、温跃层的加深（变浅）和赤道上升流的减弱（加强），从而更有利于赤道东太平洋 SST 增暖（变冷），原来赤道东太平洋海温的正（负）异常扰动就会继续发展。这种能促进纬向风、纬向温度梯度、赤道温跃层倾斜年际变化异常信号不断增长的正反馈机制正是 Bjerknes 正反馈机制，这一机制在厄尔尼诺事件的形成和发展中起到重要作用。Bjerknes（1969）提出的这种海洋 - 大气之间的耦合正反馈作用成为解释厄尔尼诺（拉尼娜）事件形成的主要机制之一。20 世纪 70 年代至 80 年代初，许多观测、理论和数值模拟研究成果均证实了 Bjerknes 假说，同时修正了其中一些不合理的部分，也发现了一些新的观测事实，并根据该模型成功地预报了 1976 年的厄尔尼诺事件，因而一度广泛流传。

有了正反馈机制之后，一个自然而然的问题是：什么是最初的年际变化异常信号出现的原因？Wyrtki（1975）认为导致厄尔尼诺事件发生的原因是东风松弛。当东风减弱时，海洋出现暖开尔文波响应（对应赤道上升流减弱），暖开尔文波逐渐传播到东太平洋从而形成厄尔尼诺事件。McCreary（1976）最早用数值模式证明了赤道开尔文波可以造成东太平洋温跃层的异常加深，从而引起 SST 正异常。需要注意的是，波动观点认为异常信号并不直接输送热量，波动信号的传播造成温跃层、赤道上升流的异常，从而导致 SST 异常；平流观点则认为暖池区暖水的形成原因是东风松弛，向西的南赤道流减弱，造成向西的冷水输送减少。因此，两种观点都认为并不存在“西部暖水本身扩展到东太平洋”的物理过程。

Bjerknes（1969）提出海洋－大气耦合的正反馈作用可以用不稳定模态来表示。Hirst（1986）、巢纪平等（1990）、杨修群等（1993）都围绕着这种不稳定模态开展了一系列研究工作。但 Bjerknes 正反馈机制无法解释热带太平洋的不稳定模态是如何被抑制的。总之，Bjerknes 正反馈机制可以解释 ENSO 的冷（暖）位相如何得到发展和维持，是 ENSO 循环中最重要的机制之一。然而，Bjerknes 正反馈机制不能解释到底是什么原因使 ENSO 冷、暖位相之间转换。

3.2.2 厄尔尼诺－南方涛动循环机制

ENSO 从暖位相（冷位相）向冷位相（暖位相）转换，必须要有一种负反馈机制起作用，否则东太平洋 SST 异常将会无限制地增加。前人已经提出过几种有关 ENSO 循环机制的理论，都能够在相当程度上解释 ENSO 循环中的位相转换，例如，延迟振子理论（delayed oscillator theory）和充电振荡理论（recharge oscillator theory）。下面将重点介绍这两种理论。

3.2.2.1 延迟振子理论

延迟振子理论是 20 世纪 80 年代提出的（Schopf et al., 1987; Battisti, 1988; Suarez et al., 1988; Battisti et al., 1989）。该理论认为在厄尔尼诺事件的发展时期，赤道中、东太平洋会出现西风异常，西风异常叠加在背景东风上导致的海面风辐合，可以激发出东传的暖开尔文波（振幅最大值出现在赤道）和西传的冷罗斯贝波（振幅最大值出现在赤道两侧）。东传的暖开尔文波使得赤道东太平洋的 SST 进一步升高，而西传的冷罗斯贝波经西边界反射后，变成东传的冷开尔文波；当这种西边界反射后再东传的冷开尔文波到达赤道中部和东部海区时会使得这里的 SST 正异常降低，从而最终结束厄尔尼诺事件，并还能通过 Bjerknes 正反馈机制，形成拉尼娜事件。同样，东传的冷开尔文波和西传的暖罗斯贝波，以及滞后经西边界反射后形成的赤道暖开尔文波又可以结束拉尼娜事件（图 3.5）。在这种冷、暖异常信号交替出现的 ENSO 循环中，波动过程及其在西边界的反射和东边界的长波辐射成为构建负反馈机制的关键物理过程。

延迟振子理论的核心内容可以在一个理想模式中得到很好的表达：在理想状况下，在赤道附近海盆中央设置一个西风强迫区域（若设置为东风强迫，则得到相反的结果），使静止的海洋在西风强迫下产生运动，风强迫保持 30 天不变［图 3.5(a)］。在这种情况下，在西风强迫海域的东侧出现水的辐合及对应的温跃层加深和 SST 增暖，且这种温跃层加深的信号开始向东传播，即产生所谓的与温跃层加深对应的赤道开尔文波；在赤道两侧，通过赤道外上升流补充的水体则向西传播，即产生与温跃层变浅对应的赤道罗斯贝波。被西风激发出的开尔文波和罗斯贝波信号如图 3.5(b) 所示（红色和橙色区域表示具有正的海面高度异常，对应温跃层加深，蓝色和绿色区域表示具有负的海面高度异常，对应温跃层变浅）。与温跃层加深对应的赤道开尔文波很快传播到东部海区，减弱赤道上升流引起的冷却作用，从而使 SST 增暖，与温跃层加深对应的赤道开尔文

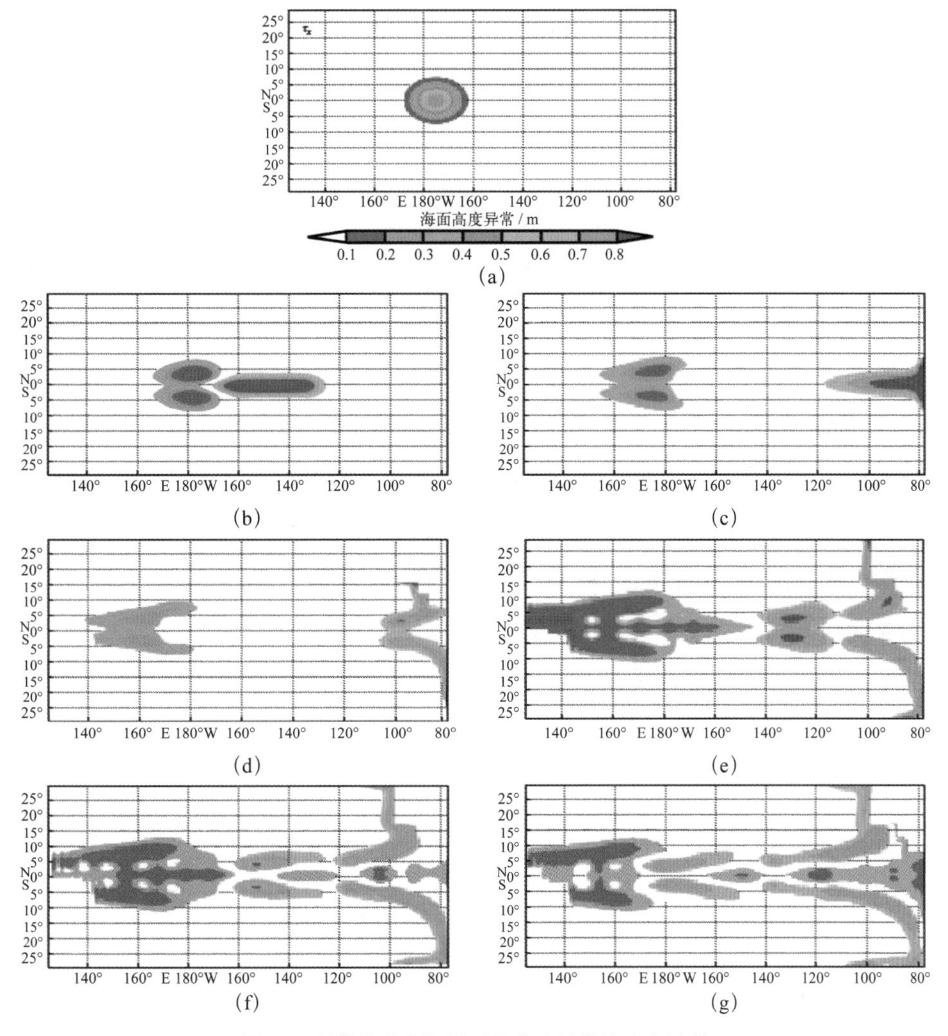

图3.5　理想模式中海洋对风应力异常的响应过程

(a) 风应力异常持续30 d，(b) ~ (g) 分别刻画了海洋对风应力异常强迫在初始时刻、50 d、100 d、175 d、225 d和275 d的响应。红色和橙色区域表示具有正的海面高度异常，蓝色和绿色区域表示具有负的海面高度异常。图片引自http://iri.columbia.edu/climate/ENSO/theory/

波传到东边界后以沿岸开尔文波的形式分别向南北传播，并辐射形成西传的与温跃层加深对应的赤道罗斯贝波；同时，与温跃层变浅对应的赤道罗斯贝波传播到西边界之后，在西边界反射出东传的与温跃层变浅对应的赤道开尔文波，赤道开尔文波继续向东传播使得赤道东太平洋 SST 出现负异常［图 3.5(c) ~ (g)］。整个过程历经 275 d。该理想模式的结果，证实了罗斯贝波在西边界反射形成的开尔文波是负反馈机制的主要来源。

这一简单的情形与实际的 ENSO 有所不同，它仅仅表示了一个由单一风脉冲导致的振荡，而实际的 ENSO 在整个循环过程中都受到连续的风应力强迫，振荡模型中海洋调整的时间也远远小于实际的 ENSO。尽管如此，波动调整机制还是可以和 Bjerknes 正反馈机制结合在一起，建立著名的延迟振子理论。

根据延迟振子理论，可以将 ENSO 简化为一个概念模式：

$$\frac{\mathrm{d}T}{\mathrm{d}t}=aT-bT(t-\eta)-\varepsilon T^3 \tag{3.1}$$

该模式是一个关于赤道东太平洋海温异常（T）的常微分方程，其中，a、b、ε 是参数，η 表示延迟的时间。

延迟振子理论指出，太平洋赤道开尔文波自西向东传播和赤道罗斯贝波自东向西传播形成的波动调整过程是 ENSO 循环中最基本的物理过程，按照这一理论，正（负）异常信号在太平洋海盆完成调整过程大约需要 2 年，从而回答了为什么 ENSO 循环的周期是 3 ~ 5 年。然而，并不是每次厄尔尼诺或者拉尼娜事件中都能清楚地观测到这样的波动过程。此外，也有人认为，在西太平洋并不存在一个严格意义上的刚壁边界，因此，罗斯贝波到达西边界后的反射也不一定成立。

除了延迟振子理论提供了 ENSO 中的负反馈机制之外，目前还有充电振荡理论也能解释 ENSO 的形成过程。

3.2.2.2 充电振荡理论

充电振荡理论（Jin，1997）认为，低纬度海区热容量的变化（可以将其比拟为充电－放电过程）是导致海洋－大气耦合系统振荡的主要原因。在厄尔尼诺事件发展过程中，整个低纬（15°S—15°N）的上层海洋的热容量会出现正异常（充电），当厄尔尼诺事件达到成熟期后，赤道中太平洋西风异常及对应的斯韦尔德鲁普输运的异常可以导致赤道太平洋热容量出现负异常（放电），整个赤道温跃层的抬升、变浅可以导致冷事件的出现，从而形成拉尼娜事件。而在下一次厄尔尼诺事件发生之前同样会有暖海水在赤道堆积，从而重复上述过程（图 3.6）。

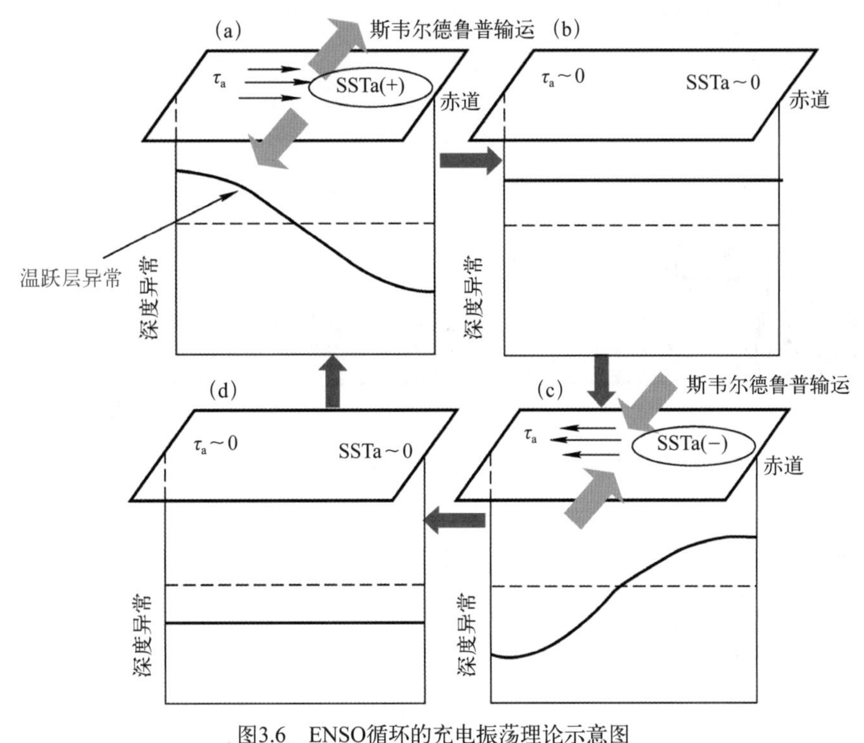

图3.6　ENSO循环的充电振荡理论示意图

（a）暖位相；（b）从暖位相到冷位相的转换；（c）冷位相；

（d）从冷位相到暖位相的转换（参考Wang et al., 2004）（SSTa表示SST异常）

从本质上来说，充电振荡理论是从罗斯贝波调整后对应的海洋环流热输送的观点来理解 ENSO 循环中的负反馈机制，其优点是可以不考虑西边界的反射问题。

另外，Weisberg 等（1997）提出的西太平洋振子（Western Pacific oscillator）理论和 Picaut 等（1997）提出的平流反射振子（Advective-Reflective oscillator）理论也都从不同角度提出了 ENSO 形成中的负反馈机制。西太平洋振子理论认为，当 ENSO 正（负）位相时西传的冷（暖）罗斯贝波还没有到达西边界就在赤道外西太平洋通过局地海洋 - 大气相互作用形成反气旋（气旋）的低空大气环流异常，从而导致赤道上纬向风负（正）异常、激发对应的东传的冷（暖）赤道开尔文波，从而使 ENSO 位相发生转换。平流反射振子理论建立在延迟振子理论的基础之上，认为与海洋波动对应的海洋环流的热平流效应可以影响暖池东边界的移动，进而使 ENSO 的位相发生转换。Wang（2001）将上述 4 种负反馈理论用统一的动力学方程组来表示，并给出了影响 ENSO 循环的两个西太平洋的关键海区——Niño 5 区和 Niño 6 区。在 Wang（2001）

提出的动力框架下，影响热带太平洋年际变化的关键海区共有 6 个，它们分布在自西向东的整个热带太平洋（图 3.7）。这 6 个海域 SST 的年际变化之间有很密切的联系，可以用一个统一的动力学方程组来表示，说明整个热带太平洋是一个统一的整体（Wang, 2001）。

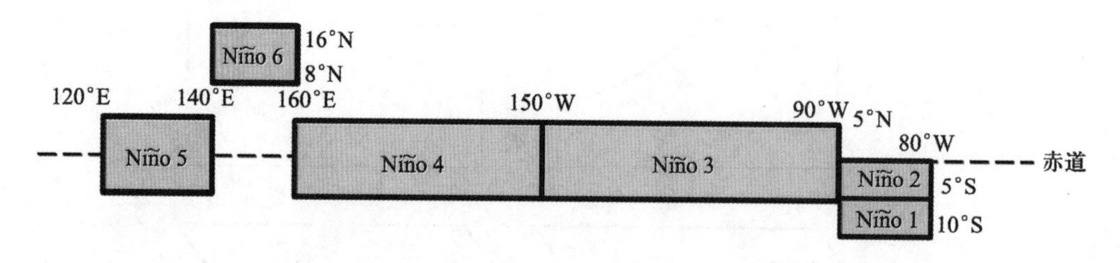

图3.7　热带太平洋6个关键海区的位置（参考Wang, 2001）

总而言之，目前学术界从以下 4 个不同的角度来解释 ENSO 循环机制：①赤道罗斯贝波在西边界的反射及对应的海洋波动调整过程；②赤道太平洋斯韦尔德鲁普输运引起的经向热输送导致的充电与放电过程；③赤道外西太平洋局地海洋－大气相互作用形成的赤道纬向风异常；④与海洋波动对应的海洋环流的热平流效应。这 4 种机制都包含了能在 ENSO 的位相转换中起作用的负反馈机制和 Bjerknes 正反馈机制，也证实了海洋次表层动力学过程在 ENSO 的位相转换中起着决定性的作用，ENSO 的时间尺度由热带海洋动力学决定。因此，用一个只包含上层海洋动力学、海面风异常仅由 SST 异常决定的简单的热带太平洋海洋－大气耦合模式，就能很好地预报厄尔尼诺（拉尼娜）事件（Zebiak et al., 1987）。

3.2.3　海洋－大气耦合的"慢"模态和热带太平洋经向模态

Neelin（1991）提出了 SST"慢"模态的概念。他认为对于 ENSO 有两个关键的过程，一个是赤道波动的动力调整，一个是海洋－大气耦合作用对 SST 的热力调整，即 SST 异常演变的"慢"模态。当海洋的动力调整比 SST 的热力调整快时，ENSO 主要由海洋－大气耦合作用对 SST 的热力调整决定，反之亦然。Neelin 等（1993）的研究结果表明，对于大部分的参数范围，这两种过程是共存的。

"慢"模态的传播方向是很多物理过程共同作用的结果。若赤道太平洋的中部或东部首先出现一片 SST 的正异常区，那么在这片 SST 异常区的西侧和东侧就会分别产生西风异常和东风异常。考虑到赤道太平洋的背景风场为东风，西风异常将抑制西侧的赤道上升流，使异常区西部升温，同时西部的异常西风也会使冷平流的西向输送减弱，也有利于正 SST 异常区的西侧升温。通过这两种效应，太平洋中东部的暖异常信号便表现出一些西传的特征。在暖异常区的东侧，由于风速增加，蒸发增强、赤道上升流增强，同时水平冷平流也增强，因此 SST 会降低。相反的效应也存在：西风异常也会使赤道太平洋东部的温跃层加深，从而使海温升高；此外，上升流对温度梯度的非线性作用也有利于东部的 SST 升高。因此，赤道太平洋中、东部的暖信号有时西传，有时东传（Wang et al., 2004）。

热带太平洋经向模态是扣除了 ENSO 模态的主要信息后，热带太平洋海洋 - 大气耦合系统的主导模态。Chiang 等（2004）以及 Chang 等（2007）认为，该模态的形成机制与大西洋经向模态的形成机制即局地 WES 正反馈机制相同，没有一个固有的时间尺度，只要东北部海区信风减弱，就有利于出现经向模态。该模态对应的 SST 变化一般在春季（3 月）最强。同时，他们也指出热带太平洋经向模态可能会引起厄尔尼诺事件。

将 1950—2010 年热带太平洋 SST 异常做经验正交分解（EOF）得到的 EOF 第 2 模态即热带太平洋经向模态（图 3.8）。与经向模态对应的春季（2—5 月）海面风应力异常与同年冬季（11 月至翌年 1 月）赤道中太平洋海温异常的相关系数达到 0.65（Wu et al., 2010）。进一步分析表明，造成该经向模态北部中心变化的原因是中纬度大气异常强迫的结果。从统计上来看，经向模态的北部中心的出现对应着南部还存在一个符号相反的变化中心，所以经向模态的表现形式为南北方向的海温偶极子结构（Wu et al., 2010）。海洋 - 大气耦合的气候模式的数值试验表明，从热带太平洋东北部海温异常的出现到经向模态的形成主要包括两个过程：一个是初始 SST 正异常的西南向扩展过程，在此过程中，海面风 - 蒸发 -SST 反馈机制是起主要作用的机制；另一个是 SST 正异常南部由于赤道上升流加强导致 SST 负异常的形成过程。热带太平洋经向模态对于初始海温异常的出现时间存在很强的依赖性，3—5 月出现在热带太平洋东北部的 SST 异常导致经向模态出现的可能性最大（Wu et al., 2010）。

热带太平洋 SST 的年际变化存在两个主要的海洋 - 大气耦合模态，其中 ENSO 模态是最重要的信号，其形成机制主要是赤道上纬向温度梯度 - 纬向风 - 温跃层 - 上升流之间相互作用的 Bjerknes 正反馈机制；另一个模态是热带太平洋经向模态，形成该模态的主要机制是海面风 - 蒸发 -SST 正反馈机制。前者主要是海洋温跃层参与的海洋 - 大气相互作用，后者主要是海洋上混合层热力过程参与的海洋 - 大气相互作用。

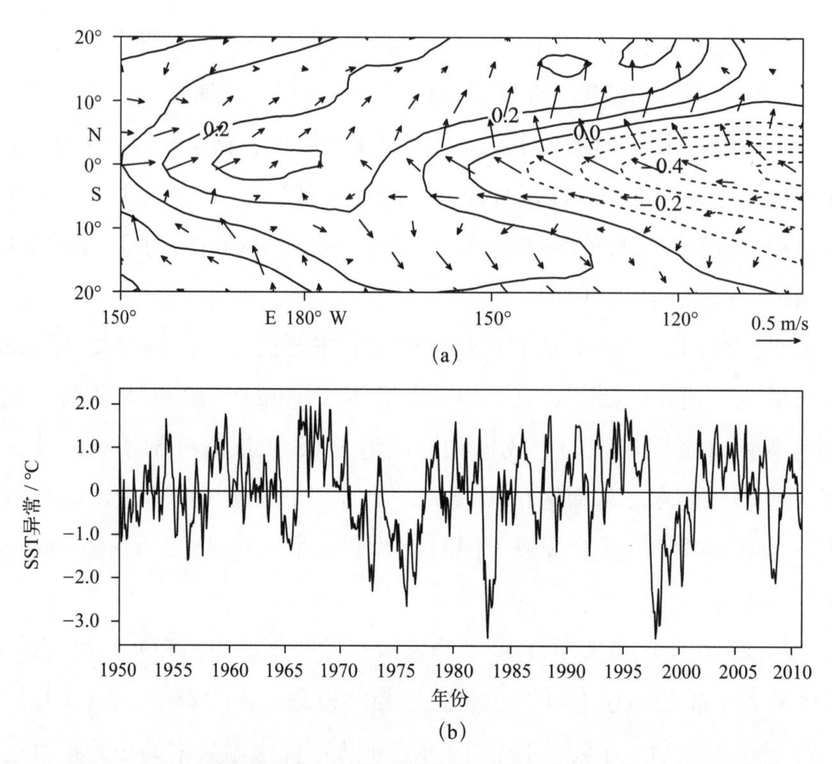

图3.8 扣除长期线性趋势后热带太平洋SST异常（1950—2010年）EOF第2模态（等值线表示海表温度异常，单位：℃；矢量箭头表示滞后1个月的海面风异常，单位：m/s）的（a）空间分布和（b）时间序列

3.2.4 有关触发厄尔尼诺 – 南方涛动的几种机制的研究

以上我们讨论了 ENSO 循环的机制。究竟什么异常现象可以触发 ENSO? 对这个问题的答案有以下 3 种观点。

3.2.4.1 热带西太平洋大气季节内振荡（MJO）可能是 ENSO 的触发机制

热带西太平洋 MJO 也会对 ENSO 有重要的影响（McPhaden et al., 2006），因为 MJO 出现在热带西太平洋会伴随着热带西太平洋的西风爆发（Westerly Wind Burst, WWB），例如，1996 年冬季到 1997 年夏季赤道西太平洋几次西风爆发之后，1997—1998 年厄尔尼诺发生。从动力学角度考虑，与热带西太平洋 MJO 相对应的西风异常不仅会引起混合层的季节内变化（刘秦玉等，1995），更重要的是会导致温跃层的加深（巢纪平等，2003）。赤道附近温跃层对西风爆发的响应使温跃层异常引起的海温正异常信号能够以赤道开尔文波的形式向东传播，从而引发厄尔尼诺事件的出现（巢纪平等，2003）。图 3.6 清楚地表明了西风异常与赤道开尔文波以及厄尔尼诺事件之间的关系。从该图中可以看出，前 1、2 次持续 1 个月的西风异常只能引起东传的开尔文波和持续约 1 个月的赤道东太平洋海温异常；但由于赤道东太平洋海温正异常会通过 Bjerknes 正反馈机制导致赤道西太平洋的西风异常范围不断向东扩张，一旦西风异常越过日界线，海洋对西风异常的响应会使得整个温跃层的东西向倾斜变弱，通过 Bjerknes 正反馈机制形成厄尔尼诺事件。因此，MJO 只能作为厄尔尼诺的触发机制之一，该振荡对应的西风异常激发的赤道开尔文波将温跃层异常信号传到赤道东太平洋；由于冬季和春季 150°E 东西两侧的背景纬向风场接近反向，如果在此基础上叠加大气 MJO 对应的西风异常，也将导致 150°E 西侧蒸发加强、海温降低；150°E 东侧蒸发减弱、海温升高，使西风进一步增强，引起暖信号的东传，如此便产生了厄尔尼诺年西风异常的东传现象。

3.2.4.2　热带太平洋天气尺度的高频变化可能是 ENSO 的触发机制

有人提出厄尔尼诺事件的形成是大气中的噪声作用于海洋 – 大气耦合模态的结果。这一假说无疑表明厄尔尼诺事件是随机强迫的产物，从而解释了厄尔尼诺的某些非规则特征。在随机强迫形成厄尔尼诺这一理论中，厄尔尼诺可以是周期性的，也可以是非周期性的，但不管在哪种情况中，负反馈机制都可能起到了促使厄尔尼诺事件结束的作用。

3.2.4.3　热带外海表温度异常是 ENSO 形成的一种触发机制

热带东北太平洋中纬度海表温度异常也会通过 WES 机制改变赤道中太平洋 SST 的正常分布，再通过海洋 – 大气相互作用的 Bjerknes 正反馈机制导致厄尔尼诺或者拉尼娜事件（见第 3.3 节）。在南半球夏季出现的热带南太平洋副热带偶极子模态，也会通过影响近赤道的海面风异常触发赤道东太平洋 SST 异常（Zheng et al., 2018）。

总而言之，不管厄尔尼诺是自维持系统还是随机强迫的系统，Bjerknes 正反馈机制以及负反馈过程的机制，在厄尔尼诺事件的演变过程中都是起重要作用的。此外，季节循环和季节内振荡对 ENSO 也有影响（Wang et al., 2004）。季风作用下热带远西太平洋的准 2 年振荡与 ENSO 的相互作用可以使得 ENSO 出现准 2 年或准 7 年的周期（刘秦玉等，2006）。有关季风、季节变化和 ENSO 之间相互影响的研究正在进行。

3.3 厄尔尼诺－南方涛动的多样性

前文详细地介绍了ENSO的特征和生消的机理，这些工作构建了ENSO的理论框架并极大地丰富了科学家们对ENSO的理解。然而，每一次ENSO事件，特别是厄尔尼诺事件的空间分布和时间演变又存在相当的差异。赤道太平洋暖海温出现的中心位置不同，厄尔尼诺事件所产生的大气对流异常及其气候效应会不同。随着研究的深入，人们逐渐意识到理解ENSO事件时空特征差异性的重要性并试图去解释造成这种差异性的成因，并将这种现象称之为ENSO的“多样性”（diversity）（Capotondi et al., 2015）或“复杂性”（complexity）（Timmermann et al., 2018）。

3.3.1 厄尔尼诺－南方涛动的分类

由于观测的缺乏，早期的ENSO事件难以准确区分空间结构。随着太平洋海洋观测系统和全球卫星观测系统的建立，ENSO的时空变化特征逐渐得到较准确的刻画和监测。人们发现至少存在一种新型厄尔尼诺事件，该事件与暖海温异常中心出现在东太平洋的传统厄尔尼诺事件不同，其海温异常始终集中出现在赤道中太平洋附近。这种非同寻常的厄尔尼诺现象引起了海洋和气象学家的极大关注，并分别将这种事件进行单独命名以与传统的厄尔尼诺事件进行区别。例如，由于这一类厄尔尼诺事件暖信号出现在日界线附近，取名为dateline El Niño（Larkin et al., 2005）；或通过EOF方法将这一类信号与传统厄尔尼诺区别，称之为“假厄尔尼诺”（El Niño modoki）（Ashok et al., 2007）。随后有学者根据厄尔尼诺盛期海温异常的位置将历史观测中的厄尔尼诺事件分为两类，并命名进行区分。其中，Kug等（2009）对历史上的厄尔尼诺事件按其盛期海温异常的位置将之分为两类，一类海温异常中心位于赤道东太平洋的厄尔尼诺事件称为冷舌型厄尔尼诺（cold tongue El Niño），以1982—1983年和1997—1998年为代表；另一类海温异常中心位于赤道中太平洋，称为暖池型厄尔尼诺（warm pool El Niño）。Yu等（2007）则将这两类厄尔尼诺事件分别命名为东太平洋厄尔尼诺（Eastern Pacific El Niño，EP-El Niño）和中太平洋厄尔尼诺（Central Pacific El Niño，CP-El Niño）。不同的研究采用不同的指数来区分这两类事件。例如，Kug等（2009）通过Niño 3和Niño 4海温指数的强度比较来确定“冷舌型”和“暖池型”厄尔尼诺事件；Ashok等（2007）使用中太平洋与东西两侧海温之差来定义“假厄尔尼诺”指数。还有文章通过主成分分析法来分离两类厄尔尼诺事件（Kao et al., 2009; Takahashi et al., 2011）。为方便叙述，本节下文中使用“东太平洋厄尔尼诺”指海温异常中心位于赤道东太平洋的传统厄尔尼诺事件，而暖池型厄尔尼诺、假厄尔尼诺和中太平洋厄尔尼诺则都被称为“中太平洋厄尔尼诺”。

中太平洋厄尔尼诺事件不论在强度、演变过程还是发展机制上都与传统的东太平洋厄尔尼诺事件有很大的差别。如图 3.9 所示，中太平洋厄尔尼诺的海温和海面风异常最初在赤道中西太平洋出现，并向东传播，盛期时海温异常中心位于赤道中太平洋，随后异常海温向赤道西太平洋衰退［图 3.9(c)］，同时异常海面风被局限在赤道中太平洋［图 3.9(d)］，并不像东太平洋厄尔尼诺那样伴随着海温异常向东传播至赤道东太平洋［图 3.9(a) 和图 3.9(b)］。因此，在中太平洋厄尔尼诺的发展过程中，海温正异常只有在其盛期才会出现在赤道东太平洋，即便如此，赤道东太平洋海面风异常仍然表现为弱东风异常，而在东太平洋厄尔尼诺盛期时西风可以贯穿整个热带太平洋。此外，中太平洋厄尔尼诺的海温和海面风异常的强度均显著弱于东太平洋厄尔尼诺（图 3.9）。

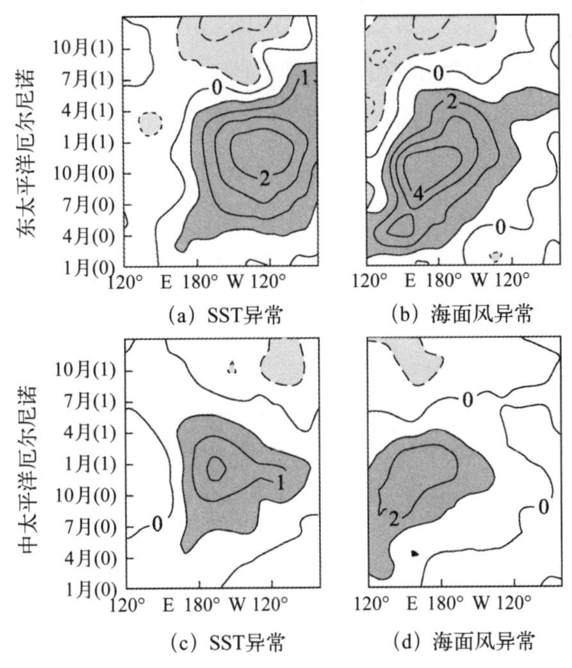

图3.9　1980—2010年间合成的东太平洋厄尔尼诺（上图）与中太平洋厄尔尼诺（下图）的SST异常（单位：℃）和海面风异常（单位：m/s）的发展过程。图中纵坐标的数字“0”表示发展年，“1”表示衰退年

若聚焦于北半球冬季（即厄尔尼诺盛期），中太平洋厄尔尼诺与东太平洋厄尔尼诺的差别则更为明显。如图 3.10 所示，中太平洋厄尔尼诺盛期的海温异常中心位于 160°W［图 3.10(b)］，较东太平洋厄尔尼诺偏西 40 个经度，且强度大约为东太平洋厄尔尼诺的一半。因此，中太平洋厄尔尼诺盛期的海面西风异常主要位于 160°W 以西，而 160°W 以东的海面风向 ITCZ 辐合［图 3.10(b)］。相较而言，东太平洋厄尔尼诺的

海面西风异常向东延伸，且在东太平洋主要向赤道辐合［图 3.10(a)］。虽然中太平洋厄尔尼诺的海温和海面风异常的强度仅有东太平洋厄尔尼诺的一半，但是其在中太平洋引起的异常降水却与东太平洋厄尔尼诺处于同一量级，这说明赤道中太平洋的高温暖水有更大的潜能改变其上空的水汽循环。同时由于热带大气异常加热的位置不同，被激发的罗斯贝波往高纬传播的路径也与东太平洋厄尔尼诺不一致，从而导致全球气候异常在中太平洋厄尔尼诺期间与在东太平洋厄尔尼诺期间也不一致（Weng et al., 2007）。这一点在进行气候预测时值得注意。

需要指出的是，目前简单将厄尔尼诺分为两类的方法不能完全体现出 ENSO 的多样性特征。事实上，即使东太平洋厄尔尼诺或中太平洋厄尔尼诺事件之间也存在一定差异，而有些厄尔尼诺事件是介于两类厄尔尼诺事件的“混合型”厄尔尼诺（Kug et al., 2009; Johnson, 2013）。依据对东亚气候的影响的差异，又将中太平洋厄尔尼诺进一步区分为 CP－Ⅰ型和 CP－Ⅱ型厄尔尼诺（Wang et al., 2013）。此外，有研究根据 ENSO 发生强度和产生大气对流异常的位置（Takahashi et al., 2011; Xie et al., 2018），将厄尔尼诺事件分为极端厄尔尼诺（extreme El Niño）和中等强度厄尔尼诺（moderate El Niño）。相对厄尔尼诺而言，拉尼娜事件中冷海温异常中心位置的空间差异性较小，在中、东太平洋往往表现出协同变化的特征（Kug et al., 2011）。

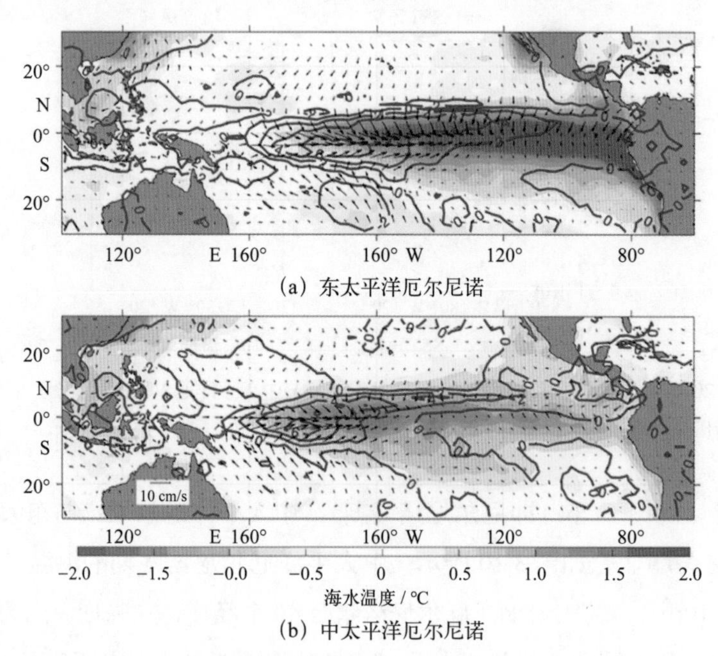

（a）东太平洋厄尔尼诺

（b）中太平洋厄尔尼诺

图3.10　1981—2010年间，（a）东太平洋厄尔尼诺与（b）中太平洋厄尔尼诺盛期的SST（填色，单位：℃）和海面风（箭头，单位：m/s）异常分布

3.3.2　厄尔尼诺 – 南方涛动多样性的物理本质

ENSO 具备多样性的本质是什么？这是一个受到科学家关注并尚未完全解决的科学问题。依据前面几节中我们讨论的 ENSO 这一准周期振荡的共同特性及其形成机制，科学家从不同角度讨论了导致 ENSO 多样性的原因。

在前两节中，我们介绍了前人研究中提出的几个正反馈机制。在东太平洋厄尔尼诺发展过程中，纬向风 – 温跃层 –SST 之间的正反馈过程（即 Bjerknes 正反馈机制）起重要作用。而在中太平洋厄尔尼诺发展过程中，温跃层反馈的作用不是那么重要。中太平洋厄尔尼诺主要是依靠西太平洋暖池边缘附近的东向异常海流引起的暖水纬向平流输送作用来发展，同时受赤道中太平洋深对流云 –SST 负反馈影响（Kug et al., 2009; Xie et al., 2013）。研究表明，受温跃层反馈控制的 ENSO 周期应为 3 ～ 6 年，但是在 21 世纪前 10 年中，共发生了 4 次中太平洋厄尔尼诺事件，分别为 2002—2003 年、2004—2005 年、2006—2007 年和 2009—2010 年。这说明还有另一个海洋要素的反馈过程叠加在温跃层反馈之上，这个过程便是异常风场激发异常海流进而引起的暖水纬向输送（纬向平流反馈）。

纬向平流反馈作用对中太平洋厄尔尼诺发展的重要贡献可以利用 ENSO 充电振荡理论模型（Jin，1997）的不同实验来验证。由于该模型不包含纬向平流反馈，在一定的海洋 – 大气耦合参数和平均态下，ENSO 的主周期为 4 年左右。若使用 21 世纪之后的平均态，且加入纬向平流反馈，ENSO 的主周期则为 2 年左右，且明显能看出异常的纬向流超前海温异常 4 个月时间（观测中为 6 个月），而温跃层的变化与海温变化同步，不能提供 ENSO 的转向所需的负反馈。因此在中太平洋厄尔尼诺中，依然可观测到海洋热含量变化中的“充电 – 放电”现象（温跃层的起伏），但异常海流的暖平流效应超前温跃层变化，从而对海洋热含量的变化也起到充电 – 放电的作用。Kug 等（2009）认为，在中太平洋厄尔尼诺盛期出现的向西的异常海流来自两部分，一是赤道内外温跃层深度梯度导致向赤道的经向流，在科氏力的作用下往西偏转而产生；二是海洋罗斯贝波向西传播反射成向东传播的冷性开尔文波，该开尔文波伴随着向西的异常海流。

还有研究试图从大气反馈的角度来理解不同厄尔尼诺事件发展的差异（Okumura, 2019）。众所周知，大气深对流对海温的响应具有高度的非线性特征，海温只有达到热带对流阈值之后，才能产生大气深对流进而造成纬向风异常。根据大气对流异常的强度和位置差异，特别是东太平洋的风场异常，有的研究又将 ENSO 分为极端厄尔尼诺和中等强度厄尔尼诺事件(Takahashi et al., 2011；Xie et al., 2018)。对于极端厄尔尼诺，东太平洋的显著暖海温异常在冷舌区（Niño 3）产生显著大气深对流，造成局地西风异常显著向东移动，抑制东太平洋的海洋上升运动，进一步加强东太平洋暖海温信号。反之，对于中等强度厄尔尼诺，大气对流异常以及纬向风异常被局限在中、西太平洋，使暖海温信号局限在赤道太平洋中部。赤道大气对流和对应的纬向风异常造成的厄尔尼诺事件的不同（即极端厄尔尼诺和中等强度厄尔尼诺），说明东太平洋表面风场对于 ENSO 的多样性具有一定的调制作用（Peng et al., 2020）。

上述研究工作大多聚焦于赤道太平洋的海洋和大气纬向运动过程对 ENSO 多样性的影响。但最近的一些研究指出赤道东太平洋的跨赤道经向运动过程对不同类型厄尔尼诺的发展也起到至关重要的作用（Xie et al., 2018）：对于东太平洋厄尔尼诺事件，风场异常在赤道东太平洋辐合对应关于赤道对称的局地降雨异常；而对于中太平洋厄尔尼诺事件，风场向赤道以北的 ITCZ 辐合，造成降雨的南北不对称响应和跨赤道经向风异常，这种大气响应又会在翌年春季通过海面风－蒸发－SST 反馈以及上升流－风－SST（UWS）反馈机制维持。类似的，还有研究指出年代际尺度上的跨赤道经向风也会对 ENSO 的多样性有调制作用（Hu et al., 2018)。

除了上述研究结果外，还有研究认为对 ENSO 有重要影响的西风爆发事件对于 ENSO 的多样性有重要影响（Chen et al., 2015)。副热带太平洋经向模态也能够触发不同厄尔尼诺事件：北太平洋经向模态（North Pacific Meridional Mode，NPMM）倾向于触发中太平洋厄尔尼诺；南太平洋经向模态（South Pacific Meridional Mode, SPMM）则倾向于触发东太平洋厄尔尼诺（Zhang et al., 2014; Vimont et al., 2014)，而南太平洋副热带偶极子模态也可以触发东太平洋厄尔尼诺（Zheng et al., 2018）

通过上述分析，可以看出不同的厄尔尼诺为何会发展成为不同类型，至今尚无定论。目前，对 ENSO 的预报基本上可以通过海－气耦合模式提前 6 个月内实现，但是由于 ENSO 的多样性和复杂性，加上预报模式对海－气耦合过程的刻画还存在一定缺陷，预报准确率还有待提高，还需要进一步发展 ENSO 模式研究（Zhang et al., 2020)。基于中国海洋大学深海前沿中心参与研制的高分辨率（海洋 10 km、大气 25 km）地球系统模式模拟结果，首次揭示了赤道太平洋亚中尺度涡旋对 ENSO 发展所起的重要抑制作用，并给出了明确的动力学解释。研究结果表明：在厄尔尼诺期间，太平洋“冷舌”边缘处的锋面减弱，抑制了锋生和混合层不稳定过程，从而导致亚中尺度涡旋引起的由次表层向表层输送的热量减少，进而阻碍了“冷舌”区域 SST 的升高；而在拉尼娜期间，则正相反。通过评估第六次国际耦合模式比较计划（CMIP6）中不同分辨率气候模式对ENSO振幅的模拟性能，进一步证实了亚中尺度涡旋对ENSO发展的重要抑制作用（Wang et al., 2022）。该研究结果表明：使用能够刻画亚中尺度海洋涡旋的高分辨率海 - 气耦合模式，可以克服低分辨率海 - 气耦合模式对ENSO振幅模拟过强的缺点，为改进ENSO数值预报提供了新的途径。

3.4 本章小结

热带太平洋是全球热带海洋中纬向宽度最宽的大洋，它有着显著的年际变化。热带最明显的年际变化是海洋 - 大气密切相互作用的ENSO。ENSO是一个准周期的振荡，具备“锁相”特征，且具备多样性；ENSO不仅会通过“大气桥”和“海洋桥”影响其他热带海洋，而且会对全球气候变化产生重要影响。目前，ENSO的多样性导致ENSO预报存在一定的不确定性。

参考文献

巢纪平，袁绍宇，巢清尘，等，2003. 热带西太平洋暖池次表层暖水的起源——对1997/1998年ENSO事件的分析. 大气科学，27(2): 145−151.

巢纪平，张人禾，1990. 热带海气相互作用波及其不稳定性. 气象学报，48(1): 46−54.

刘秦玉，LIU Z，潘爱军，2006. 厄尔尼诺/南方涛动与赤道远西太平洋准两年周期振荡之间相互作用的概念模式. 中国科学（D辑），36(1): 90−97.

刘秦玉，王启，1995.“暖池”表层对大气局地强迫的响应特征. 海洋与湖沼，26(6): 658−664.

杨修群，黄士松，1993. 海气耦合系统中的季节内振荡模态. 热带气象学报，9(3): 202−210.

ASHOK K, BEHERA S K, RAO S A, et al., 2007. El Niño Modoki and its possible teleconnection. Journal of Geophysical Research, 112: C11007.

BATTISTI D S, 1988. Dynamics and thermodynamics of a warming event in a coupled tropical atmosphere-ocean model. Journal of the Atmospheric Sciences, 45(20): 2889−2919.

BATTISTI D S, 1989. On the role of off-equatorial oceanic Rossby waves during ENSO. Journal of Physical Oceanography, 19(4): 551−559.

BATTISTI D S, HIRST A C, 1989. Interannual variability in a tropical atmosphereocean model: Influence of the basic state, ocean geometry and nonlinearity. Journal of the Atmospheric Sciences, 46(12): 1687−1712.

BJERKNES J, 1969. Atmospheric teleconnections from the equatorial Pacific. Monthly Weather Review, 97(3): 163−172.

CAPOTONDI A, WITTENBERG A T, NEWMAN M, et al., 2015. Understanding ENSO diversity. Bulletin of the American Meteorological Society, 96(6): 921–38.

CHANG P, ZHANG L, SARAVANAN R, et al., 2007. Pacific Meridional Mode and El Niño-Southern Oscillation. Geophysical Research Letters, 34(16), L16608.

CHEN D, LIAN T, FU C, et al., 2015. Strong influence of westerly wind bursts on El Niño diversity. Nature Geoscience, 8: 339–345.

CHIANG J C H, VIMONT D J, 2004. Analogous Pacific and Atlantic Meridional Modes of Tropical Atmosphere-Ocean Variability. Journal of Climate, 17(21): 4143−4158.

GILL A E, 1980. Some simple solutions for heat-induced tropical circulation. Quarterly Journal of the Royal Meteorological Society, 106(449): 447−462.

HIRST A C, 1986. Unstable and damped equatorial modes in simple coupled ocean-atmosphere models. Journal of the Atmospheric Sciences, 43(6): 606−632.

HU S, FEDOROV A V, 2018. Cross-equatorial winds control El Niño diversity and change. Nature Climate Change, 8: 798−802.

JIN F F, 1997. An equatorial ocean recharge paradigm for ENSO. Part I: Conceptual model. Journal of Atmospheric Sciences, 54(7): 811−829.

JOHNSON N C, 2013. How many ENSO flavors can we distinguish?Journal of Climate, 26(13): 4816−4827.

KAO H Y, YU J Y, 2009. Contrasting eastern-Pacific and central Pacific types of El Niño. Journal of Climate, 22(3): 615−632.

KUG J S, JIN F F, AN S I, 2009. Two types of El Niño events: Cold tongue El Niño and warm pool El Niño. Journal of Climate, 22(6): 1499−1515.

KUG J S, HAM Y G, 2011. Are there two types of La Niña? Geophysical Research Letters, 38(16): L16704.

LARKIN N K, HARRISON D E, 2005. On the definition of El Niño and associated seasonal average U. S. weather anomalies. Geophysical Research Letters, 32(13): L13705.

MCCREARY J P, 1976. Eastern tropical ocean response to changing wind systems: With application to El Niño. Journal of Physical Oceanography, 6(5): 632−645

MCPHADEN M J, ZHANG X, HENDON H H, et al., 2006. Large scale dynamics and MJO Forcing of ENSO variability. Geophysical Research Letters, 33(16), L16702.

NEELIN J D, 1991. The slow sea surface temperature mode and the fast-wave limit: Analytic theory for tropical interannual oscillations and experiments in a hybrid coupled model. Journal of the Atmospheric Sciences, 48(4): 584−606.

NEELIN J D, JIN F F, 1993. Modes of interannual tropical ocean-atmosphere interaction-a unifiedview. Part II: Analytical results in the weak-coupling limit. Journal of the Atmospheric Sciences, 50(21): 3504−3522.

OKUMURA Y M, 2019. ENSO Diversity from an Atmospheric Perspective. Current Climate Change Reports, 5(3): 245–257.

PENG Q, XIE S P, WANG D, et al., 2020. Eastern Pacific wind effect on the evolution of El Niño: Implications for ENSO diversity. Journal of Climate, 33(8): 3197−3212.

PHILANDER S G, 1990. El Niño, La Niño and the Southern Oscillation. London: Academic

Press: 293.
PICAUT J, MASIA F, PENHOAT Y DU, 1997. An advective-reflective conceptual model for the oscillatory nature of the ENSO. Science, 277(5326): 663−666.
RASMUSSON E M, CARPENTER T H, 1982. Variations in sea surface: Temperature and surface wind fields associated with the Southern Oscillation/El Niño. Monthly Weather Review, 110(5): 354−384.
SCHOPF P S, SUAREZ M J, 1987. Vacillations in a coupled ocean-atmosphere model. Journal of the Atmospheric Sciences, 45(3): 549−566.
SUAREZ M J, SCHOPF P S, 1988. A delayed action oscillator for ENSO. Journal of the Atmospheric Sciences, 45(21): 3283−3287.
TAKAHASHI K, MONTECINOS A, GOUBANOVA K, et al., 2011. ENSO regimes: reinterpreting the canonical and Modoki El Niño. Geophysical Research Letters, 38(10): L10704.
TIMMERMANN A, AN S I, KUG J S, et al., 2018. El Niño-Southern Oscillation complexity. Nature, 559: 535−545.
VIMONT D, ALEXANDER M A, NEWMAN M, 2014. Optimal growth of central and east Pacific ENSO events. Geophysical Research Letters, 41(11): 4027–4034.
WANG C, 2001. A unified oscillator model for the El Niño-Southern Oscillation. Journal of Climate, 14(1): 98−115.
WANG C, PICAUT J, 2004. Understanding ENSO physics-A review//Wang C, Xie S P, Carton J A. Earth Climate: The Ocean-Atmosphere Interaction. AGU Geophysical Monograph Series, 147: 21−48.
WANG C, WEISBERG R H, YANG H, 1997. Effects of the wind speed-evaporation-SST feedback on the El Niño-Southern Oscillation. Journal of the Atmospheric Sciences, 56(10): 1391−1403.
WANG C, WANG X, 2013. Classifying El Niño Modoki I and II by Different Impacts on Rainfall in Southern China and Typhoon Tracks. Journal of Climate, 26(4): 1322−1338.
WANG S, JING Z, WU L, et al., 2022. El Niño/Southern Oscillation inhibited by submesoscale ocean eddies. Nature Geoscience, 15: 112−117.
WEISBERG R H, WANG C, 1997. A western Pacific oscillator paradigm for the El Niño-Southern Oscillation. Geophysical Research Letters, 24(7): 779−782.
WENG H, ASHOK K, BEHERA S K, et al., 2007. Impacts of recent El Niño on dry/wet conditions in the Pacific rim during boreal summer. Climate Dynamics, 29(2−3): 113−129.
WU S, WU L , LIU Q, et al., 2010. Development processes of the tropical Pacific Meridional mode. Advances Atmospheric Sciences, 27(1): 95−99.
WYRTKI K, 1975. El Niño-The dynamic response of the equatorial Pacific Ocean to atmospheric forcing. Journal of Physical Oceanography, 5(4): 572−584.
XIE R H, HUANG F, REN H L, 2013. Subtropical air-sea interaction and the development of central Pacific El Niño. Journal of Ocean University of China, 12(2): 260−271.
XIE S P, PENG Q, KAMAE Y, et al., 2018. Eastern Pacific ITCZ dipole and ENSO diversity. Journal of Climate, 31(11): 4449−4462.

YU J Y, KAO H Y, 2007. Decadal changes of ENSO persistence barrier in SST and ocean heat content indices: 1958–2001. Journal of Geophysical Research, 112, D13106.

ZEBIAK S E, CANE M A, 1987. A model El Niño/Southern Oscillation. Monthly Weather Review, 115(10): 2262–2278.

ZHANG H, CLEMENT A, NEZIO P DI, 2014. The South Pacific meridional mode: A mechanism for ENSOlike variability. Journal of Climate, 27(2): 769–783.

ZHANG R H, YU Y Q, SONG Z, et al., 2020. A review of progress in coupled ocean-atmosphere model developments for ENSO studies in China. Journal of Oceanology and Limnology, 38(4): 930–961.

ZHENG J, WANG F, ALEXANDER M A, et al., 2018. Impact of south pacific subtropical dipole mode on the equatorial Pacific. Journal of Climate, 31(6): 2197–2216.

第 4 章　热带大西洋海洋 – 大气相互作用

热带大西洋纬向宽度远小于热带太平洋，与热带印度洋相当。热带大西洋不仅具有明显的季节变化，而且有着显著的年际和年代际变化，该变化通过与大西洋大气变化的主模态（如北大西洋涛动）的相互作用影响欧洲乃至全球气候变化。本章除了介绍热带大西洋的气候特征外，将重点介绍热带大西洋的年际变化特征及其成因，并介绍热带太平洋和热带大西洋年际变化异常信号如何通过“大气桥”相互影响。

4.1　热带大西洋和西半球暖池的气候特征

大西洋位于美洲和非洲两大陆地之间，整个海盆大致呈“S”形，纬向尺度较太平洋窄。热带大西洋的气候平均态有很多性质与热带太平洋相似。大西洋赤道以北的年平均 SST 高于赤道以南地区，赤道地区盛行东南风，有较强的越赤道南风气流，东北和东南信风在相对狭窄、大致呈纬向分布的 ITCZ 中会合，ITCZ 及与之相对应的雨带的平均纬度（通常称作热赤道或者气候对称轴）在大西洋上向地理赤道以北偏移了 5° ~ 10°（图 2.1）。维持 ITCZ 年平均位置位于赤道以北的机制为 WES 正反馈机制以及海面风 – 上升流 –SST 正反馈机制等。在东风作用下，上层暖水向西部堆积，使大洋西部混合层加深，从而赤道大西洋的温跃层也具有西深东浅的特点，但坡度比太平洋小，这主要是因为其海盆较太平洋窄。当东风很强时，倾斜坡度增大，热带大西洋东南部温跃层（20℃ 等温线）也会露出海面（图 2.1）。

大西洋赤道上 SST 也有明显的年循环，这是由于 8 月赤道上经向风速最大，赤道冷舌最强，温度最低；3—4 月恰好相反（图 2.8）。这一显著的年循环是由大陆季风强迫和海洋 – 大气相互作用两者共同造成的（第 2 章中已有说明）。这一年循环与大西洋 ITCZ 的经向偏移密不可分。由于热带大西洋的纬向宽度比热带太平洋窄，热带东大西洋的陆地 – 大气 – 海洋相互作用形成的 SST 关于赤道不对称的信号，可以西传影响整个热带大西洋，从而使整个海盆的 ITCZ 都位于赤道以北，这是热带大西洋与热带太平洋的不同之处。

热带西太平洋常年存在 SST 高于 28℃ 的“暖池”。依据 1950—2005 年逐月气候平均的 SST（图 4.1），在热带北大西洋，也存在以墨西哥湾为中心 SST 超过 28.5℃

的西半球暖池（Western Hemisphere Warm Pool，WHWP），该暖池是 Wang 等（2001）提出的。WHWP 位于北半球东太平洋与大西洋的交界处，WHWP 上空是西半球沃克环流和哈德利环流的上升支。WHWP 在冬季几乎消失，这是由于在冬季，太阳辐射减少同时北大西洋受反气旋控制而在 WHWP 海域形成东北风，使 SST 降低。WHWP 在 3 月开始出现，夏季，随着 ITCZ 的北移，WHWP 形成并成为大气对流中心，晚夏时（9 月）WHWP 最为强盛，10 月开始迅速缩小，11 月几乎消失（图 4.1）（Wang et al., 2003）。与热带印度洋－西太平洋暖池的中心基本上位于赤道附近不同，WHWP 的中心位置始终在赤道以北。

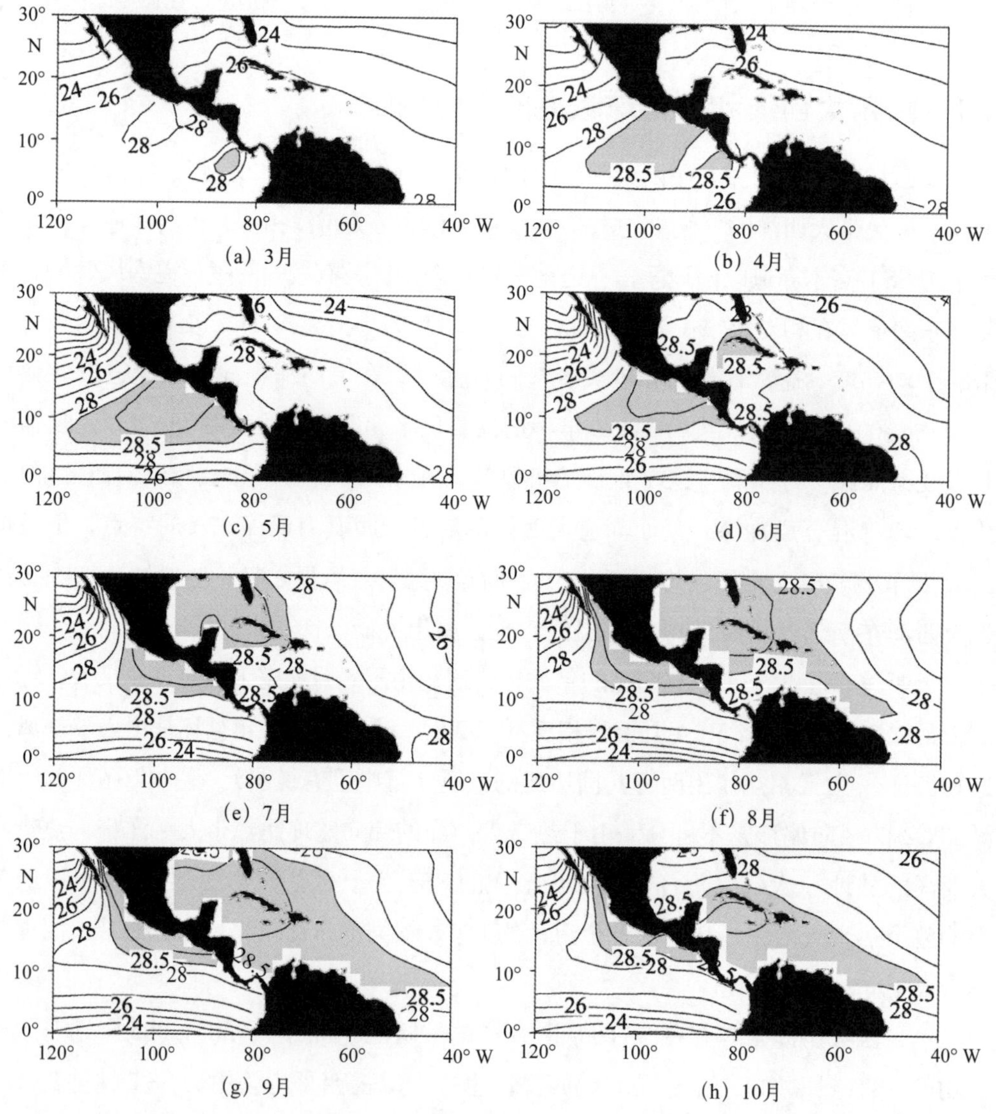

图4.1　气候平均意义下（1950—2005年）SST的季节变化，填色处表示“西半球暖池”（单位：℃）

在大西洋赤道附近温跃层最浅（海平面高度最低）的夏季（6—8 月），赤道大西洋 SST 年际变化的振幅达到最大（图 4.2），这是由于在该季节，任何外界扰动引起的异常信号更容易通过风 - 上升流 -SST 正反馈机制（Bjerknes，1969）被放大，同样的现象也出现在 11—12 月赤道中大西洋（图 4.2）。因此，在年际时间尺度上，存在一个与太平洋 ENSO 相类似的模态，被称为大西洋纬向模态或大西洋 Niño。这一模态在北半球夏季最显著，并与赤道冷舌在夏季最强相对应。大西洋 Niño 在正、负位相之间的振荡也依赖于 Bjerknes 正反馈机制及与太平洋相类似的负反馈机制；由于大西洋海盆尺度较窄，赤道海洋波动在热带大西洋的调整过程所用时间要比在热带太平洋短得多，大西洋 Niño 振荡周期比 ENSO 循环周期短；此外，较窄的海盆也限制了 Bjerknes 正反馈机制的作用和赤道上温跃层的东西向倾斜，使大西洋 Niño 比太平洋 ENSO 的振幅小。

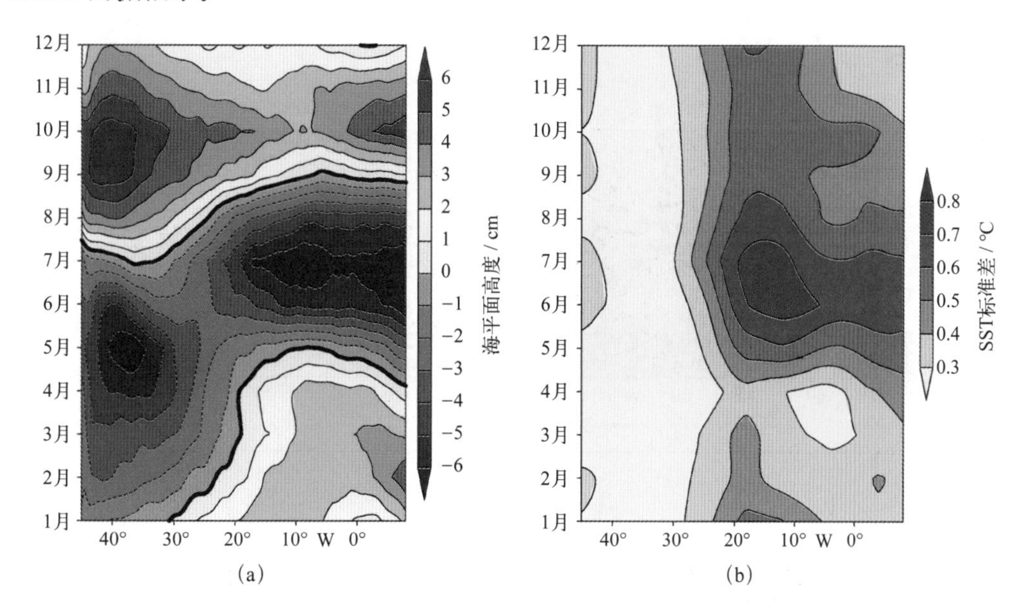

图4.2　气候平均意义下（1950—2005年）（a）海平面高度的季节变化和（b）1982—2003年间沿赤道SST年际变化标准差的季节变化

在北半球冬季，ENSO 和北大西洋涛动（North Atlantic Oscillation，NAO）对东北信风和热带北大西洋 SST 施加强大的影响。在北半球春季，赤道大西洋保持均一暖海温时，越赤道 SST 梯度异常和 ITCZ 紧密耦合，造成巴西东北部的异常降水；有证据表明，北半球春季海洋 - 大气之间通过风场引起的表面蒸发（WES 正反馈），使跨赤道方向 SST 梯度达到最大，同时引起了 ITCZ 的位置异常，形成了热带大西洋经向模态（Nobre et al., 1996; Chang et al., 1997），该模态可能影响中高纬度的北大西洋涛动（NAO），通过热带大西洋与北大西洋中高纬度海洋 - 大气相互作用构成一个泛大西洋分布型（Xie et al., 1998）。

总之，热带大西洋所有的气候特征都是海洋 - 大气相互作用的结果，并在此基础上形成了热带大西洋海盆的海洋 - 大气耦合模态。

4.2 热带大西洋海洋 - 大气耦合的纬向模态与经向模态

热带大西洋 SST 年际变化存在两个主要海洋 - 大气耦合模态。通过对 1950—2005 年热带大西洋春季（3—5 月）和夏季（6—8 月）SST 异常（扣除线性趋势后）进行经验正交分解，可以得出热带大西洋春季和夏季存在两个海洋 - 大气耦合主模态：①春季 SST 年际变化的经向模态（图 4.3 左图）；②夏季 SST 年际变化的纬向模态（也称为大西洋 Niño 模态）（图 4.3 右图）。本节主要讨论这两种主要模态的特征和形成机制。

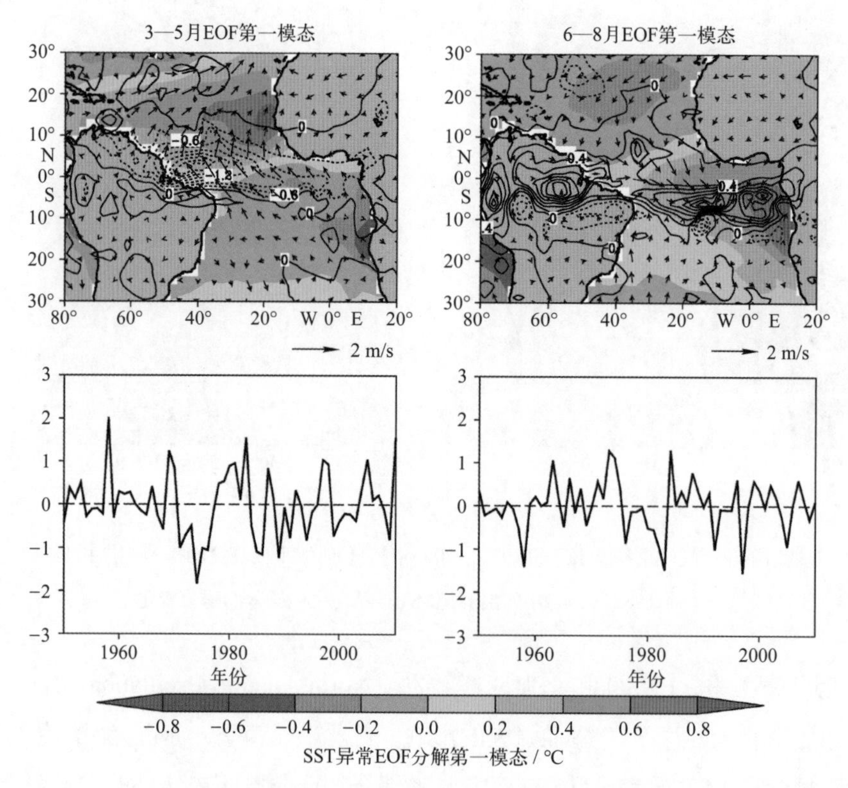

图4.3 不同季节热带大西洋SST异常（1950—2005年，扣除长期线性趋势）EOF分解第一模态的空间分布（上图）和时间序列（下图）。用EOF第一模态时间序列回归得到的海面风异常（上图中的矢量箭头，单位：m/s）和降水异常（上图中的等值线，单位：mm/d）。左列为3—5月，右列为6—8月。降水资料为NOAA/PREC资料（NOAA的重构降水资料）

4.2.1　纬向模态

每隔几年赤道东部大西洋的冷舌区就会出现 SST 异常升高的现象，增暖中心大致位于 6°S—2°N 和 20°W—5°E，东部的变暖和信风的减弱以及对流的东移之间存在着非常好的对应关系，因此，Merle（1980）和 Hisard（1980）等将这种现象称之为“大西洋 Niño”。大西洋 Niño 在东部海盆表现得最为明显，西部海盆也会对应出现显著的变化。由于这种 SST 异常沿赤道纬向分布不均匀，故也称为“纬向模态”。

大西洋 Niño 的周期不稳定，1961—2000 年的 40 年间发生了 13 次暖事件（图 4.3，右下），其中 3 次发生在冬季，余下的 10 次中有 8 次发生在夏季，平均周期大概为 30 个月（Xie et al., 2004）。分析工具、使用资料及判别标准的不同会使分析结果略有差异。

热带太平洋厄尔尼诺的“锁相”在冬季，而热带大西洋 Niño 的“锁相”则在夏季。这是因为在气候平均意义下，夏季大西洋东部温跃层抬升达到最浅，海平面高度最低。当大西洋 Niño 发生时，大洋东部热含量出现正异常，表示此处温跃层加深；20°W 以西出现西风异常；东部海区出现 SST 正异常，增暖最大区位于 6°S—2°N 和 20°W—5°E 之间的区域；500 hPa 高空非绝热加热为正异常，表明对流活动加强（Ruiz-Barradas et al., 2000）。热带大西洋也存在海洋 – 大气相互作用的 Bjerknes 正反馈机制，正反馈过程所构建的大西洋 Niño 与太平洋厄尔尼诺很相似，因为它们都包含了沿赤道冷舌的消失（北半球夏季或冬季）、沿赤道向东推进随后向南运动的热带暖水爆发、赤道信风的异常反向以及大气对流中心和表层暖水向东部的异常移动。在大西洋 Niño 发生期间，由于对流在赤道东侧加强，大西洋沃克环流减弱；同时赤道整体上升运动加强，导致 40°W—0° 区域哈德利环流增强。通过对比大西洋 SST 异常与沃克环流指数和哈德利环流指数的相关系数（海域范围：3°S—3°N，20°W—0°），也可看出它们之间具有明显的相关性，前者最大相关系数达到 −0.6，后者最大相关系数达到 0.67（Wang, 2005），这与太平洋中发生厄尔尼诺时的情况是类似的。

由于大西洋海盆与太平洋海盆的纬向尺度以及背景层结不同，热带大西洋中 Bjerknes 反馈机制较弱（Zebiak，1993）。虽然观测数据中能够看到热带大西洋的 Niño 事件，但与热带太平洋厄尔尼诺相比，其强度较弱，位置更局限于赤道附近，且整个赤道 SST 异常符号相同（图 4.3 右上），持续时间短，一般为 2 ~ 3 个月，增温幅度也较小。

大西洋 Niño 的周期还存在着年代际变化，1974 年之后的 10 年发生次数较少，而 20 世纪 60 年代和 80 年代则发生较多，导致这种变化的原因目前还不清楚。

4.2.2 跨赤道的经向模态

从20世纪70年代起，科学家们就了解到大西洋ITCZ所处纬度的异常扰动是由越赤道SST梯度的异常变化所引起的，与之相关的SST异常型常常表现为一个南北方向的“偶极子”（北暖南冷或南暖北冷）。该“偶极子”型的SST异常分布也是热带大西洋北半球春季SST异常的经验正交分解（EOF）主模态（图4.3左图），也被称为“经向模态 ”或“偶极子模态”。

在近赤道区域（15°S—15°N），WES正反馈机制形成了海洋－大气异常的经向模态（Chang et al., 1997; Xie, 1999）。假如在某种外强迫作用下，北大西洋低纬度海域首先有SST的正异常出现，那么就会产生由南向北的越赤道异常气流，受科氏力影响，越赤道气流在南北半球分别向左和向右偏转，产生东风分量和西风分量。在北半球越赤道气流的纬向风分量与气候态纬向风场方向相反，因此使纬向风速减小，并进一步导致蒸发减弱和SST升高；南半球则相反，异常风场与背景风场同向，导致海面蒸发增强，SST降低，从而增大了纬向温度梯度，使越赤道气流进一步加强，加剧南半球（北半球）的冷却（增温）。如此不断发展，最终产生南北半球SST异常反号的偶极子型海温模态（图4.3）。Tanimoto和Xie（2002）研究了云对SST的反馈机制，发现在副热带海区冷洋面的上空，大气边界层中经常出现层云，当SST异常增温时，会减弱边界层的层结，减少低云云量，增加海面得到的短波辐射，这是SST和层云之间的正反馈机制。WES正反馈机制与副热带层云－SST正反馈机制是周期大约10年的大西洋SST经向模态主要机制，该模态表现了热带大西洋年代际变化的主要特征（图4.4）。

大西洋经向模态也呈现出明显的“锁相”，在北半球春季（3—4月）达到最强。因为春季气候背景的SST南北向梯度较小，ITCZ最接近赤道，这时ITCZ对SST的经向差异比较敏感，在某年春分时出现很小的扰动（如北部出现暖异常）就可能导致WES反馈机制发展起来，就容易出现偶极子。与跷跷板相类似，季节变化背景相当于跷跷板的初始态，当初始态不太稳定时，扰动很容易得到发展；而在北半球夏季，当ITCZ北移之后，南北气候不对称已经确立，扰动便不太容易得到发展。大西洋经向模态的这种“锁相”机制也被在耦合模式中开展的理想试验所证实。Okajima等（2003）利用混合层耦合模式（大气环流模式与海洋混合层模式相耦合）研究了大西洋的经向模态。他们在耦合模式中将海洋温跃层设置成不随时间变化、海陆分布在南北半球保持对称，因此，该模式中不包含涉及温跃层深度变化的反馈机制。结果表明：在南北对称的气候态下，模式中存在着非常显著的经向模态（图4.5上图），而且与

WES 机制描述的变化特征十分吻合；但是若改变海陆分布，使气候态 ITCZ 的位置偏向北半球，则年际变化的经向模态不太显著（图 4.5 下图），以 ITCZ 为对称轴的南北偶极子振荡不明显，这表明 ITCZ 与真实赤道间的位置偏差减弱了 WES 反馈的作用。而经向模态之所以在春季比较显著，正是由于春季 ITCZ 的位置与赤道位置比较吻合的缘故。此外，NAO 对热带大西洋北部信风的影响在冬季最强，这也是诱导热带大西洋耦合经向模态形成的重要因素（Xie et al., 1998）。

巴西东北部的 Nordeste 地区，位于 ITCZ 季节性南北移动范围的南部边缘，其每年 3—5 月间的雨季降水量占据了年降水量的一大部分。在这一段时间内，强对流所处纬度发生南北向微小移动就会导致这一敏感区域发生干旱或洪水。当 SST 异常的经向模态出现时，对应了南北 SST 异常符号相反的偶极子，此时 ITCZ 位置将偏北，则 Nordeste 地区将出现大旱，历史资料也很好地证明了这一对应关系。

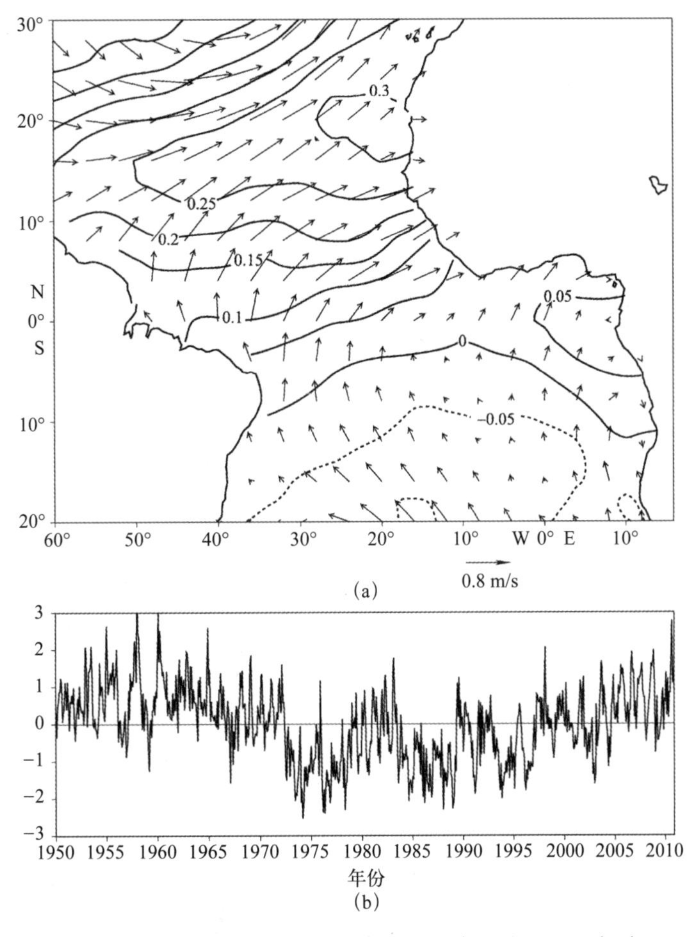

图4.4　对扣除线性趋势后热带大西洋SST异常（单位：℃）和海面风异常（1950—2010年）进行联合 EOF分解得到的（a）主模态空间分布型与（b）对应的时间序列

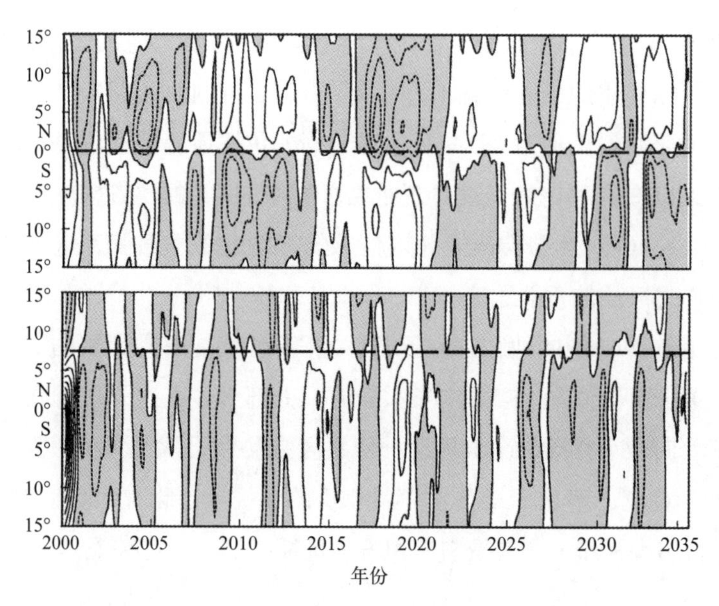

图4.5　耦合模式理想试验得到的纬向平均SST异常随时间和纬度的演变，虚线表示ITCZ（气候平均态）的位置（引自Okajima et al., 2003）

经向模态与大西洋哈德利环流强度异常之间存在较好的正相关关系。图 4.6 刻画了热带大西洋 SST 异常的越赤道经向梯度与哈德利环流指数的时间序列。两个时间序列的关系显示哈德利环流指数异常超前 SST 经向梯度异常约 1 个月时两者的相关系数达到最大，该结果证实了 Wang（2005）指出的哈德利环流变化与 SST 经向梯度变化之间的联系，这说明在经向模态的形成过程中，海面蒸发导致的混合层热力学过程居于主导地位，先有异常的越赤道气流，随后异常的越赤道气流构建了 SST 异常的越赤道经向梯度。

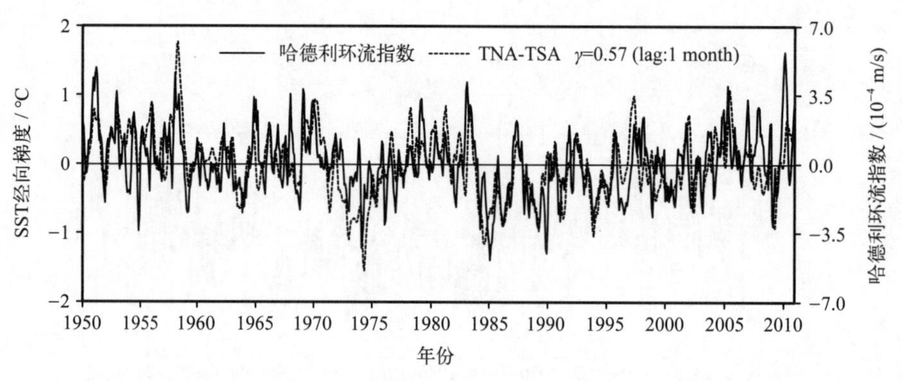

图4.6　扣除线性趋势（TSA）后热带大西洋SST异常的经向梯度（TNA）（虚线）与哈德利环流指数异常（实线）的时间序列，两者相关系数为0.57。SST经向梯度定义为以下两个海域SST的差：（5°—25°N，55°—15°W）和（0°—20°S，30°W—10°E）；哈德利环流指数定义为以下两个海域上空500 hPa垂直速度之差：（2.5°—7.5°S，40°—20°W）和（25°—30°N，40°—20°W）

总而言之，海洋 – 大气相互作用使热带大西洋的气候在年际时间尺度上发生变化，形成了以 30 个月为准周期的大西洋 Niño 现象（纬向模态）和以 10 年为周期的大西洋经向模态，前者的形成机制主要是 Bjerknes 正反馈机制，故在 7—8 月温跃层最浅时达到峰值；后者的形成机制主要是以热力学过程为主导的 WES 反馈过程，故在 3—4 月 ITCZ 最接近赤道时达到峰值，且与中纬度海洋 – 大气相互作用有一定的联系。

4.3　厄尔尼诺 – 南方涛动对热带大西洋的影响

作为影响全球气候系统的热带海洋中最重要的年际变率，厄尔尼诺 – 南方涛动（ENSO）可以通过影响大气环流的变化影响热带大西洋。本节将介绍 ENSO 与热带大西洋 – 大气耦合模态的关系以及 ENSO 影响热带大西洋的三个可能途径。

4.3.1　厄尔尼诺 – 南方涛动与大西洋 Niño 的关系

法国海洋学家 Merle（1980）第一次注意到 1963 年在太平洋发生厄尔尼诺事件时赤道大西洋也出现增暖现象。但有研究指出厄尔尼诺与大西洋 Niño 没有关系，热带太平洋 Niño 3 指数与大西洋 ATL 3 指数 3°S—3°N，20°W—0° 海域的 SST 异常之间的相关系数为 −0.07（Zebiak，1993）；Enfield 等（1997）作了更细致的分析，发现只有在热带西北大西洋，SST 异常才与 Niño 3 指数有超过信度的统计关系，热带西北大西洋 SST 异常滞后 ENSO 约一个季节，其他地方的相关关系均不好。太平洋厄尔尼诺发展达到其峰值后的 3 ~ 6 个月，即次年春季的 4—6 月，热带北大西洋通常出现增暖现象，尤其是在 ITCZ 和 20°N 之间，但大西洋 Niño 与 ENSO 事件之间却不存在显著的相关关系（Zebiak, 1993）。为什么两者没有明显关系呢？这是值得研究的问题。

为了解决发生在太平洋上的厄尔尼诺 – 南方涛动与大西洋 Niño 之间的关系，我们比较了热带太平洋和热带大西洋 SST 异常的 EOF 第一模态的空间分布和时间序列（图 4.7），分析发现不仅两者季节“锁相”不同，而且太平洋厄尔尼诺具备 2 ~ 7 年周期振荡的特征，而大西洋 Niño 周期短。另外，并不是每一次厄尔尼诺事件发生后 WHWP 的面积都会增大（郑建等，2010）。在 1950—2000 年期间，有 5 次厄尔尼诺事件（分别为 1958 年、1969 年、1983 年、1987 年和 1998 年）出现后 WHWP 的面积增加 2 倍以上，4 次厄尔尼诺事件（分别为 1966 年、1973 年、1977 年和 1992 年）出现后 WHWP 的面积没有增大（Wang et al., 2003）。因此，热带大西洋的变化非常复杂，除了受 ENSO 影响外，还有影响其变化的其他重要因子。

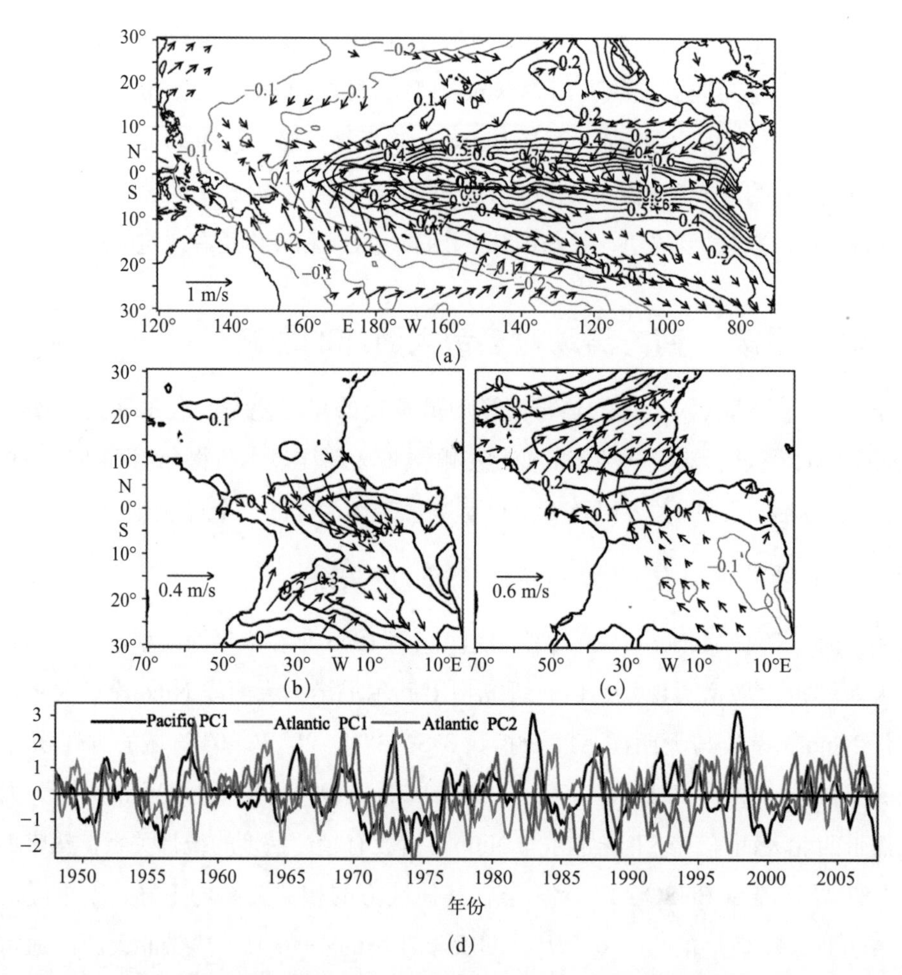

图4.7 热带太平洋SST异常EOF分解的（a）第一模态（Pacific PC1）和热带大西洋SST异常EOF分解的（b）第一模态（Atlantic PC1）、（c）第二模态（Atlantic PC2）的空间分布（等值线）及（d）三者的时间序列，以及相应的时间序列与海面风异常场的回归（矢量）（郑建等，2010）

4.3.2 厄尔尼诺－南方涛动影响热带大西洋的三种途径

已有研究成果表明存在着三种 ENSO 影响热带大西洋的可能机制。Chiang 等（2002）提出了一个热带太平洋通过对流层温度影响热带大西洋的机制［称为“对流层温度（Tropospheric Temperature）机制”，简称“TT 机制”，见图 4.8］。当热带太平洋出现 SST 正异常时，暖海温加热对流层，根据第 1 章提到的赤道海洋－大气动力学理论，将在大气中激发出暖的赤道开尔文波响应，整个对流层增暖，位势高度正异常，该信号可以沿赤道东传，到达热带大西洋和印度洋。对流层温度的升高使得空气柱处于更加稳定的状态，大气边界层的增温减少了海面蒸发，使海洋上混合层增温；不仅如此，对流层温度的升高也使云量减少、太阳辐射增强，也会促使 SST 升高。这一机制在基于混合层耦合模式开展的数值试验中得到验证（Saravanan et al., 2000），然而该机制没有考虑海洋动力过程的作用，只包含海面的热力过程。

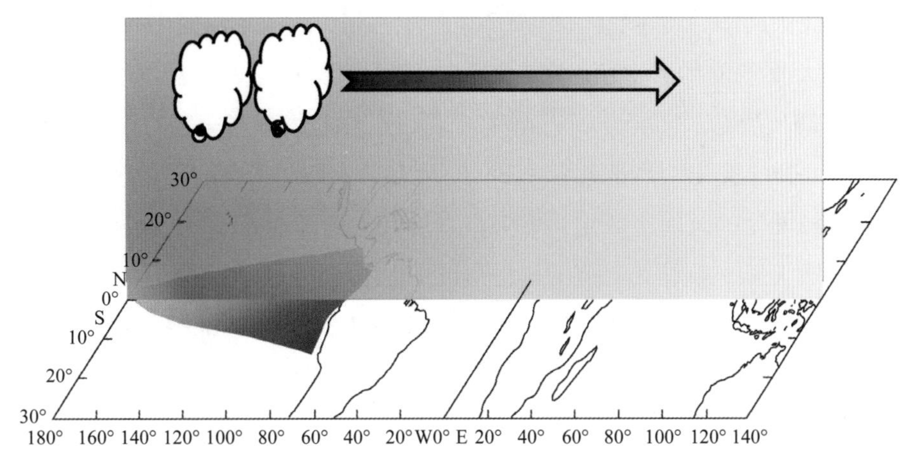

图4.8　热带太平洋通过对流层温度影响热带大西洋的机制（TT机制）示意图

另外一种机制是两个热带海洋通过沃克环流的相互作用。Latif 等（1995）指出，当热带太平洋出现 SST 正异常时，在热带大西洋西部会出现东风异常，同时赤道温跃层东浅西深的现象加强，对应着热带大西洋上空沃克环流加强，从而在赤道大西洋东部产生 SST 负异常。这一与沃克环流异常有关的机制与 TT 机制的效果相反，与该机制同时存在的是在赤道大西洋沃克环流的加强，北大西洋的哈德利环流减弱，导致副热带高压减弱，副高南侧的东北风减弱，SST 升高。

除了上述两种影响机制外，热带太平洋 SST 异常还可以通过太平洋北美（PNA）波列影响热带外北大西洋（有关内容在第 7 章会有详细的介绍）。当赤道太平洋出现 SST 暖异常，海温异常将激发大气对流异常，大气对流异常将进一步激发沿“大圆路径”传播的大气遥相关波列，将异常信号传至大西洋上，在副热带北大西洋产生低压异常，其南部边缘为西南风异常，与背景东风场相逆，从而使异常低压南侧的风场减弱，蒸发减小，SST 升高（Alexander et al., 2002）。这种机制也会受到来自中高纬度的北大西洋涛动的影响。

这三种不同机制的综合效果，使太平洋 ENSO 对热带大西洋的影响具有多样性和复杂性。Huang 等（2002）利用耦合模式研究了热带大西洋对 ENSO 的响应。在他们的试验设计中，热带大西洋（30°S—30°N）是完全耦合的，其他海区用观测的 SST 来强迫。模式结果表明，ENSO 强迫的结果可以解释热带大西洋 50% 以上的方差。与

Enfield 等（1997）的研究结果一致，热带北大西洋的 SST 受 ENSO 影响首先出现正异常，从而建立起跨赤道的纬向温度梯度，在此基础上进一步引起风场异常，风场异常又反过来影响 SST，形成正反馈过程。Wu 等（2002）发现，ENSO 在很大程度上控制着热带大西洋的年际变化，但却不是产生热带大西洋年际变化的必要前提条件；此外，热带大西洋的年代际变化主要受热带外地区和热带之间相互作用的调控。大西洋自身存在耦合系统，海洋动力过程在年代际变化中也发挥着一定的作用。

为了验证以上提出的热带太平洋 ENSO 对热带大西洋影响的三种途径，我们根据图 4.7(d) 中标准化的时间系数定义 ENSO 事件和大西洋 Niño 事件发生的年份。如果某个时间系数大于 1，则认为对应的年份出现了厄尔尼诺或暖的大西洋 Niño 正位相(时间系数小于 1 时则为相应的负位相事件)。根据这个标准，ENSO 和大西洋 Niño 发生的年份如表 4.1 所示，与前人的判定结果基本一致（Wang，2002)。将 ENSO 事件分为两类 (表 4.1)：第一类是厄尔尼诺 (拉尼娜) 发生后第 2 年出现了大西洋 Niño 暖 (冷) 事件，其余归为第二类（郑建等，2010)。

表4.1 ENSO分类

厄尔尼诺	
第一类	第二类
1965 年，1972 年，1986 年，1987 年，1994 年，1997 年，2002 年	1951 年，1957 年，1963 年，1969 年，1982 年，1991 年，2006 年
拉尼娜	
第一类	第二类
1949 年，1954 年，1955 年，1970 年，1975 年	1950 年，1964 年，1971 年，1973 年，1974 年，1984 年，1988 年，1998 年，1999 年，2000 年，2005 年，2007 年

我们依据表 4.1 对两类不同的 ENSO 的大气、海洋变量分别进行合成（暖事件的平均减去冷事件的平均)，第一类 ENSO 平均的海洋－大气异常状态如图 4.9 所示。在这一类厄尔尼诺（拉尼娜）形成后，热带太平洋会通过 TT 机制和沃克环流异常共同影响热带大西洋，主要表现在厄尔尼诺事件发生的同时热带大西洋对流层的增温和东风异常都很快出现，这两种对热带大西洋相反的影响导致在拉尼娜的盛期赤道大西洋并没有明显的 SST 正异常［图 4.9(a)]；当东太平洋的暖海温异常逐渐减弱，沃克环流异常引起的大西洋东风异常也就减弱［图 4.9(b)]；在厄尔尼诺从盛期到衰败期 TT 机制的持续作用下，赤道大西洋的海温会持续增暖，当赤道大西洋增暖到超过赤

道东太平洋，赤道上就出现了西风异常，大西洋 Niño 就会在 Bjerknes 正反馈作用下发展起来［图 4.9(c)］（郑建等，2010）。

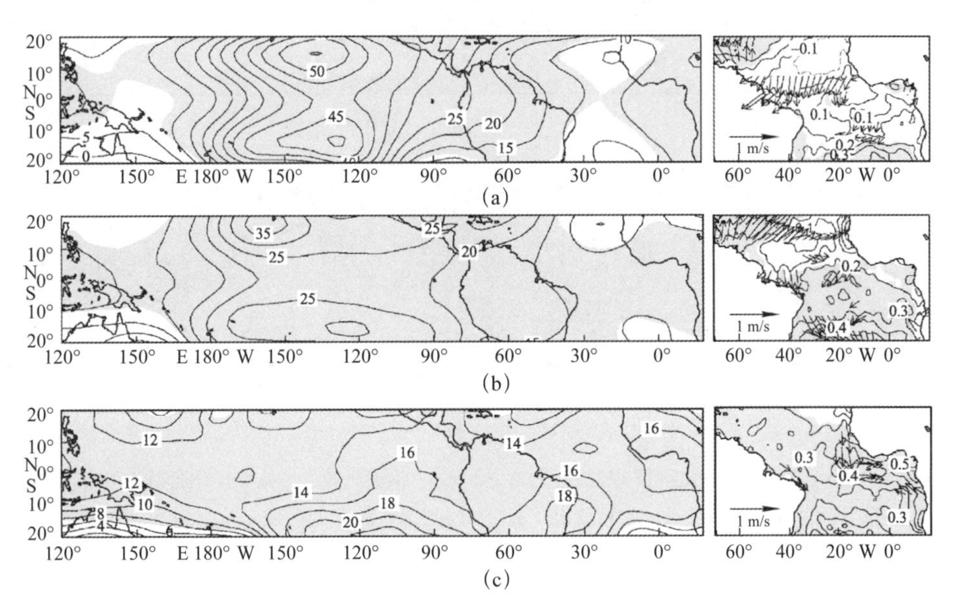

图4.9　第一类厄尔尼诺的对流层厚度异常合成图（左，等值线，单位：m）和大西洋的SST异常（等值线，单位：℃）、海面风异常合成图（右）；左、右的阴影区分别表示厚度异常和SST异常通过90%显著性检验，海面风异常（矢量）只绘出了通过90%显著性检验的区域；从上到下分别是滞后厄尔尼诺峰值（a）0～2个月、（b）3～5个月、（c）6～8个月的平均

第二类 ENSO 合成的结果表明，在厄尔尼诺（拉尼娜）峰值后 4 个月左右，热带大西洋出现南冷（暖）北暖（冷）的偶极子模态。这是由于第二类厄尔尼诺出现后，大气 500 hPa 位势高度的异常型与 PNA 波列很相似，在美国东部、墨西哥湾及其以东地区上空为负异常，所以导致北大西洋的副高减弱，热带北大西洋的东北信风也减弱，使海洋蒸发失热减少，SST 升高，由此产生的南北 SST 梯度诱发了越赤道的南风，通过 WES 正反馈机制，南冷北暖的 SST 偶极子型分布就在热带大西洋发展起来了（图 4.10）。而对应第一类厄尔尼诺北大西洋副热带海区上空是异常高压（图 4.9），与第二类厄尔尼诺时 20°N 西南风异常不同（图 4.10），与高压异常对应的是在热带北大西洋出现异常东北风，所以 SST 也略有降低［图 4.9(a)］，拉尼娜时则正相反。因此中高纬度大气对两类 ENSO 响应的不同可能是造成热带大西洋 SST 对 ENSO 响应差异的原因之一（郑建等，2010）。该研究再次证实了热带太平洋 ENSO 可以通过“大气桥”以三种不同的途径对热带大西洋的年际变化有重要的影响和控制作用，也部分揭示了热带大西洋 Niño 模态周期较短的可能机制。

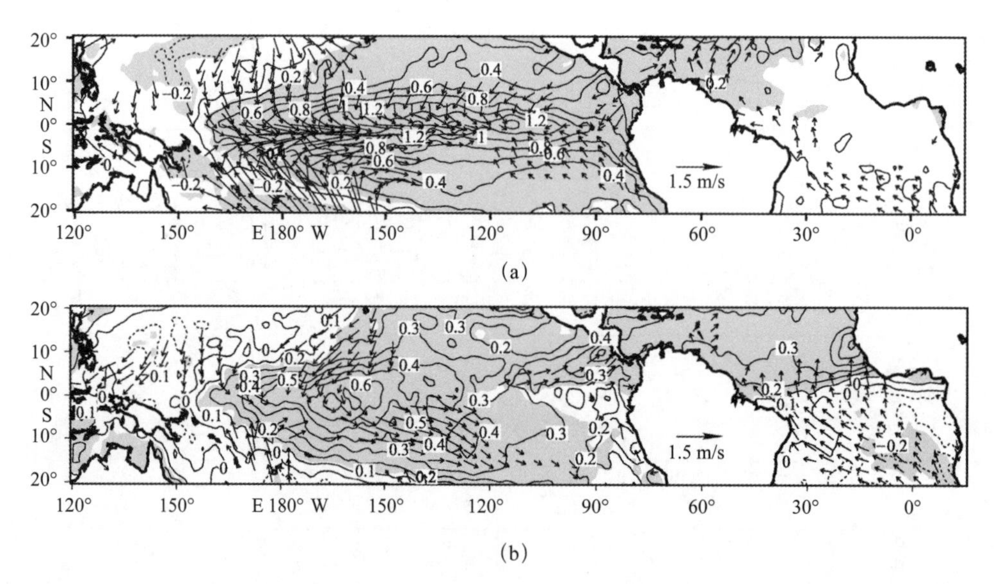

图4.10 第二类厄尔尼诺的SST异常（等值线，单位：℃）、海面风异常（矢量）合成图；阴影区表示SST异常通过90%显著性检验，海面风异常只绘出了通过90%显著性检验的区域；从上到下分别是滞后厄尔尼诺峰值（a）0～2个月、（b）3～5个月的平均

4.4 热带大西洋对热带太平洋的影响

研究表明，作为热带年际变化最强信号的ENSO可以通过改变大气环流影响热带大西洋的年际变化。热带大西洋自身的海洋－大气相互作用是否会对ENSO产生调制作用？这是本节需要讨论的科学问题。

Wang（2006）采用Niño 3区与ATL 3区SST异常的差，定义了一个太平洋和大西洋之间SST异常的纬向梯度指数，并证明该指数的变化将引起跨越南美大陆的纬向风异常，从而导致沃克环流异常，进而影响温跃层深度，其机制类似于Bjerknes机制，说明大西洋SST的变化将对太平洋产生一定的影响。

热带大西洋影响热带太平洋的另一个可能途径是跨越美洲最窄陆地（巴拿马、哥斯达黎加和尼加拉瓜）的大气环流异常。作为热带西北大西洋一个组成部分的加勒比海与热带东太平洋（5°—15°N）之间存在美洲最窄陆地和该陆地上高山之间的峡谷，这些峡谷是大西洋气候变化影响热带太平洋的重要渠道（Xie et al., 2008）。在气候平均状态下，2月的东北信风通过这些峡谷从加勒比海到热带太平洋（图4.11）。应用一个区域海洋－大气耦合的气候模式的数值模拟试验，将北大西洋变冷后，热带太平洋有如下的响应：整个中美洲冬季/春季东北信风加强；增强热带东太平洋海面湍流热通量和海洋混合层底部的垂直混合，ITCZ南迁，导致了热带东太平洋一系列的海面风加强－

蒸发加强－SST 降低的 WES 正反馈过程和 Bjerknes 正反馈过程，温跃层变浅和 SST 变冷的现象出现在冬季 / 春季 5°N 和赤道东太平洋海域（图 4.12）（Xie et al., 2008）。

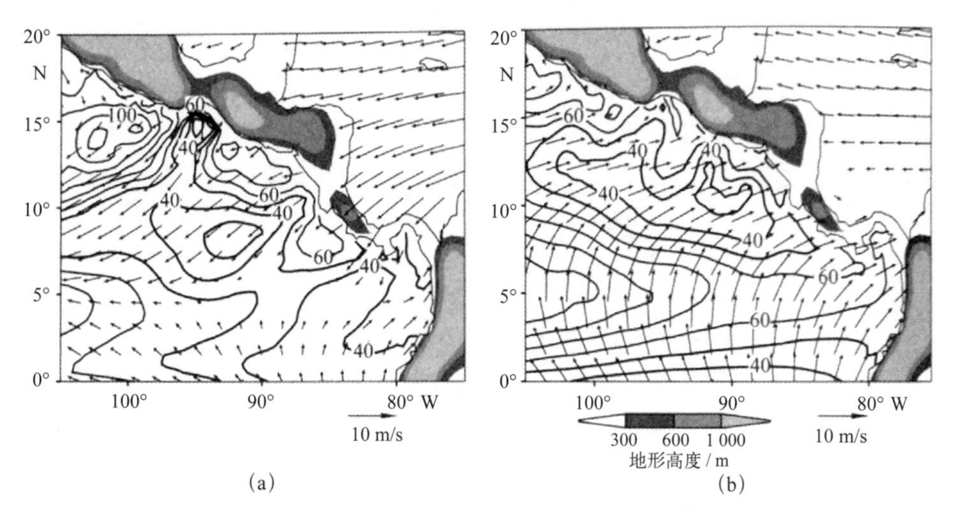

图4.11 （a）2月和（b）8月气候平均的海面风速（单位：m/s）及20°C等温线深度（单位：m）以及陆地地形（灰色）（Xie et al., 2008）

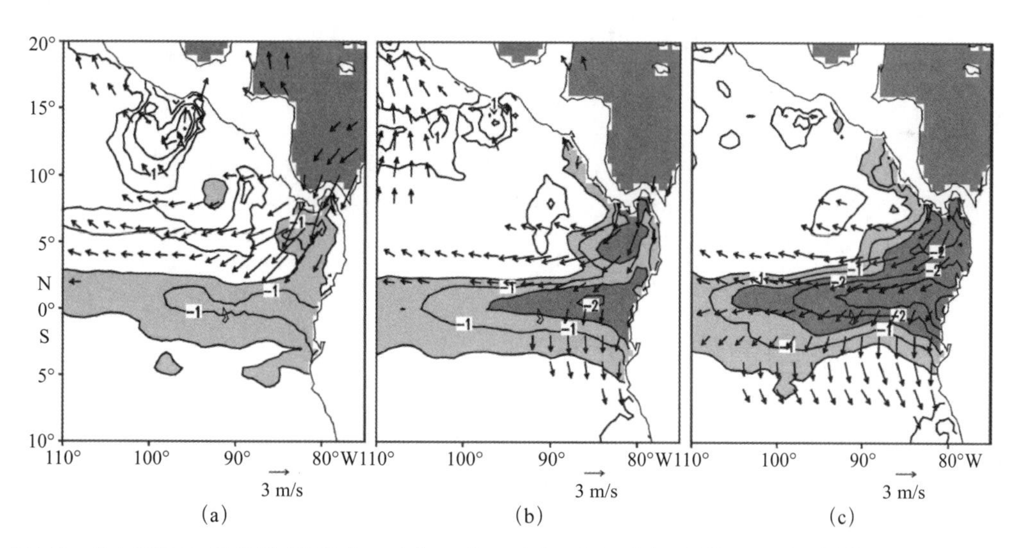

图4.12 北大西洋SST冷却模式试验中，（a）12月、（b）1月和（c）2月的SST异常（等值线，单位：°C，间隔0.5°C）及海面风速（单位：m/s）（Xie et al., 2008）

正如研究热带太平洋对热带大西洋影响一样，依据图 4.7(d) 中标准化的时间系数定义的大西洋 Niño 指数将大西洋 Niño 事件也分为两类，通过合成分析得知大西洋 Niño 暖事件影响赤道中东太平洋可以通过两种途径：如果大西洋 Niño 暖事件盛期时赤道东太平洋也是异常暖的，大西洋 Niño 暖事件和赤道东太平洋暖的 SST 首先通过 TT 机制使印度洋增暖，进而引起赤道西太平洋的东风异常，导致了几个月后拉尼娜的发展。如果大西洋 Niño 暖事件盛期时赤道太平洋是异常冷的，大西洋 Niño 暖事件与赤道东太平洋冷 SST 通过加强大西洋沃克环流使东太平洋的下沉运动增强，海表面东风加大，使原来的冷异常略有增强。大西洋 Niño 冷事件时则正好相反（郑建等，2010）。目前，有关热带大西洋海温变化影响热带太平洋的研究还在进行。

近年来，研究进一步强调了热带北大西洋对 ENSO 的重要触发作用（Ham et al., 2013; Wang et al., 2017）。Ham 等（2013）通过观测和数值模式研究发现（图 4.13），北半球春季的热带北大西洋的海温正异常信号会通过激发向西传播的大气罗斯贝波，在副热带东北太平洋产生东风异常，引起局地的冷海温异常以及降水减少。北太平洋的冷海温异常信号会进一步造成西侧的低层大气反气旋异常，并在西太平洋赤道附近形成东风异常，进而激发拉尼娜事件的产生。反之，热带北大西洋的冷海温信号会触发几个月后厄尔尼诺的发展。这一系列由热带北大西洋暖海温触发的副热带北太平洋海－气反馈过程，与北太平洋经向模态激发 ENSO 事件的物理过程相似。因此，与北太平洋经向模态相似，热带北大西洋在赤道太平洋激发的暖海温也集中于中太平洋（Ham et al., 2013）。另一方面，Jiang 等（2021）通过对观测资料的分析和海－气耦合模式试验指出：当热带大西洋海温一致增暖时，其激发的大气赤道开尔文波可以通过印度洋局地海－气相互作用影响太平洋的风场和海温；但是当热带大西洋海温呈跨赤道偶极子型时，热带大西洋海温异常对印度洋和太平洋的影响明显减弱。

值得注意的是，前文指出热带北大西洋是热带大西洋受 ENSO 强迫响应最显著的海区。在厄尔尼诺事件之后的春季，热带北大西洋往往会出现暖海温信号，这一暖海温信号又有助于触发拉尼娜事件。因此也可以认为，热带北大西洋暖海温信号在 ENSO 循环过程中扮演着一个将厄尔尼诺事件快速转换为拉尼娜事件的作用。Wang 等（2017）发现，北大西洋春季海温异常对之后 ENSO 的触发作用在 20 世纪 90 年代以后有显著加强的趋势，而同时 ENSO 的周期由准 4 年转变为准 2 年振荡，他们认为 ENSO 的这种周期变化正是热带北大西洋海温在其中发挥了重要的作用。

此外，大西洋海温还存在显著的多年代际振荡（AMO），这一更低频的海温变化被认为与大西洋经向翻转环流（AMOC）的调制有关。前人也有研究指出，大西洋的年代际变化信号也会通过大气遥相关影响太平洋的年代际变化（Li et al., 2016），以及 ENSO 的年代际调制（Timmermann et al., 2007）。由于本章内容主要聚焦于热带大西洋年际尺度的海－气相互作用过程，这部分研究工作将不再赘述。

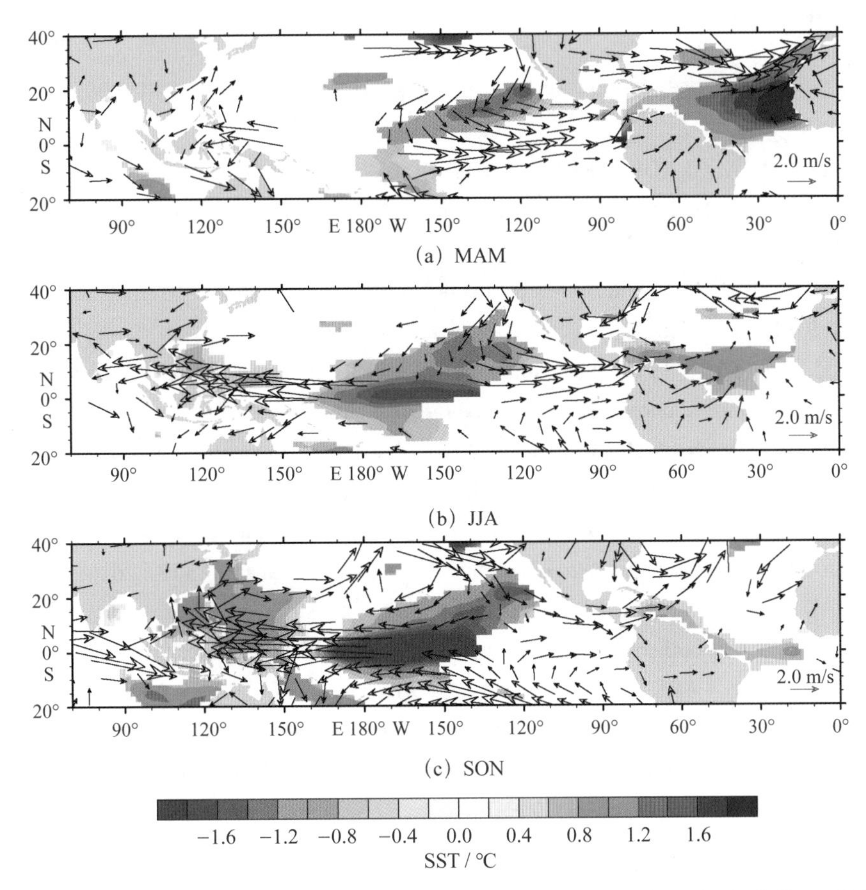

图4.13 北半球（a）春季（3—5月）、（b）夏季（6—8月）和（c）秋季（9—11月）热带SST异常（填色，单位：℃）和海面风（短箭头，单位：m/s）异常与前期（2—4月）北大西洋（0°—15°N，90°W—20°E）区域平均的SST异常（该异常扣除了前1年12月到当年2月Niño 3.4 SST异常对北大西洋SST的影响）的线性回归场（改编自Ham et al., 2013）

4.5 本章小结

近年来对热带大西洋的研究集中在对经向翻转环流（AMO）、经向和纬向两个主要模态及西半球暖水的研究上。大西洋纬向模态主要在年际尺度上发生变化，而经向模态似乎是大西洋所特有的，在多个时间尺度上发生变化。总的来说，这些现象被统称为热带大西洋变化，该变化具有明显的季节“锁相”特征。虽然太平洋 ENSO 对热带大西洋有重要影响，但该影响作为外强迫仅仅是触发热带大西洋纬向和经向模态的一种机制，两种模态可以在没有 ENSO 影响的情况下发生，表明它们是热带大西洋海洋－大气耦合系统所固有的。需要指出的是，目前，海洋对热带大西洋变化的贡献仍然缺乏应有的探讨，需要在今后的研究中进一步深入挖掘。

参考文献

郑建，刘秦玉，2010. 热带太平洋与热带大西洋海表温度主模态的相互作用 . 海洋与湖沼，41(6): 799−806.

ALEXANDER M A, BLADÉ I, NEWMAN M, et al., 2002. The atmospheric bridge: The influence of ENSO teleconnections on air-sea interaction over the global oceans. Journal of Climate, 15(16): 2205−2231.

BJERKNES J, 1969. Atmospheric teleconnections from the equatorial Pacific. Monthly Weather Review, 97(3): 163−172.

CHANG P, JI L, LI H, 1997. A decadal climate variation in the tropical Atlantic Ocean from thermodynamic air-sea interactions. Nature, 385(616): 516−518.

CHANG P, SARAVANAN R, JI L, et al., 2000. The effect of local sea-surface temperature on atmospheric circulation over the tropical Atlantic sector. Journal of Climate, 13(13): 2195−2216.

CHIANG J C H, SOBEL A H, 2002. Tropical tropospheric temperature variations caused by ENSO and their influence on the remote tropical climate. Journal of Climate, 15(18): 2616−2631.

ENFIELD D B, MAYER D A, 1997. Tropical Atlantic sea surface temperature variability and its relation to El Niño-Southern Oscillation. Journal of Geophysical Research, 102(C1): 929−945.

HAM Y G, KUG J S, PARK J Y, et al., 2013. Sea surface temperature in the north tropical Atlantic as a trigger for El Niño/Southern Oscillation events. Nature Geoscience, 6: 112−116.

HISARD P, 1980. Observation de response du type“El Niño”dans l’Atlantique tropical oriental-Golfe de Guinee. Oceanologica Acta, 3(1): 69−78.

HUANG B, SCHOPF P S, PAN Z, 2002. The ENSO effect on the tropical Atlantic variability: A regionally coupled model study. Geophysical Research Letters, 29(21): 2039.

JIANG L, LI T, 2021. Impacts of Tropical North Atlantic and Equatorial Atlantic SST anomalies on ENSO. Journal of Climate, 34(14): 5635−5655.

LATIF M, BARNETT T P, 1995. Interactions of the tropical Oceans. Journal of Climate, 8(4): 952−964.

LI X, XIE S P, GILLE S, et al., 2016. Atlantic induced pan-tropical climate change over the past three decades. Nature Climate Change, 6: 275−279.

MERLE J, 1980. Annual and interannual variability of temperature in the eastern equatorial Atlantic Ocean—Hypothesis of an Atlantic El Niño. Oceanologica Acta, 3(2): 209−220.

NOBRE P, SHUKLA J, 1996. Variations of sea surface temperature, wind stress, and rainfall over the tropical Atlantic and South America. Journal of Climate, 9(10): 2464−2479.

OKAJIMA H, XIE S P, NUMAGUTI A, 2003. Interhemispheric coherence of tropical climate variability: Effect of climatological ITCZ. Journal of the Meteorological Society of Japan, 81(6): 1371−1386.

RUIZ-BARRADAS A, CARTON J A, NIGAM S, 2000. Structure of interannual-to-decadal climate variability in the tropical Atlantic sector. Journal of Climate, 13(18): 3285−3297.

SARAVANAN R, CHANG P, 2000. Interaction between tropical Atlantic variability and El Niño-

Southern Oscillation. Journal of Climate, 13(13): 2177−2194.

TANIMOTO Y, XIE S P, 2002. Inter-hemispheric decadal variations in SST, surface wind, heat flux and cloud cover over the Atlantic Ocean. Journal of the Meteorological Society of Japan, 80(5): 1199−1219.

TIMMERMANN A, et al., 2007. The Influence of a Weakening of the Atlantic Meridional Overturning Circulation on ENSO. Journal of Climate, 20(19): 4899−4919.

WANG C, 2002. Atlantic climate variability and its associated atmospheric circulation cells. Journal of Climate, 15(13): 1516−1536.

WANG C, 2005. ENSO, Atlantic climate variability, and the Walker and Hadley Circulations//Diaz H F, Bradley R S. The Hadley Circulation: Present, Past and Future. Dordrecht: Kluwer Academic Publishers: 173−202.

WANG C, 2006. An overlooked feature of tropical climate: Inter-Pacific-Atlantic variability. Geophysical Research Letters, 33(12), L12702.

WANG C, ENFIELD D B, 2001. The tropical Western Hemisphere warm pool. Geophysical Research Letters, 28(8): 1635−1638.

WANG C, ENFIELD D B, 2003. A further study of the tropical Western Hemisphere warm pool. Journal of Climate, 16(10): 1476−1493.

WANG L, YU J Y, PAEK H, 2017. Enhanced biennial variability in the Pacific due to Atlantic capacitor effect. Nature Communications, 8: 14887.

WU L, LIU Z, 2002. Is tropical Atlantic variability driven by the North Atlantic Oscillation? Geophysical Research Letters, 29(13): 1653.

XIE S P, CARTON J A, 2004. Tropical Atlantic variability: Patterns, mechanisms, and impacts//Wang C, Xie S P, Carton J A. Earth Climate: The Ocean-Atmosphere Interaction. AGU Geophysical Monograph Series, 147: 121−142.

XIE S P, 1999. A dynamic ocean-atmosphere model of the tropical Atlantic decadal variability. Journal of Climate, 12(1): 64−70.

XIE S P, TANIMOTO Y, 1998. A pan-Atlantic decadal climate oscillation. Geophysical Research Letters, 25(12): 2185−2188.

XIE S P, OKUMURA Y, MIYAMA T, et al., 2008. Influences of Atlantic climate change on the tropical Pacific via the Central American Isthmus. Journal of Climate, 21(15): 3914−3928.

ZEBIAK S E, 1993. Air-sea interaction in the equatorial Atlantic region. Journal of Climate, 6(8): 1567−1586.

第 5 章　热带印度洋海洋 – 大气相互作用

印度洋是世界第三大洋，其南端紧接南极大陆。35°S 以北的印度洋，西起非洲，东接澳大利亚、印度尼西亚和中南半岛，北倚阿拉伯半岛、伊朗和印度次大陆，属于副热带和热带海区，北方大陆上耸立着伊朗高原和世界屋脊——青藏高原。因此，热带印度洋的气候受到海 – 陆 – 气相互作用的强烈影响，呈现出显著的季风气候特征。同时，热带印度洋也位于赤道附近，热带海洋 – 大气相互作用也会直接决定热带印度洋自身的年际变化和季风的年际变化。热带印度洋的气候特征与热带太平洋、热带大西洋相比既有类似之处，也有着显著不同。热带印度洋与热带太平洋共同组成的印度洋 – 太平洋暖池是全球海温最高、体积最大的暖水区，该海区的热量和水汽不仅通过季风输送到达热带外海域，而且该海域的强对流也在全球气候中扮演重要角色。本章除了介绍印度洋独特的季风气候特征外，将重点介绍发生在热带印度洋的海洋 – 大气相互作用及其对应的海洋 – 大气耦合“模态”；并将介绍热带印度洋海 – 气耦合模态与 ENSO 之间可能的联系。

5.1　季风与热带印度洋的季节变化

5.1.1　季风

热带印度洋地区的风场为典型的季风风场。从热带印度洋海面风应力的季节变化（图 5.1）可以看到，10°S 以南的海区一年四季都呈现东南信风，在南半球冬季时强度达到最大，位置最靠北。在北半球冬季，阿拉伯海和孟加拉湾盛行东北风，此东北风与东南信风交汇于南半球，形成一个弱风槽；在夏季，受西南季风影响，南半球的信风越过赤道到达南亚大陆；在春季和秋季两个过渡季节，赤道出现西风，夏季也表现为弱西风。从年平均风场来看，春季和秋季赤道西风的分布型与夏季很相似；在赤道附近，风向大致从赤道以南的东风逐步偏转为赤道以北的西风，这意味着在气候平均意义下有跨越赤道向南的埃克曼输运，这在世界大洋中也是唯一的（胡瑞金等，2005）。

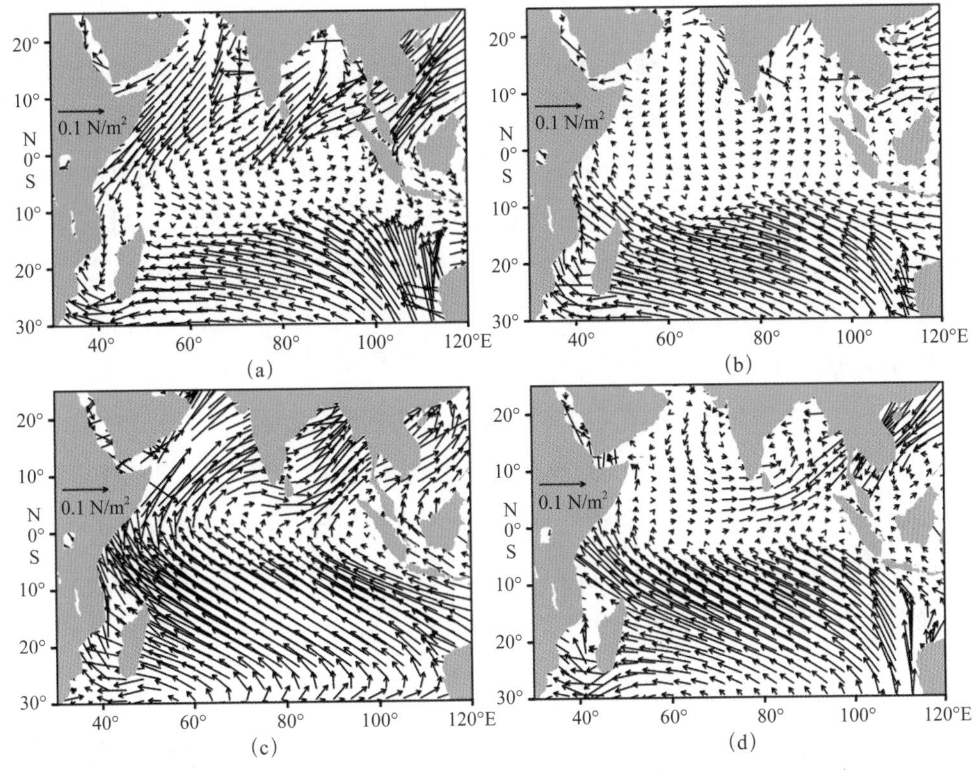

图5.1　气候平均意义下（1990—1998年）热带印度洋（a）1月、（b）4月、（c）7月和（d）10月海面风应力（单位：N/m^2）分布（资料来自NCEP）

5.1.2　热带印度洋海表温度

Rao 等（1999）根据观测指出，就多年平均而言，10°S 以北除阿拉伯海西北部外，热带印度洋大部分海域 SST 超过 28℃。整个北印度洋 SST 在每年的 4—5 月达到最高，西南季风爆发后 SST 迅速下降，一直到 9 月才开始重新上升。南印度洋 SST 主要受太阳辐射的影响，海温分布具有明显的纬向性，海洋锋区明显；北印度洋 SST 在很大程度上受季风的影响，大洋的北部和西部因季风风速大导致海温较低，等温线具有明显的经向分布特征（图 5.2）。一般来说，由于海洋具有较大的热惯性，全球大洋 SST 的季节变化要滞后于太阳辐射加热的季节循环约 2 个月，但由图 5.2 可见，北印度洋 SST 的季节变化不同于此，其独特之处主要表现在受季风及其对应的海洋环流影响明显：在索马里急流影响的西阿拉伯海区（60°E 以西），秋季 SST 略高，其他季节温度相差不大，都低于 28℃（图 5.2）。这是由于在北半球盛夏季节，索马里越赤道流达到最强，次表层冷水混合上翻和蒸发失热作用加强导致北半球盛夏该海域 SST 不能达到一年中的最大值，而在秋季当夏季风减弱时达到最大。60°E 以东的赤道印度洋，全年 SST 都在 28℃ 以上，并在北半球的春季和夏季达到最暖（此时赤道上海面风最弱）；在北半球的春季、夏季和秋季三个季节，东阿拉伯海与孟加拉湾 SST 都较高（这取决于春、夏太阳短波辐射的加强和春、秋季风风速的减弱）；秋、冬季节，尽管太阳已经直射南半球，北半球接受的太阳辐射相对较少，但是由于海洋的热惯性较大，同时热带海域的冬季风比夏季风弱，北印度洋大部分海域的海温都在 28℃ 以上，只有在冬季风较强时，孟加拉湾和阿拉伯海西北部 SST 才低于 28℃。

总体而言，热带北印度洋在冬季 SST 最低，其他季节差别不大。此外，赤道西印度洋 SST 的季节变化也显著地受到季风影响，而赤道中东印度洋 SST 的季节变化特征则不明显。相对于北印度洋，南印度洋的季节变化比较有规律。由图 5.2 可见，沿着 10°S 纬线，南印度洋在 8 月达到最冷，滞后南半球冬至日 2 个月左右；在 3 月前后达到最暖，也大致滞后南半球夏至日 2 个月左右。

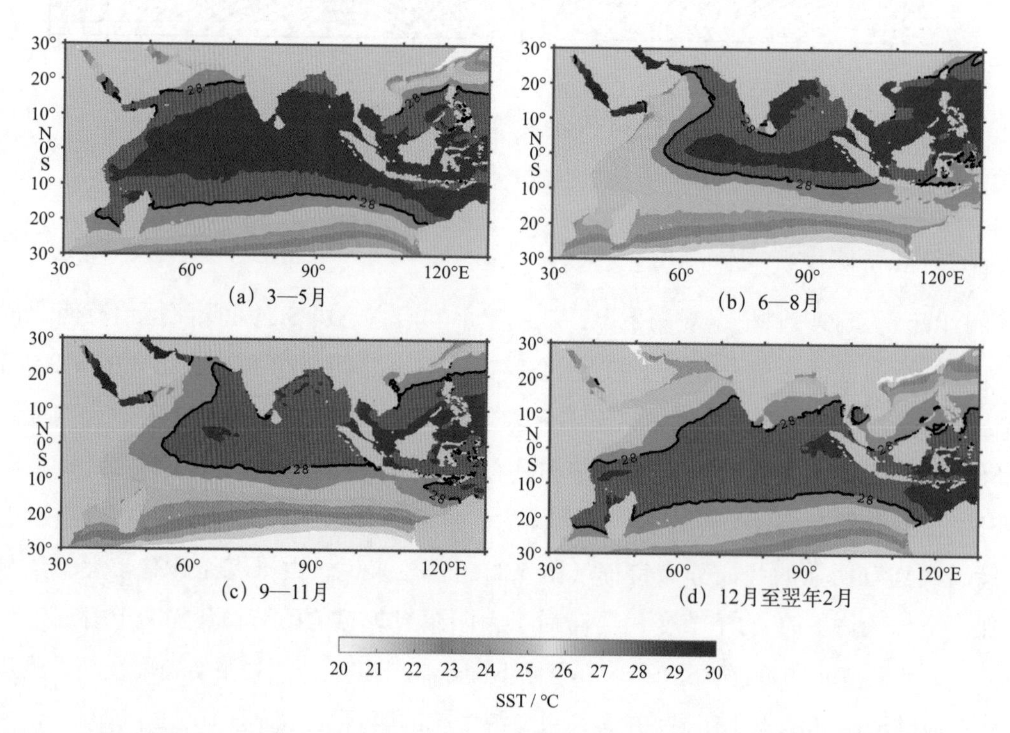

图5.2 热带印度洋SST（ERSST，1979—2012年）的季节循环：(a) 春季3—5月平均；(b) 夏季6—8月平均；(c) 秋季9—11月平均；(d) 12月至翌年2月平均。粗黑线是28℃等值线

总之，印度洋 SST 季节变化不仅受太阳辐射的控制，季风引起的潜热释放和海洋动力过程对北印度洋 SST 的影响也十分显著。次表层海温的空间分布与 SST 有所不同，例如，在 5°—10°S 的西印度洋海面以下 50 m 处出现了一个低温中心，而这样的低温中心在 SST 分布图上并不存在，它出现的原因是常年盛行的顺时针风应力旋度导致热带印度洋温跃层在此处达到最浅（Xie et al., 2002）。这个次表层的低温中心没有出现在赤道西印度洋，而出现在赤道以外的西印度洋，是热带印度洋有别于热带太平洋和热带大西洋的又一显著特征。对该现象的分析和相关动力学机制，将在本章第 5.2 节中进行讨论。

5.1.3　热带印度洋上层海洋环流

最早在印度洋开展海洋环流的全面调查是 1964—1966 年间的国际印度洋实验（IIOE），它包括一个海盆尺度的调查和一系列的区域研究，其中包括在索马里海流区域进行的史上第一次调查（Swallow et al., 1966），这次实验使人们对印度洋海洋状况有了较全面的认识（Wyrtki, 1973），在此之前的研究则比较少。在全球大气研究计划（Global Atmospheric Research Program, GARP）首次全球实验（First GARP Global Experiment, FGGE）期间开展的印度洋深海环境实验（Indian Deep-sea Environment Experiment, INDEX），重点研究了索马里海流对夏季风的响应（Swallow et al., 1983）。20 世纪 80 年代末到 90 年代初，主要是针对印度洋边界流［如印度沿岸流（Shetye et al., 1990）、西澳大利亚边界流（Smith et al., 1991）、近赤道索马里海流（Schott et al., 1990）等］的调查研究。从 90 年代起，随着世界海洋环流实验（World Ocean Circulation Experiment, WOCE）计划的实施，对印度洋的研究日益增多，孟加拉湾季风实验（The Bay of Bengal Monsoon Experiment, BOBMEX），联合海洋 – 大气季风相互作用实验（The Joint Air-Sea Monsoon Interaction Experiment, JASMINE）等一系列观测计划的开展大大加深了对印度洋的了解。此外，值得一提的是，高质量的投弃式温深仪（expendable bathythermograph）资料、浮标资料、卫星高度计资料的获取，以及现在正在开展的全球实时地转海洋学阵计划（Argo），为进一步研究印度洋提供了坚实基础。

通过多年研究，人们对热带印度洋上层环流的多年平均状况有了基础性认识。Schott 等（2001）给出了热带印度洋表层环流在北半球夏季和冬季的示意图（图 5.3 和图 5.4）。可以看出，北半球夏季（图 5.3）在 17°S 附近，南赤道流（South Equatorial

Current, SEC）分成南北两支，向北的一支称为东北马达加斯加流（Northeast Madagascar Current, NEMC），此流在越过马达加斯加北角后变成东非沿岸流（East African Coastal Current, EACC）。在夏季，SEC 和 EACC 驱动了向北的索马里海流。索马里海流越过赤道后，一部分在 4°N 附近离岸运动，在其左侧形成一个冷锲；另外一部分经过再循环流形成南部环流（Southern Gyre, SG)，在北边形成第二个“大涡旋”（Great Whirl, GW）；在其北部还有第三个涡旋，即索科特拉涡（Socotra Eddy, SE）。在斯里兰卡，存在着向东的西南季风流（Southwest Monsoon Current, SMC），此流的大部分与索马里海流的出流（outflow）有关，但还有一部分是来自向南的印度西岸流（West Indian Coastal Current, WICC），包括拉克代夫低压（Laccadive Low, LL）。此外，印度东岸流（East India Coastal Current, EICC）在孟加拉湾分岔，此流主要由南部的入流（inflow）汇入，部分由斯里兰卡东部 SMC 的出流构成。不仅如此，在索马里海流和 WICC 下面还存在着潜流。

在冬季，EACC 与向南的近表层的索马里海流在 2°—4°S 范围内汇聚，这两支流提供了向东的南赤道逆流（South Equatorial Countercurrent, SECC)。在 SECC 的东

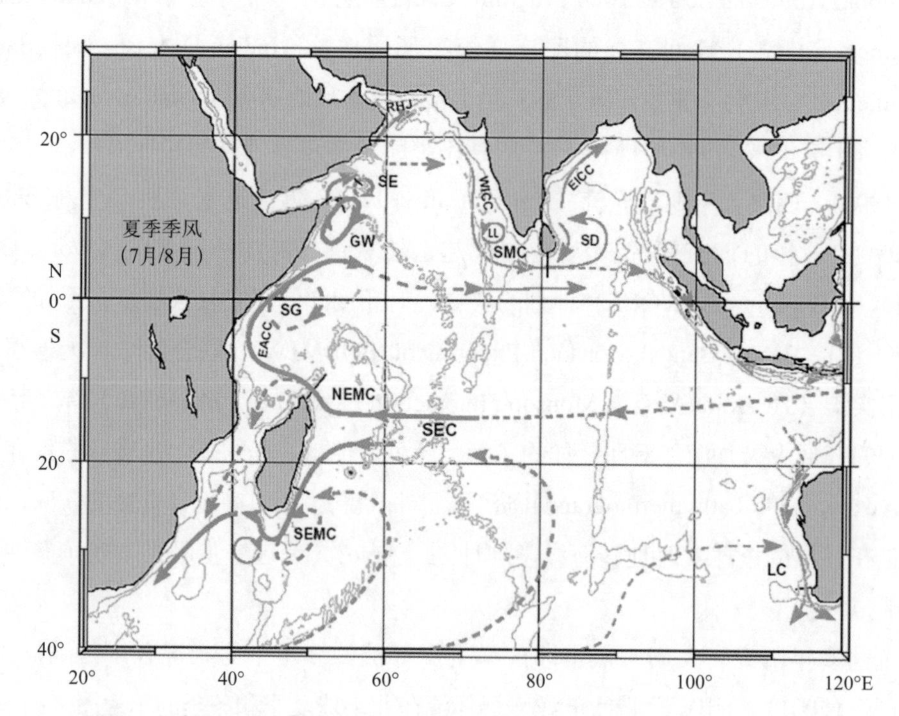

图5.3　北半球夏季热带印度洋表层海流的分布情况（引自Schott et al., 2001）

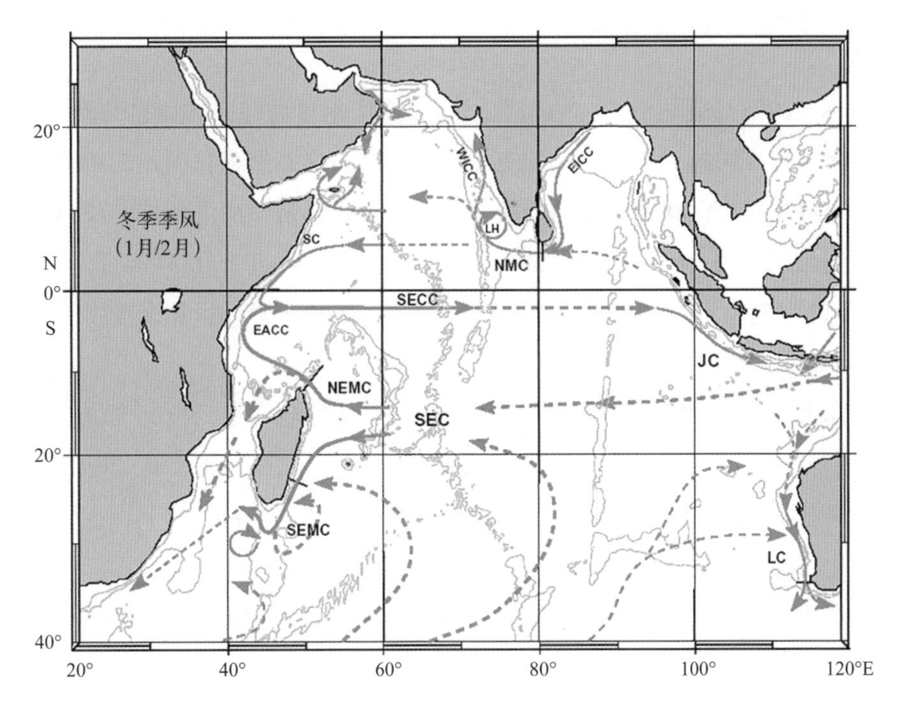

图5.4　北半球冬季热带印度洋表层海流的分布情况（引自Schott et al., 2001）

侧，爪哇海流（Java Current, JC）流向东南。此外，EICC 和 WICC 的流向均与夏季相反，处于这两支流之间、连接二者的流动也与 SMC 流向相反，这支流被称为东北季风流（Northeast Monsoon Current, NMC）。同时，LL 也变成了 LH（即拉克代夫高压，Laccadive High）。在索马里海流下面同样存在着潜流。

在赤道地区，在季风过渡季节（4—6 月和 10—12 月），存在着强的东向表面流——Wyrtki 急流（Wyrtki, 1973），在其下面向东的赤道潜流（Equatorial Undercurrent, EUC）只出现在一年中的特定月份（一般是在 2—6 月期间），这些都是印度洋所独有的特征。不仅如此，印度尼西亚贯穿流（Indonesian Throughflow, ITF）从太平洋进入印度洋，此流在北半球夏季较冬季强；此外，在澳大利亚西海岸，有向南的边界流——莱温流（Leewin Current, LC），此流与盛行风向相反。需要指出的是，索马里海流作为世界大洋中唯一随季节转向的西边界流，引起了人们广泛的兴趣，在印度洋海流的研究中，对这支流的研究最多（McCreary et al., 1998; Murtugudde et al., 1999）。此外，ITF 作为低纬度大洋间的唯一海洋通道，从太平洋输入大量的暖水和盐分，不仅对印度洋环流、热力结构等有重要影响，而且也影响太平洋暖池的变化（Godfrey, 1996）。

5.1.4 跨赤道经向翻转环流

Levitus（1988）最早指出，热带北、南印度洋年平均纬向风分别为西风和东风。这意味着表层存在跨越赤道向南的埃克曼输运，次表层必然存在向北的质量输运与表层的埃克曼流相平衡。这种南北向的质量输运构成了热带印度洋独特的跨赤道经向翻转环流。与太平洋和大西洋副热带经向翻转环流在赤道附近上升不同，印度洋的经向翻转环流跨越赤道，下沉支位于东南印度洋，上升支位于索马里和印度附近的沿岸区域（Schott et al., 2002）。

热带印度洋的经圈环流非常值得关注。这支环流跨越赤道，下沉支位于热带东南印度洋，上升支位于索马里急流和北印度洋的沿岸区域（Schott et al., 2002）。印度洋经向翻转环流的这种特殊性与前述印度洋水平环流的特殊性密切相关，在印度洋 SST 的气候变化中起着重要作用（胡瑞金等 , 2005）。

在赤道附近，印度洋经向翻转环流自下而上由 3 个环流组成：深层环流、浅层环流和赤道附近混合层内的经向环流（Schott et al., 2001）。深层环流是温盐环流，在底层向北流入北印度洋，在中层向南流出；混合层内的经向环流，顾名思义该流位于混合层内，只存在于赤道附近，对经向热量输送贡献很小（Schott et al., 2002），流向在表层与经向风的方向一致，Wacongne 等（1996）最早在海洋模式中指出了它的存在，Miyama 等（2003）利用数值模式探讨了它的结构与驱动机制；浅层环流位于两者之间，它携带着南半球下沉到温跃层中的水、在北半球发生上翻，经向翻转环流中的浅层环流是影响北印度洋 SST 的最重要的经向翻转环流。

在年平均状况下，印度洋的南半球部分盛行东南风，从而驱动向南的埃克曼输运；北半球部分盛行西南风，同样驱动向南的埃克曼输运。这股向南的流动在 20°—30°S 处下沉，转而向北运动，在温跃层中形成跨赤道流，并在赤道以北上涌，从而形成了浅层经向翻转环流。

不同学者给出的印度洋年平均越赤道经向热输送量分别为：Hsiung（1985），−0.8 PW[①]；Hastenrath 等（1993），−0.4 PW；Wacongne 等（1996），−0.2 PW；Lee 等（1998），−0.4 PW；Garternicht 等（1997），−0.2 PW；Loschnigg 等（2000），−0.25 PW。不过，定性来说，各个学者给出的经向热输送的季节变化特点是类似的，例如，夏季向南输送热量，量值超过 1 PW；而冬季则方向相反，输送量也小。

胡瑞金等（2005）依据 SODA 资料（1950—1999 年）计算 7°S 以北的印度洋

① P 为 10^{15} 的符号。

1 000 m 以上的年平均经向流函数，得到了以下结果：在 7°S 附近，80 ~ 500 m 范围内存在向北的流动，但不同深度上北向流动的路径有很大差异，在 80 ~ 120 m 范围内，北向流动伴随着微弱的下沉运动，流过赤道后，在埃克曼层（约 50 m 深）向南返回构成逆时针环流圈；在 120 ~ 180 m 范围内，北向流动也越过赤道，但却在下沉（最大可达 600 m 上下）之后才最终在 10°N 附近上升到埃克曼层，然后向南返回构成逆时针环流圈，此环流即前面介绍的浅层环流；180 ~ 500 m 范围内的北向流未越过赤道，在 800 ~ 1 000 m 之间向南流回构成顺时针环流圈。值得注意的是，在赤道附近海洋上层约 50 m 内，有一明显的顺时针环流，此环流即前述赤道附近混合层内的经向环流，它跨越赤道而存在，其上层是北向流，下层是南向流，其中南向流起到连接两半球向南的埃克曼输运的作用。

综上所述，季风驱动下的热带印度洋，由于驱动力和海盆形状与热带太平洋不同，热带印度洋上层海洋与大气的相互作用除了 WES 和 Bjerknes 两大正反馈机制依然起重要作用外，季风驱动下海洋环流的变化和赤道海洋开尔文波及罗斯贝波的调整过程在印度洋的季节变化中也起到不可忽视的作用。

5.2　热带印度洋海表温度年际变化的两个主要模态

热带印度洋上层海洋的季节变化与季风之间有着非常密切的关系，而季风又在相当大的程度上受到 ENSO 的影响（Lau et al., 1999），在季风的年际变化与 ENSO 关系的研究中，必然要涉及印度洋的海洋 – 大气相互作用。在年际尺度上，很多学者分析了热带印度洋 SST 年际变化的特征（Fieux et al., 1976; Brown et al., 1981; Cadet et al., 1984; Shukla, 1987; Rao et al., 1988; Bottomley et al., 1990），并且认为印度洋上层海温变化是对 ENSO 的被动响应（Cadet et al., 1984）。由于赤道印度洋的年平均风场为弱西风（赤道太平洋和赤道大西洋的年平均风场均为东风），赤道温跃层平而深，20℃等温线深度为 120 m 左右（Xie et al., 2002），这样一个年平均气候态限制了赤道温跃层的变化对 SST 的影响（Latif et al., 1995），但研究表明（Saji et al., 1999），在某种异常情况的影响下，赤道东印度洋温跃层深度变浅，印度洋也可以发展出类似 ENSO 的纬向模态，在这个过程中，海洋动力过程（包括温跃层深度变化和上升流）和 Bjerknes 正反馈机制起了重要的作用。最明显的一个例子出现在 1997 年秋季，在这一年中热带东印度洋 SST 异常偏低，而热带西印度洋海温异常偏高。

图 5.5 为印度洋气候态 SST 及其标准差，它反映了年际以上尺度 SST 变化的振幅。赤道印度洋 SST 的变率比赤道中、东太平洋要小得多，大约为 0.5℃。年际变率大值区位于西南印度洋（5°—10°S，55°—80°E）、爪哇岛沿岸以及索马里海区。此外，阿拉伯海西部的 SST 变率要大于孟加拉湾（图 5.5）。整个热带印度洋暖池区 SST 年际变化的幅度要远小于其他热带海域。

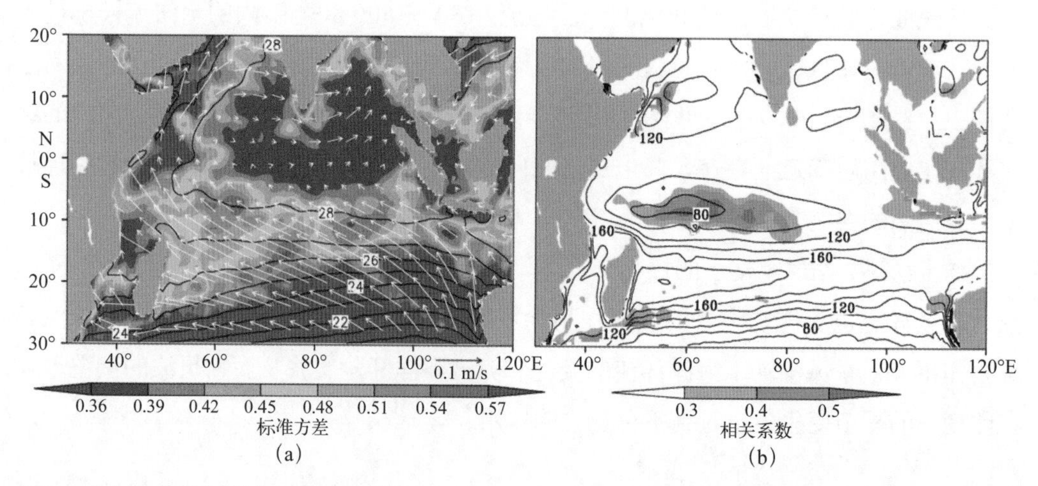

图5.5 （a）热带印度洋气候态SST（等值线，单位：℃）及SST年际变化的标准方差（彩色），气候平均海面风场（白色箭头）；（b）热带印度洋20℃等温线深度（等值线，单位：m）及其与SST年际变化的相关系数（彩色）［SST数据来自SODA资料（1950—2010年）；海面风来自NCEP资料（1979—2008年）］

与太平洋和大西洋不同，温跃层在赤道以南的印度洋出现一个穹窿（dome），这里对应着整个热带印度洋的温跃层最浅处［图 5.5（b）］。这一现象是海洋对赤道西风和赤道以南东南风构成的风应力旋度响应的结果，浅的温跃层和上升流的存在使次表层的变化能够影响 SST。与 ENSO 和印度洋偶极子有关的纬向风异常产生的风应力旋度异常能够激发海洋罗斯贝波（Masumoto et al., 1998; Rao et al., 2005）。罗斯贝波向西传播时，会在热带西南印度洋穹窿处引起较大的 SST 异常，SST 异常又会引起大气对流和风场的变化。在北半球冬季风期间（12 月至翌年 4 月），该穹窿处温跃层的起伏与热带气旋的发生频数之间有密切的关系（图 5.6），海洋温跃层和大气之间的耦合作用是非常强的。这种位于赤道外的温跃层穹窿以及与之相关的极强的温跃层反馈是非常独特的。海洋罗斯贝波在几个月的时间内自东向西穿越海盆并影响对流活动和海盆西部的气旋发展，因此，在印度洋温跃层穹窿所在处海水温度年际变化的可预报性最高（Luo et al., 2005）。

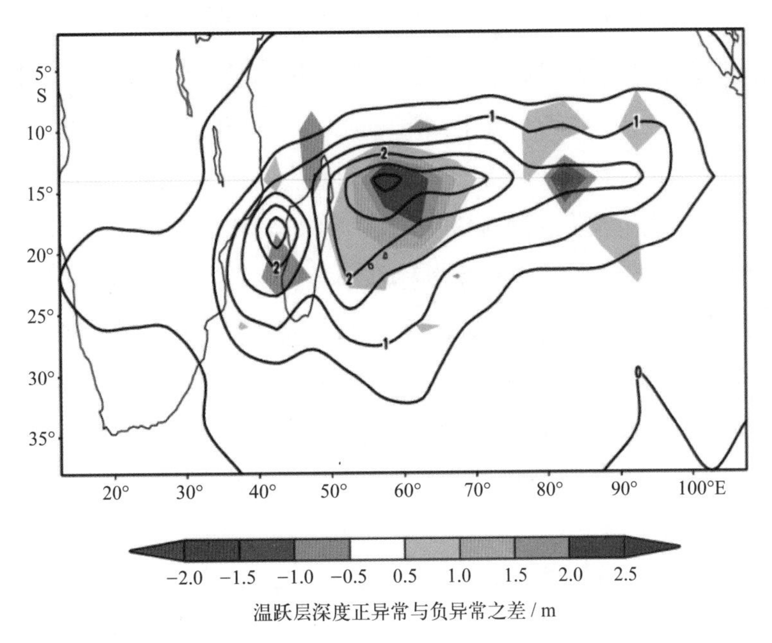

图5.6　北半球冬季（12月至翌年4月）气候平均意义下热带印度洋的气旋个数（等值线）以及（8°—12°S，50°—70°E）范围内温跃层深度正异常与负异常之差（引自Xie et al., 2002）

5.2.1　印度洋海盆模态

热带印度洋 SST 年际变化最主要的模态是对 SST 异常进行 EOF 分解给出的第一个模态［图 5.7（a）］，该模态的空间分布型态为整个热带印度洋海盆表现为异常符号一致，被称为印度洋海盆（Indian Ocean Basin, IOB）模态，这一模态的方差贡献约占总方差的 36.1%。关于 IOB 模态，已有研究已经取得比较一致的看法：IOB 模态主要是热带太平洋 ENSO 对热带印度洋影响的结果（Klein et al., 1999; Venzke et al., 2000）。如果将印度洋和太平洋的 SST 异常作为一个整体进行 EOF 分解，得到的第一模态就对应着太平洋的 ENSO 模态和印度洋的 IOB 模态（武术等 , 2005）。Klein 等（1999）指出当 Niño 3 指数超前 IOB 模态指数 3 个月时，相关系数达到最大，为 0.65。该模态一般在厄尔尼诺发生的翌年春季位相达到峰值，并能持续到夏季（图 5.8），导致热带印度洋成为夏季热带海洋海温异常最明显的海域（Yang et al., 2007）。这是由于热带东太平洋的异常增暖既可以通过向东传播的大气赤道开尔文波对热带大西洋和热带印度洋大气对流层加热影响印度洋，又可以通过热带印度洋海洋罗斯贝波对西南热带印度洋施加强有力的影响，还能通过与印度夏季风的相互作用造成北印度洋夏季的再次增暖：①当热带东太平洋增暖时，太平洋沃克环流减弱，从而印度洋上空对流活动减弱、云量减少、太阳辐射增加，同时，东太平洋正 SST 异常导致的热带大西洋和热带印度洋对流层温度升高，使大气处于更加稳定的状态，减弱了对流，从而使蒸发减弱、海洋上混合层增暖；②当热带东太平洋增暖时，赤道东印度洋东风异常，导致热带印度洋赤道以南海域海面风逆时针环流加强和对应的暖（下沉）海洋罗斯贝波向西传，传到温跃层穹窿海域后会影响 SST 增暖（Xie et al., 2002）；③当北半球春季西南印度洋增暖后，会产生跨赤道的反对称降水场和风场响应，在赤道以北（南）降水减少（增多）、西北（东北）风异常。在印度夏季风爆发后，北印度洋的东北风异常减弱夏季风强度，通过风－蒸发－SST（WES）反馈引起北印度洋的夏季二次增暖，因此，北印度洋对厄尔尼诺的增暖响应表现为冬季和夏季双峰结构（Du et al., 2009）。以上三种效应都导致在热带太平洋厄尔尼诺事件之后可能会引起整个印度洋海盆的变暖，并持续到夏季。

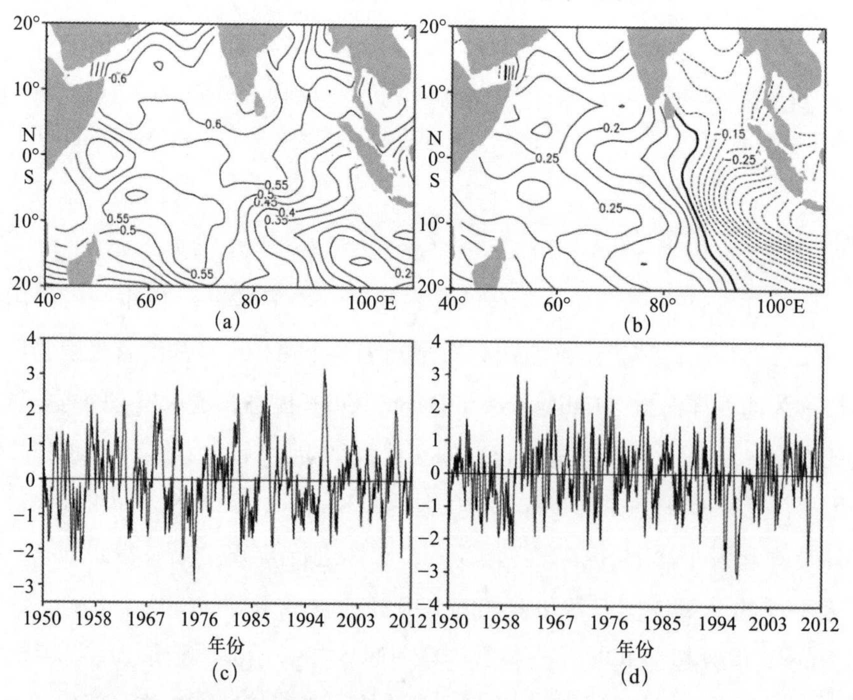

图5.7 1950—1999年热带印度洋SST异常EOF分解（a）第一模态（占总方差的36.1%）和（b）第二模态（占总方差的12.8%）的空间分布型态及其对应的标准化时间序列［（c）和（d）］

总之，绝大部分的 IOB 事件是印度洋 SST 对 ENSO 强迫的响应。特别需要指出的是，气候平均意义下印度洋温跃层深度最浅也达到 80 m 上下（热带南印度洋温跃层穹窿区），要比热带东太平洋和热带东大西洋深，因此，热带印度洋 SST 年际变化的幅度比热带太平洋和热带大西洋小（最大为 0.4 ~ 0.7℃）。

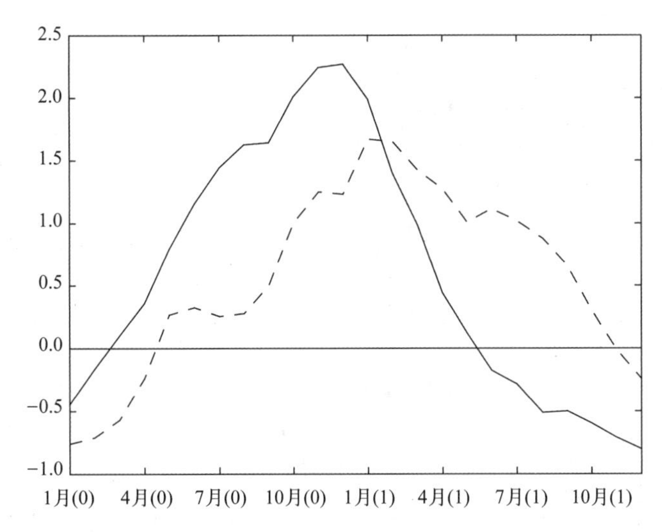

图5.8　厄尔尼诺发生年（横坐标为“0”）和翌年（横坐标为“1”）合成的 Niño 3指数（实线）和IOBM指数（虚线）

5.2.2　印度洋偶极子模态

对热带印度洋 SST 异常进行 EOF 分解得到的第二模态［图 5.7(b)］表现为东西部 SST 异常符号相反的印度洋偶极子（Indian Ocean Dipole，IOD）模态，该模态的方差贡献约占总方差的 12.8%。Saji 等（1999）首次指出 IOD 的形成主要依赖于印度洋海洋动力学过程，独立于 ENSO 而存在，也称为印度洋纬向模态。观测资料分析表明，西南印度洋 SST 的年际变化不能用表面净热通量的变化来解释。在这一海区，温跃层的变化即海洋动力过程对 SST 有很大的影响，而当赤道东印度洋出现异常东风，该异常东风不仅在东印度洋形成上升流，使得东冷，而且在赤道以南强迫出西传的下沉罗斯贝波，从而引起西南印度洋温跃层及 SST 的增暖（Xie et al., 2002），形成东冷西暖 IOD 模态的正位相。赤道东印度洋异常东风的出现与赤道西太平洋异常西风的出现有关，因此，ENSO 在激发起秋季 IOD 模态中还有一定贡献。当然，其他原因也可能引起赤道东印度洋出现异常东风。

Saji 等（1999）将东印度洋（10°S—10°N，50°—70°E）和西印度洋（0°—10°S，90°—110°E）SST 异常的区域平均之差作为 IOD 模态指数，并指出 IOD 模态是存在于印度洋独立的海洋 – 大气耦合模态，有很显著的季节“锁相”特征，发展成熟于北半球夏秋季节，之后迅速消亡，偶极子事件的产生和消亡不会跨年。我们将 ERSST 的 SST 和 NCEP 的风场根据 Saji 等（1999）定义的 6 个 IOD 正位相事件进行合成，得到与 Saji 等（1999）一样的 IOD 形成、发展和消失过程中 SST 和海面风场异常的空间分布（图 5.9）。

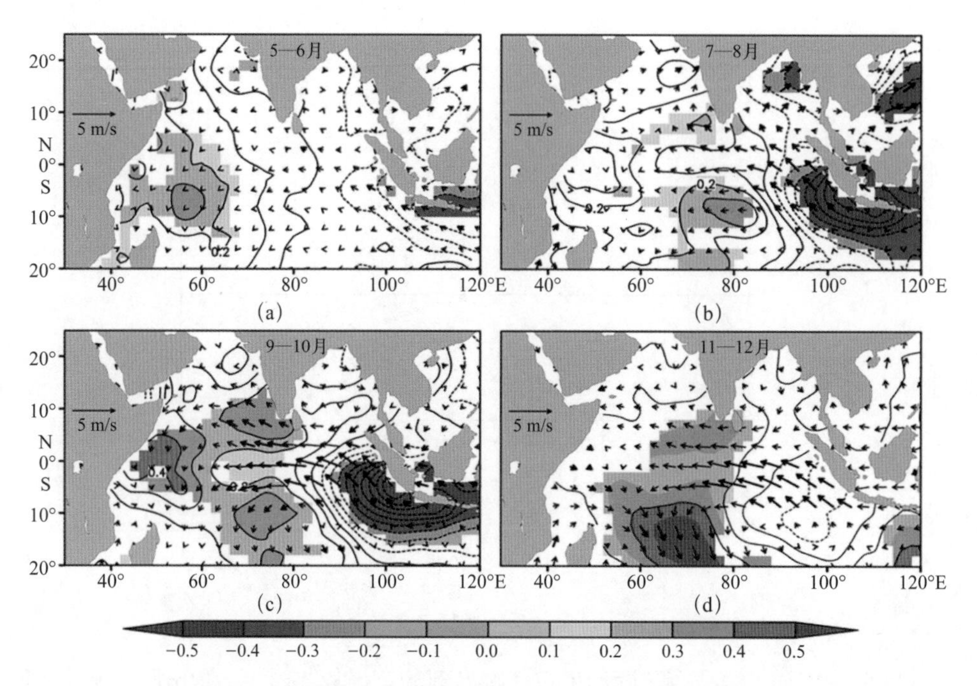

图5.9　IOD事件形成、发展和消失过程中SST（等值线）和海面风场异常（矢量）的空间分布（6个IOD正位相的合成结果）（参考Saji et al., 1999）

IOD 事件与赤道印度洋地区的海表面风场以及次表层海温之间有很好的耦合关系，表面风场异常与海盆尺度的沃克环流异常相联系（李崇银等 , 2001）。在正 IOD 峰值期间，赤道表面异常风场为与东风、与气候平均西风反向（图 5.9），风场异常可以引发海洋调整过程，进而对海面高度和温跃层造成很大影响：东部海面高度异常降低，中部和西部海面高度异常抬升，温跃层的变化则刚好相反（Yamagata et al., 2002）。因此，IOD 模态不仅仅是 SST 异常的一个模态，在上层海洋热含量、海面高度、温跃层（Rao et al., 2002）、大气出射长波辐射（Outgoing Longwave Radiation, OLR）、海平面气压场（Behera et al., 2003）等各个变量中也能得到反映，例如，次表层海温的第一主模态就是与表层 IOD 关系密切的偶极子模态，该模态主要受到赤道印度洋风场所驱动的海洋动力过程的调控（Rao et al., 2002; 巢纪平等 , 2003）。

虽然在耦合环流模式（Coupled General Circulation Models, CGCMs）中已经能够再现 IOD 事件（Lau et al., 2004; Saji et al., 2006），但是 IOD 事件的成因迄今还不完全清楚，IOD 的触发因子目前是一个颇有争议的问题。越来越多的研究认为印度洋海

洋 – 大气耦合相对太平洋比较弱，且难以自我维持（Annamalai et al., 2003; Lau et al., 2003），因此其触发因子可能来自外部强迫。Li 等（2003）认为，ENSO 是 IOD 模态的一个重要触发机制，ENSO 主要通过改变季风强度和海洋大陆的对流状况而影响 IOD 模态，他们进一步指出了伴随 IOD 模态发展的主要海洋 – 大气反馈过程，包括 3 种负反馈机制（云 – 辐射 – SST 反馈机制、WES 反馈机制和季风 – 海洋相互作用反馈机制）和 2 种正反馈机制（温跃层 –SST– 风反馈机制和大气热力 – SST 反馈机制）；另外，海洋波动过程在 IOD 模态的发展阶段是正反馈机制，在 IOD 模态的后期则是负反馈机制。许多研究还指出了 IOD 模态发展的有利条件，即东印度洋 SST 冷异常、东南风异常以及对流减弱（Saji et al., 1999; Behera et al., 1999）。

但是，所有的研究都不能解释为什么当气候背景条件对 IOD 的发展很有利时，IOD 模态却中断了发展；而有时在背景条件不利于 IOD 模态发展的情况下，IOD 模态却发展了起来。例如，1979 年存在有利于 IOD 模态发展的条件，但 IOD 事件并没有出现（Gualdi et al., 2003）；2003 年也是如此（Yamagata et al., 2004）。此外，2006 年和 2007 年连续两年出现了 IOD 事件，其原因至今不明。IOD 事件的触发和成长机制是一个远未解决的复杂问题，需要进行深入研究揭示其中的动力学机理。

总而言之，热带印度洋 SST 的年际变化既存在作为 ENSO 诱发形成的海盆一致变化的“海盆模态”，又存在由热带印度洋自身的海洋动力学主导的“偶极子模态”。这两个模态的物理本质和相互转换关系有待于在今后的研究中进一步深入讨论。

5.3　热带印度洋主要海 – 气耦合模态与厄尔尼诺 – 南方涛动的关系

热带印度洋的气候在很大程度上受季风控制和热带太平洋的影响，热带印度洋反过来是否会对季风和热带太平洋产生反馈作用是目前尚未解决的重要科学问题。我们已经从热带印度洋海盆模态形成机制中得知该模态是热带太平洋的 ENSO 影响热带印度洋的结果，也了解到尽管热带印度洋偶极子模态的发展是热带印度洋自身海 – 气相互作用的产物，但是 ENSO 也很可能是触发该模态的原因之一。本节将从这两个海 – 气耦合模态与 ENSO 之间的关系入手，进一步认识这两个海 – 气耦合模态的演变过程与分类，寻找预测这两个模态的依据。

5.3.1　厄尔尼诺 – 南方涛动与热带印度洋主要海 – 气耦合模态

关于 ENSO 影响热带印度洋的热力学和动力学机制，已经在 IOB 模态形成机制的介绍中进行了充分讨论：热带东太平洋的异常增暖可以通过影响沃克环流和通过向东传播的热带开尔文波对印度洋大气对流层加热这两种途径。通常，在太平洋的厄尔尼诺事件之后，将会引起整个印度洋海盆变暖，滞后 3 个月时相关系数达到最大。

将 1950—2002 年期间 14 个厄尔尼诺事件的 Niño 3 指数和对应的 IOB 模态的指数标准化后进行合成（图 5.8），可以看出，在厄尔尼诺事件达到峰值后的 5 月，Niño 3 指数已经接近于 0，但 IOB 模态的指数的标准方差还为 1、处于正异常期，直到 10 月以后 IOB 模态的指数才接近于 0。这意味着热带太平洋厄尔尼诺事件加热印度洋以后，印度洋的暖异常能够得到很好的持续（Yang et al., 2007）。我们的研究表明，并不是所有的厄尔尼诺事件都会引起春季热带印度洋的 SST 正异常。在热带印度洋的 10 个相对暖年（1958 年、1959 年、1969 年、1970 年、1973 年、1983 年、1987 年、1988 年、1991 年和 1998 年）和 12 个相对冷年（1951 年、1956 年、1965 年、1968 年、1971 年、1974 年、1975 年、1976 年、1984 年、1985 年、1989 年和 2000 年）中，大部分年份分别对应厄尔尼诺事件和拉尼娜事件发生的次年，其中暖年有 3 个例外（1959 年、1969 年和 1991 年），冷年也有 3 个例外（1951 年、1975 年和 1984 年）（Yang et al., 2009）。这也再一次证实了前人的研究成果，即春季热带印度洋的大部分暖（冷）IOB 事件是由厄尔尼诺（拉尼娜）所引起的（Klein et al., 1999; Xie et al., 2002）。

为了进一步得到 ENSO 与 IOB 模态之间的关系，我们又依据 17 个 CMIP5 模式控制试验的结果分析了热带太平洋和热带印度洋 SST 年际变化之间的关系，期望能得到更有说服力的证据。分析结果表明：在 17 个模式的模拟结果中，ENSO 尽管并不完全一致，但大部分模式都能很好地模拟 IOB 模态滞后 ENSO 三个月的正相关关系，绝大多数模式中，厄尔尼诺（拉尼娜）发生之后，整个热带印度洋呈现海盆一致增暖（冷却）现象（Liu et al., 2013）。

关于热带印度洋气候异常对 ENSO 的反馈作用也有一定的研究。吴国雄等（1998）和巢清尘等（2001）的研究结果表明，热带印度洋的纬向风异常向东传播到太平洋海区、导致赤道西太平洋产生纬向风异常，可能成为厄尔尼诺事件的触发机制。此外，Wu 等（2004）的耦合模式结果表明，印度洋主要通过影响局地的对流加热以及热带印度洋－热带太平洋地区的沃克环流来影响 ENSO。热带印度洋 SST 正（负）异常可以在东印度洋和中、西太平洋表面诱发东风（西风）异常，当在热带印度洋夏季 SST 偏冷（暖）时，太平洋厄尔尼诺（拉尼娜）强度偏强，发生次数偏多。Annamalai 等（2005）将观测资料分析和数值模拟相结合，研究了热带印度洋 SST 的 IOB 和 IOD 对发展阶段厄尔尼诺的影响，结果表明两者都对厄尔尼诺的发展有调制作用：当印度洋 SST 异常表现为海盆模态暖位相时，将激发大气开尔文波，使赤道中、西太平洋出现东风异常，从而削弱与厄尔尼诺发展关系密切的西风异常，因此对发展阶段的厄尔尼诺有减弱作用，有利于厄尔尼诺向拉尼娜转换；当印度洋 SST 异常表现为偶极子模态正位相（东冷西暖）时，将在赤道西太平洋形成西风异常，有利于维持厄尔尼诺的发展。

如前所述，大部分的 IOB 事件是印度洋对 ENSO 强迫的响应，这一观点基本上得到学术界的一致认同，但 IOD 事件与 ENSO 之间的关系目前尚未得到统一认识。历史观测资料表明，只有大约 1/3 的 IOD 事件是和 ENSO 事件同时发生的（Yamagata et al., 2004），IOD 与 Niño 3 指数之间的相关系数较小（Saji et al., 1999），因此 IOD 可以独立于 ENSO 而存在；但是，持反对态度的学者提出，在 IOD 模态位相处于峰值的 9—11 月期间 ENSO 和 IOD 的相关系数达到 0.53，因此也可以认为 IOD 是印度洋对 ENSO 的一种响应。

总之，热带印度洋 SST 的年际变化与 ENSO 之间存在密切关系，这种关系导致我们提出一个新的科学问题：我们是否可以依据这些关系，借助于 ENSO 的预测来预测热带印度洋的 IOB 事件和 IOD 事件？为了进一步研究该问题，Xie 等（2016）总结了前人关于西北太平洋异常反气旋维持的局地 WES 理论和印度洋海盆模态的“海洋电容器”理论，认为西北太平洋反气旋和印度洋、太平洋 SST 相互耦合，异常信号能在局地和跨海盆的正反馈作用下相互加强，在这一区域形成一个异常信号衰减速率最低的区域海 - 气耦合模态。而 ENSO 作为气候系统中最显著的年际变化信号，能够在西北太平洋和印度洋分别激发大气和海洋异常信号，从而激发该固有模态，进一步影响印度洋 - 西太平洋地区夏季气候。这就表明，存在我们能依据 ENSO 冷暖位相预测 IOB 事件和 IOD 事件的可能。

5.3.2 热带印度洋主要海 - 气耦合模态的分类和可预报性

为了进一步认识热带印度洋年际变化与 ENSO 的关系，寻求热带印度洋 SST 预测的新途径，下面以两个海 - 气耦合模态与 ENSO 的关系为依据，将其分类，以探索借助于 ENSO 的预测来预测热带印度洋的 IOB 和 IOD 的目的。

IOB 模态作为热带印度洋年际变化第一主模态，是热带太平洋 ENSO 强迫出来的热带印度洋 SST 海盆一致变化的模态。历史资料的统计分析表明，IOB 在春季达到峰值，可以一直持续到厄尔尼诺 / 拉尼娜的翌年夏季，而此时太平洋的厄尔尼诺 / 拉尼娜已经基本消失。但是所有的 IOB 正、负事件都能够持续到第二年夏季吗？而热带印度洋年际变化第二模态（IOD 模态）发生在夏季，在秋季达到峰值，那么是否有一些

IOB 可以在其达到峰值后就转化为 IOD 呢？因此，我们有必要根据 IOB 在北半球春季达到峰值后的持续性进行分类分析，研究不同类型 IOB 的特征及其各自形成原因，有利于预测 IOB 模态的生命史。

依据观测 SST，我们可以发现在 1951—2013 年间，总共发生了 13 次相对较强的正 IOB 事件以及 12 次相对较强的负 IOB 事件。在这些发生的 IOB 事件中，按照 IOB 的发展状况将其分为以下三类。第一类，持续型 IOB 事件：海盆一致增暖（变冷）现象持续到夏末（8 月）然后消失，该类正（负）IOB 事件共发生了 5（4）个，占总 IOB 事件的 38%；第二类，同位相转化型：正（负）IOB 事件可以转化为正（负）IOD，分别共发生 2（5）次，占总 IOB 事件的 29%；第三类，反位相转化型：正（负）IOB 事件可以转化为负（正）IOD，共发生了 6（2）个，占总 IOB 事件的 33%。三类 IOB 事件中，第一类即持续型 IOB 事件是发生次数最多的（Guo et al., 2018）。

由于观测中三类 IOB 事件的样本较少，因此，我们选用 CCSM4 模式控制试验的 500 年输出结果来对 IOB 事件进行分类，在 CCSM4 模式 500 年控制试验期间，共发生 56（43）个正（负）IOB 事件，其中上述三类正（负）IOB 事件各发生 33（18）次、15（13）次和 8（12）次。其中持续型 IOB 是发生次数最多的，占总 IOB 的 52%，第二类和第三类分别占 28% 和 20%，两者所占比例相近（Guo et al., 2018）。该结果再次证明了前人依据观测资料得到的 IOB 可以持续到 8 月的结论是反映大部分 IOB 的特征。

IOB 能够持续到 8 月的物理机制已经在第 5.2 节中讨论了，为什么还有近一半的 IOB 不能持续到 8 月，而出现向 IOD 的转换？图 5.10(a)、图 5.10(d)、图 5.10(g) 给出了上述三类 IOB 的指数以及它们各自对应的 ENSO 指数［图 5.10(b)、图 5.10(e)、图 5.10(h)］和 IOD 指数［图 5.11(c)、图 5.10(f)、图 5.10(i)］。可以发现，如果 ENSO 的正负位相在北半球春末夏初发生转换，这意味着 IOB 可以持续到 8 月，并在当年不转换成 IOD（图 5.10 左列）；但是如果 ENSO 的正负位相在 5 月前（北半球春季）发生转换（转换地早），那么，IOB 也会跟着 ENSO 的位相转换发生转换，形成在秋天达到峰值的 IOD（图 5.10 右列）；如果厄尔尼诺（拉尼娜）的衰退年不出现位相转换现象（图 5.10 中列），其对应的正（负）IOB 会持续到 7 月后转换成正（负）的 IOD（Guo et al., 2018）。热带印度洋 IOB 这种对热带太平洋 ENSO 的依赖性，也给依据 ENSO 位相转换预测 IOB 带来一种可能。

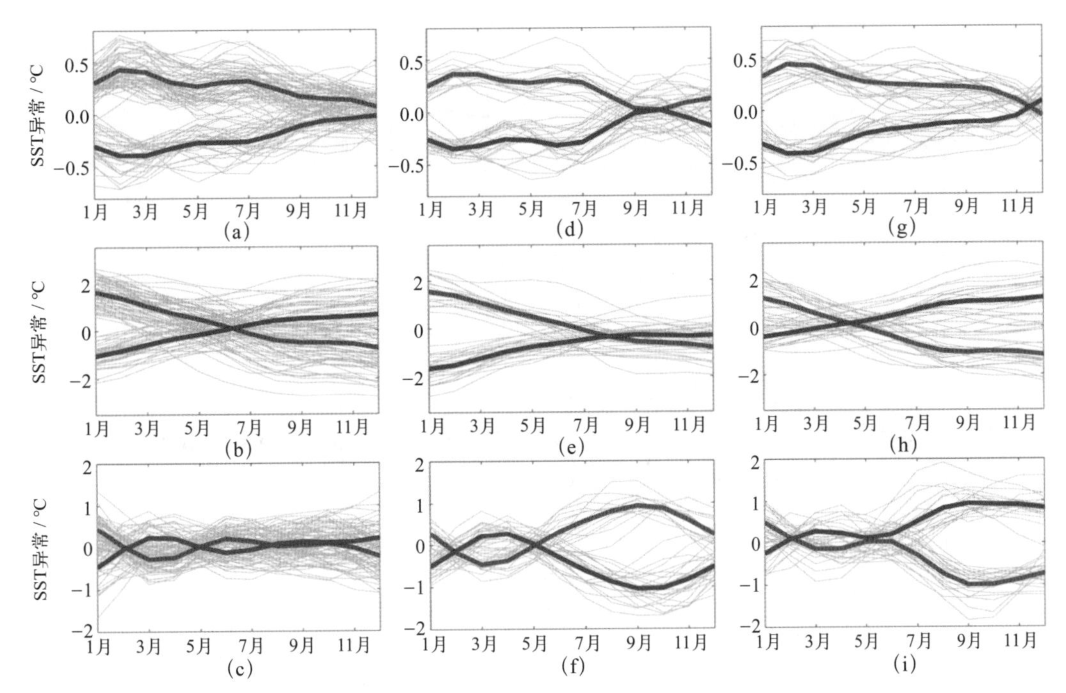

图5.10　CCSM4模式控制试验结果中三类IOB事件（第一类：左，第二类：中，第三类：右）的IOB指数[(a)、(d)、(g)]、ENSO指数[(b)、(e)、(h)]和IOD指数[(c)、(f)、(i)]（Guo et al., 2018）

同样，利用观测资料发现了自然界中存在多种类型的 IOD。根据 IOD 与 ENSO 的关系，将自然界中发生次数较多而且在秋季成熟的 IOD 分为三类进行研究（图 5.11）。这三类分别为：第一类 IOD，伴随太平洋厄尔尼诺（拉尼娜）一同发展起来的 IOD；第二类 IOD，由热带印度洋海盆尺度的不均匀增暖（冷却）转变而来的正（负）IOD，这一类 IOD 往往发生在厄尔尼诺（拉尼娜）的次年；第三类 IOD，由与 ENSO 无关的热带印度洋自身海 – 气相互作用引起。在观测中，它们分别占总 IOD 事件的 46.4%、35.7% 和 7.1%（Guo et al., 2015）。在 CCSM4 模式 500 年控制试验期间，三类正（负）IOD 各发生 72（58）次、51（79）次和 22（17）次。第三类 IOD 占总 IOD 的 12.2%，要远小于前两类 IOD 发生的概率（均为 40.6%）（Guo et al., 2015）。由于热带印度洋自身的海 – 气相互作用形成 IOD 是需要有一定调整时间的，因此，第一类 IOD 往往跟随春季或夏初出现的厄尔尼诺（拉尼娜）发展而出现，而在秋季出现的厄尔尼诺（拉尼娜）发展年，往往没有 IOD 出现（Fan et al., 2017）。上述研究表明，可以利用 ENSO 的预测开展前两类 IOD 的预测，第三类的预报有一定难度。

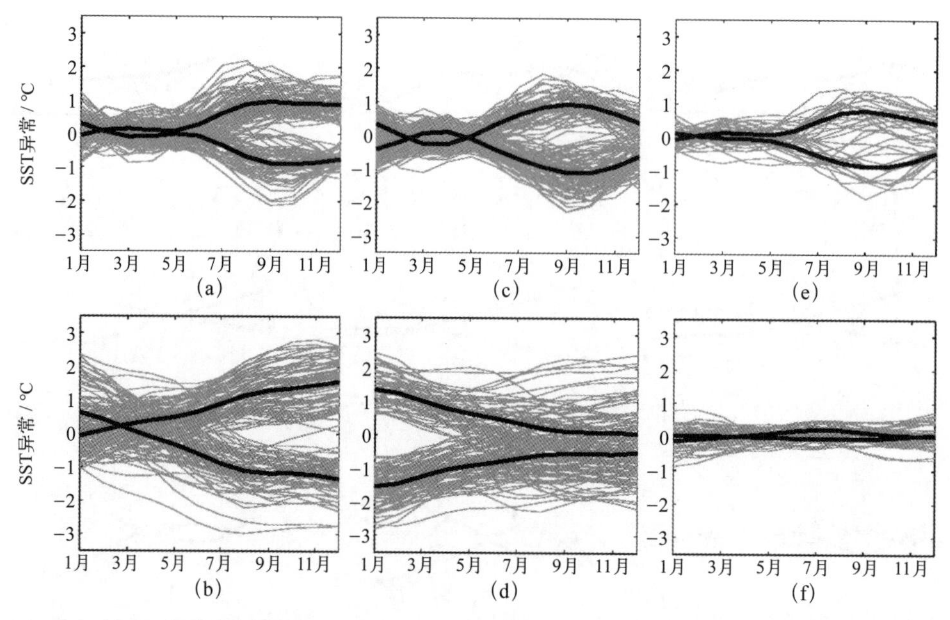

图5.11 CCSM4模式控制试验结果中的三类IOD事件（第一类：左，第二类：中，第三类：右）的演变过程以及它们各自对应的ENSO指数［(b)，(d)，(f)］(Guo et al., 2015)

当然在实际的自然界中还存在一些特殊的IOD事件，它们不属于我们的分类范畴之内，例如，发生在拉尼娜（厄尔尼诺）发展年（衰退年）的IOD事件（Behera et al., 2008）以及生命周期较短的在夏季之前就成熟的“unseasonable” IOD（Du et al., 2013），这些事件更难预测。

5.4 本章小结

热带印度洋位于亚澳季风区，具有独特的季风气候特征；另一方面，热带印度洋位于赤道附近，具备类似热带太平洋和热带大西洋的海洋－大气相互作用特征。由于热带大气的连通和海洋环流的连通，在海洋－大气相互作用中，热带印度洋与热带太平洋是无法分割但又相互独立的，有各自的海－气耦合模态。热带印度洋SST年际变化的主要模态是IOB模态和IOD模态，前者在北半球春、夏季达到极值，后者在北半球秋季达到极值。目前的研究已经证明，这两个由印度洋自身海－气相互作用决定的海－气耦合模态与ENSO有密切联系，在日益准确的ENSO预报基础上，热带印度洋海－气耦合模态的预测还有一定可预测性，但需要进一步分类研究。

参考文献

巢纪平，袁绍宇，蔡怡，2003. 热带印度洋的大尺度海气相互作用事件 . 气象学报，61(2): 251–255.

巢清尘，巢纪平，2001. 热带西太平洋和东印度洋对 ENSO 发展的影响 . 自然科学进展，11(12): 1293–1300.

胡瑞金，刘秦玉，武术，2005. 北印度洋越赤道经向翻转环流的年际变化研究 . 中国海洋大学学报，35(5): 697-702.

李崇银，穆明权，潘静，2001. 印度洋海温偶极子和太平洋海温异常 . 科学通报，46(20): 1747–1750.

吴国雄，孟文，1998. 赤道印度洋 – 太平洋地区海气系统的齿轮耦合和 ENSO 事件 Ⅰ：资料分析 . 大气科学，22(4): 470–480.

武术，刘秦玉，胡瑞金，2005. 热带太平洋 – 南海 – 印度洋海面风与海面温度年际变化整体耦合的主模态 . 中国海洋大学学报，35(4): 521–526.

杨建玲，刘秦玉，2008. 热带印度洋 SST 海盆模态的“充电 / 放电”作用——对夏季南亚高压的影响 . 海洋学报（中文版），30(2): 12–19.

ANNAMALAI H, MURTUGUDDE R, POTEMRA J, et al., 2003. Coupled dynamics over the Indian Ocean: spring initiation of the zonal mode. Deep-Sea Research Part Ⅱ, 50(12–13): 2305–2330.

ANNAMALAI H, XIE S P, MCCREARY J P, et al., 2005. Impact of Indian Ocean sea surface temperature on developing El Niño. Journal of Climate, 18(1): 302–319.

BEHERA S K, YAMAGATA T, 2003. Influence of the Indian Ocean Dipole on the Southern Oscillation. Journal of the Meteorological Society of Japan, 81(1): 169–177.

BEHERA S K, KRISHNAN R, YAMAGATA T, 1999. Unusual ocean-atmosphere conditions in the tropical Indian Ocean during 1994. Geophysical Research Letters, 26(19): 3001–3004.

BEHERA S K, RAO S A, SAJI H N, et al., 2003. Comments on “A cautionary note on the interpretation of EOFs”. Journal of Climate, 16(7): 1087–1093.

BOTTOMLEY M, FOLLAND C K, HSIUNG J, et al., 1990. Global ocean surface temperature atlas “GOSTA”. Cambridge Press: 20–313.

BROWN O B, EVANS R H, 1981. Interannual variability of Arabian Sea temperature//Space, Gower J F R, et al. Oceanography. New York: Plenum Press: 135–143.

CADET D L, DIEHL B C, 1984. Interannual variability of surface fields over the Indian Ocean during recent decades. Monthly Weather Review, 112(10): 1921–1935.

DU Y, XIE S P, HUANG G, et al., 2009. Role of air-sea interaction in the long persistence of El Niño-induced North Indian Ocean warming. Journal of Climate, 22(8): 2023–2038.

DU Y W, CAI Y, WU, 2013. A new type of the Indian Ocean dipole since the mid-1970s. Journal of Climate, 26(3): 959–972.

FAN L, LIU Q, WANG C, et al., 2017. Indian Ocean dipole modes associated with the different types of ENSO development. Journal of Climate, 30 (6): 2233–2249.

FIEUX M, STOMMEL H, 1976. Historical sea surface temperatures in the Arabian Sea. Annual report

National Institute of Oceanography, 52: 5−15.

GARTERNICHT U, SCHOTT F, 1997. Heat fluxes of the Indian Ocean from a global eddy-resolving model. Journal of Geophysical Research, 102(C9): 21147−21159.

GODFREY J S, 1996. The effect of the Indonesian Throughflow on ocean circulation and heat exchange with the atmosphere: A review. Journal of Geophysical Research, 101(C5): 12217−12237.

GUALDI S, GUILYARDI E, MASINA S, et al., 2003. The interannual variability in the tropical Indian Ocean as simulated by a CGCM. Climate Dynamics, 20(6): 567−582.

GUO F, LIU Q, SUN S, et al., 2015. Three Types of Indian Ocean Dipoles. Journal of Climate, 28(8): 3073−3092.

GUO F, LIU Q, YANG J, et al., 2018. Three types of Indian Ocean Basin Modes. Climate Dynamics, 51(11−12): 4357−4370, DOI 10.1007/s00382-017-3676-z.

HASTENRATH S, GREISCHAR L, 1993. The monsoonal heat budget of the tropical Indian Ocean sector. Journal of Geophysical Research, 98(C4): 6869−6881.

HSIUNG J, 1985. Estimates of global oceanic meridional heat transport. Journal of Physical Oceanography, 15(11): 1405−1413.

KLEIN S A, BRIAN J S, LAU N C, 1999. Remote sea surface temperature variations during ENSO: Evidence for a tropical atmospheric bridge. Journal of Climate, 12(4): 917−932.

LATIF M, BARNETT T P, 1995. Interactions of the tropical Ocean. Journal of Climate, 8(4): 952−964.

LAU K M, WU H T, 1999. Assessment of the impacts of the 1997—1998 El Niño on the Asian-Australian monsoon. Geophysical Research Letters, 26(12): 1747−1750.

LAU N C, NATH M J, 2003, Atmosphere-ocean variations in the Indo-Pacific sector during ENSO episodes. Journal of Climate, 16(1): 3−20.

LAU N C, NATH M J, 2004. Coupled GCM simulation of atmosphere-ocean variability associated with zonally asymmetric SST changes in the tropical Indian Ocean. Journal of Climate, 17(2): 245−265.

LEE C M, MAROTZKE J, 1998. Seasonal cycle of meridional overturning and heat transport of the Indian Ocean. Journal of Physical Oceanography, 28(5): 923−943.

LEVITUS S, 1988. Ekman volume fluxes for the world ocean and individual basins. Journal of Physical Oceanography, 18(2): 271−279.

LI T, WANG B, 2003. A theory for the Indian Ocean dipole-zonal mode. Journal of the Atmospheric Sciences, 60(17): 2119−2134.

LIU Q, GUO F, ZHENG X T, 2013. Relationships of interannual variability between the equatorial pacific and tropical Indian Ocean in 17 CMIP5 models. Journal of Ocean University of China, 12(2):237−244.

LOSCHNIGG J, WEBSTER P J, 2000. A coupled ocean-atmosphere system of SST modulation for the Indian Ocean. Journal of Climate, 13(19): 3342−3360.

LUO J J, MASSON S, BEHERA S, et al., 2005. Seasonal climate predictability in a coupled OAGCM using a different approach for ensemble forecasts. Journal of Climate, 18(21): 4474−4497.

MASUMOTO Y, MEYERS G, 1998. Forced Rossby waves in the southern tropical Indian Ocean.

Journal of Geophysical Research, 103(C12): 27589−27602.

MCCREARY J P, KUNDU P K, 1998. A numerical investigation of the Somali current during the southwest monsoon. Journal of Marine Research, 46(1): 25−58.

MIYAMA T, MCCREARY J P, JENSEN T G, et al., 2003. Structure and dynamics of the Indian Ocean cross-equatorial cell. Deep-Sea Research, 50(12−13): 2023−2047.

MURTUGUDDE R, BUSALACCHI A J, 1999. Interannual variability of the dynamics and thermodynamics of the tropical Indian Ocean. Journal of Climate, 12(8): 2300−2326.

RAO R R, SIVAKUMAR R, 1999. On the possible mechanisms of the evolution of a mini-warm pool during the pre-summer monsoon season and the genesis of onset vortex in the southeastern Arabian Sea. Quarterly Journal of the Royal Meteorological Society, 125: 787−809.

RAO K G, GOSWAMI B N, 1988. Interannual variations of sea surface temperature over the Arabian Sea and the Indian monsoon: A new perspective. Monthly Weather Review, 116(3): 558−568.

RAO S A, BEHERA S K, MASUMOTO Y, et al., 2002. Interannual variability in the subsurface tropical Indian Ocean with a special emphasis on the Indian Ocean Dipole. Deep-Sea Research Part Ⅱ, 49(1−2): 1549−1572.

RAO S A, BEHERA S K, 2005. Subsurface influence on SST in the tropical Indian Ocean: Structure and interannual variability. Dynamics of Atmospheres and Oceans, 39(1−2): 103−135.

SAJI N H, GOSWAMI B N, VINAYACHANDRAN P N, et al., 1999. A dipole mode in the tropical Indian Ocean. Nature, 401: 360−363.

SAJI N H, XIE S P, TAM C Y, 2006. Satellite observations of intense intraseasonal cooling events in the tropical South Indian Ocean. Geophysical Research Letters, 33, L14704.

SCHOTT F, SWALLOW J C, FIEUX M, 1990. The Somali Current at the equator: Annual cycle of current and transports in the upper 1000m and connection to neighboring latitudes. Deep-Sea Research, 37(12): 1825−1848.

SCHOTT F A, MCCREARY J P, 2001. The monsoon circulation of the Indian Ocean. Progress in Oceanography, 51(1): 1−123.

SCHOTT F A, DENGLER M, SCHOENEFIELDT R, 2002. The shallow overturning circulation of the Indian Ocean. Progress in Oceanography, 53(1): 57−103.

SHETYE S R, GOUVEIA A D, SHENOI S S C, et al., 1990. Hydrography and circulation off the west coast of India during the southwest monsoon 1987. Journal of Marine Research, 48(2): 359−378.

SHUKLA J, 1987. Interannual variability of monsoons. New York: John Willy: 399−463.

SMITH R L, HUYER A, GODFREY J S, et al., 1991. The Leeuwin Current off western Australia, 1986—1987. Journal of Physical Oceanography, 21(2): 322−345.

SWALLOW J C, BRUCE J G, 1966. Current measurements off the Somali coast during the southwest monsoon of 1964. Deep Sea Research, 13(5): 861−888.

SWALLOW J C, MOLINARI R L, BRUCE J G, et al., 1983. Development of near-surface flow pattern and water mass distribution in the Somali basin in response to the southwest monsoon of 1979. Journal of Physical Oceanography, 13(8): 861−888.

VENZKE S, LATIF M, VILLWOCK A, 2000. The coupled GCM ECHO-2. Part Ⅱ: Indian Ocean response to ENSO. Journal of Climate, 13(8): 1371−1383.

WACONGNE S, PACANOWSKI R, 1996. Seasonal heat transport in primitive equations model of the tropical Indian Ocean. Journal of Physical Oceanography, 26(12): 2666−2699.

WU R, KIRTMAN BEN P, 2004. Understanding the impacts of the Indian Ocean on ENSO variability in a coupled GCM. Journal of Climate, 17(20): 4019−4031.

WYRTKI K, 1973. An equatorial jet in the Indian Ocean. Science, 181(4096): 262−264.

XIE S P, ANNAMALAI H, SCHOTT F A, et al., 2002. Structure and mechanisms of south Indian Ocean climate variability. Journal of Climate, 15(8): 864−878.

XIE S P, HU K, HAFNER J, et al., 2009. Indian Ocean capacitor effect on Indo-western Pacific climate during the summer following El Niño. Journal of Climate, 22(3): 730−747.

XIE S P, KOSAKA Y, DU Y, et al., 2016. Indo-western Pacific Ocean Capacitor and Coherent Climate Anomalies in Post-ENSO Summer: A Review. Advances in Atmospheric Sciences, 33(4): 411−432.

YAMAGATA T, BEHERA S K, RAO S A, et al., 2002. The Indian Ocean dipole: A physical entity. CLIVAR Exchanges, 24: 15−18.

YAMAGATA T, BEHERA S K, LUO J J, et al., 2004. Coupled ocean-atmosphere variability in the tropical Indian Ocean//Wang C, Xie S P, Carton J A. Earth Climate: The Ocean-Atmosphere Interaction. AGU Geophysical Monograph Series, 147: 189−211.

YANG J, LIU Q, XIE S P, et al., 2007. Impact of the Indian Ocean SST basin mode on the Asian summer monsoon. Geophysical Research Letters, 34(2), L02708.

YANG J, LIU Q, LIU Z et al., 2009. Basin mode of Indian Ocean sea surface temperature and Northern Hemisphere circumglobal teleconnection. Geophysical Research Letter, 36(19), L19705.

第 6 章　季风驱动下的南海环流及其气候效应

南海是联系北太平洋和北印度洋的关键通道，还是一个半封闭的深水海盆，其平均水深大约为 1200 m，因此，深海大洋的动力学现象也能在南海出现。南海地处东亚季风区，毗邻热带印度洋和热带西太平洋，不仅受季风控制，还在非常大的程度上受到印度洋 - 太平洋海域海洋 - 大气相互作用的影响，并能通过南海自身的海洋 - 大气相互作用影响东亚气候。本章除了介绍南海的基本气候特征外，将重点介绍南海海洋 - 大气相互作用中的三个重要问题：季风驱动下海盆尺度的南海上层海洋环流；海洋西边界流与南海 SST；南海春季高温暖水与南海季风爆发。

6.1　南海海洋和大气的气候特征

南海是地处热带且具有深水特性的世界上最大的边缘海之一。它东起中国的台湾岛，经菲律宾群岛和巴拉望岛一线，南临加里曼丹岛北岸以及加里曼丹岛与苏门答腊岛之间的隆起地带（巽他陆架），西接中南半岛和马来西亚东岸，北界为中国台湾南端的鹅銮鼻与广东南澳岛之间的连线以及广东、广西沿岸，其水平跨度大约为 0°—23°N，99°—121°E，海域辽阔，面积约 350×10^4 km^2（谢以萱 , 1981）。

南海是一个半封闭的深水海盆，它通过台湾海峡、吕宋海峡（巴士海峡、巴林塘海峡和巴布延海峡的总称）、民都洛海峡、巴拉巴克海峡、卡里马塔海峡、加斯帕海峡、邦加海峡以及马六甲海峡分别与中国东海、西太平洋、苏禄海、爪哇海以及印度洋相连。海区内岛屿众多，海底地形复杂多样，既有宽广的大陆架，又有险峻的大陆坡和辽阔的深海盆地，这种独特的地理环境在很大程度上影响着南海海洋 - 大气相互作用的基本状况，使其具有特殊的性质。

6.1.1　南海上空的大气环流

6.1.1.1　南海季风环流

南海地处东亚季风区，稳定而强大的季风是南海上层环流的主要驱动力。南海海域冬季大气水平流场的基本特征是低层为东北季风，高层为西南气流。1 月是东北季风盛行期，南海北部以台湾海峡和吕宋海峡附近海域风力为最大，风速由东北向西南逐渐递减，在北部湾口越南一侧风力最小，约为东北部海域风速的一半。若沿平分南海的东北—西南轴线来看，东南部风应力旋度为正，西北部为负，正负旋度中心分别位于吕宋岛西北侧海域和越南近海（图 6.1）。

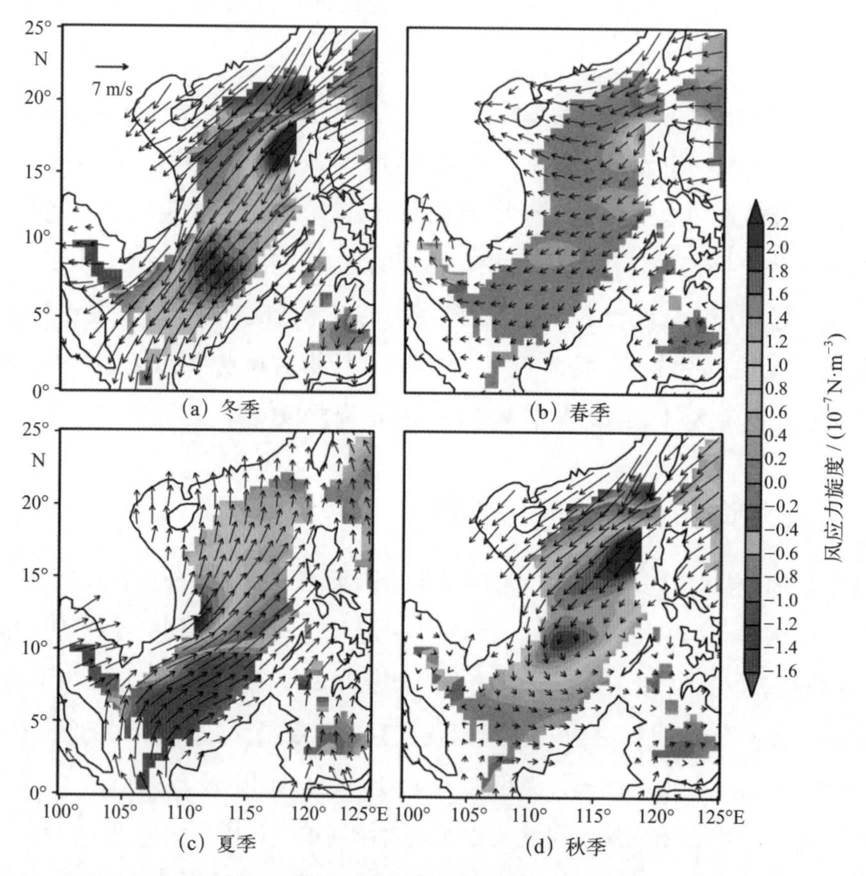

图6.1　使用QuikSCAT资料反演得到的南海季节平均海面风速（单位：m/s，矢量箭头）与风应力旋度（单位：10^{-7}N/m^3，填色等值线）

南海冬季风主要来自大陆冷高压南缘的季节性气流和与副热带高压相联系的副热带气流。东北季风的建立与冷空气活动有关，一般当亚洲大陆冷高压明显加强、冷空气南侵数次后，东北季风就会在南海稳定建立。

夏半年南海地区主要受夏季风环流系统控制，其水平流场的基本特点是低空为西南季风，高空为东北气流并伴随有东风急流。7 月是西南季风盛行期，17°N 以南海域风力较大，多吹西南风；20°N 以北海域风力较弱，多吹偏南风，此时风应力旋度分布与冬季大致相反，正、负中心分别位于越南沿岸和我国的南沙群岛海区。南海夏季西南季风主要来源于南半球的越赤道气流，但不同时期的南海夏季风来自不同的越赤道气流。

6.1.1.2　热带辐合带

热带辐合带（ITCZ）又称为赤道辐合带，是热带地区最常见的行星尺度环流系统，也在南海出现。南海冬半年一般由南北半球的两支偏东信风组成信风辐合带；夏半年则由副热带高压南侧的偏东信风与西南季风组成季风辐合带（梁必骐，1991）。

南海 ITCZ 的位置表现出明显的季节变化，总是保持在最暖的表层海水之上，冬夏经向位移最大可达 12 个纬度。季风辐合带还具有 5 ～ 7 周、准双周和 7 ～ 9 天的振荡周期。这些周期性振动不仅与大气中的低频振荡有密切关系，而且还可能是触发南海上层海洋低频振荡的一个重要原因。此外，ITCZ 中的强对流活动将改变其南北两侧的风场结构，进而改变海 - 气界面的水汽、热量和动量通量，而且 ITCZ 通常伴随着大量云的出现，导致海面吸收的有效太阳辐射明显减少，这些都会对南海海洋 - 大气相互作用产生影响。

6.1.1.3　热带气旋

南海海域是热带气旋活动最频繁的地区之一。影响南海的热带气旋主要有两类：一类来自菲律宾以东西太平洋的暖池区；另一类则是在南海局地生成的。统计表明，南海海域活动的热带气旋大多数来自西太平洋，只有大约 27%是在局地生成的。局地生成的热带气旋主要集中在南海北部。虽然南海热带气旋是一个“短小”系统，但热带气旋所对应的强气旋式风场可使表层海水产生辐散，导致下层冷水强烈上涌，即产生埃克曼抽吸，通过降低海表温度，对热带气旋有负反馈作用。南海的温跃层要比黑潮以东的西北太平洋浅 60 m 左右。因此，海温冷却产生的负反馈较强，南海内的台风强度显著低于西太平洋外海。

本章我们将重点介绍季风与海洋的相互作用，热带气旋和 ITCZ 中的海洋 - 大气相互作用也非常重要，需要进行单独讨论，暂不涉及。

6.1.2　南海海表温度的气候特征

甚高分辨率辐射计（Advanced Very High Resolution Radiometer，AVHRR）（9 km）资料反映出南海 SST 的年平均分布具有以下特征［图 6.2(a)］：7°N 以北、117°E 以东和 17°N 以南的等温线主要呈东北—西南向倾斜分布（巽他陆架海区除外），温度由西北向东南逐渐升高，巴拉望岛至加里曼丹岛西海岸附近 SST 高于 28.5℃；而 17°N 以北、117°E 以西的等温线几近东—西向分布，温度由南向北逐渐降低，至华南沿岸 SST 已低于 25℃。南海大部分海域水平温度梯度都小于 0.4℃/(100 km)，但南海北部陆架区、吕宋海峡至吕宋岛西北沿岸和越南东岸的等温线较为密集［温度梯度大于 0.6℃/(100 km)］。值得注意的是，在南海的西海岸，自 17.5°N 以南，等温线沿中南半岛东部海岸密集分布，至 104°—109°E 的巽他陆架上呈现向南延伸的冷舌，冷舌中心位于越南南部湄公河口附近，温度低于 27.5℃，比同纬度的泰国湾和巴拉望岛西岸海域的 SST 低 1℃以上［图 6.2(a)］。此外，南海北部吕宋岛西北沿海（15°—19°N，119.5°—120.5°E）则存在由南向北发展的暖脊，温度比其西侧高 1℃以上［图 6.2(a)］。在以往低分辨率的 SST 年平均分布图中，南部冷舌和北部暖脊并没有体现得如此明显。

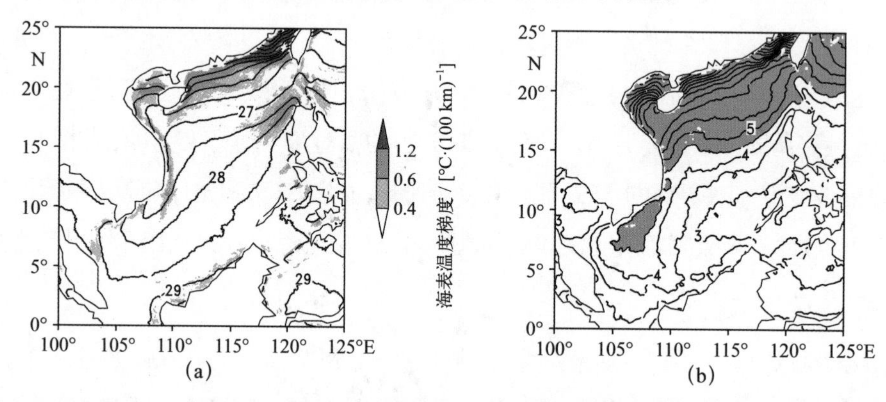

图6.2 （a）年平均AVHRR SST（等值线，间隔0.5℃）、海表温度梯度（阴影区域，单位：℃/100 km）和（b）AVHRR SST的年振幅场（等值线，间隔0.5℃，阴影区域振幅≥4.5℃）（引自Liu et al., 2004）

由 SST 年最高值和最低值之差构成的年振幅可以表征南海 SST 的季节变化（Qu, 2001; Liu et al., 2005）。依据 AVHRR 资料所刻画的 SST 年振幅的空间分布具有以下特征［图 6.2(b)］：南海 15°N 以北振幅较大（>4.5℃），最大振幅区位于台湾海峡—华南沿岸—北部湾一带（约 7 ~ 10℃），浅水区振幅较大，该海域属于年平均 SST 低值区（26℃以下）。然而，处于同纬度带的吕宋岛西北沿海以及吕宋海峡处的 SST 年振幅则相对较小（<4.5℃）；15°N 以南振幅小于 4.5℃，最小振幅区位于巴拉望岛西侧沿岸和泰国湾海域（<3℃），该海区对应年平均 SST 高值区（>28.5℃），而南海西北沿岸流区和西边界流区的 SST 年振幅却达到 4℃以上，明显大于其东西两侧同纬度带海域的年振幅。由此可见，南海 SST 的年振幅分布有两个特殊的区域，分别是南部冷舌区（>4.5℃）和北部吕宋岛西北沿海的暖脊区（<4.5℃）。南海中部深水区（吕宋岛西北沿海至巽他陆架以西海域）的 SST 在 5 月升至 29.5℃以上，但 30℃以上的最高温暖水仅局限于菲律宾以西海域；在 1 月，南海大部分海域降至最低温，为 23.5 ~ 26.5℃；其他海域则在 6—7 月达到最高温，2 月降至最低温［图 6.2(b)］。

以上对南海 SST 年振幅分布特征的分析反映出南海西边界流海域 SST 较其同纬度带邻近海域季节变化幅度大，吕宋岛西北海域和吕宋海峡处 SST 年振幅较其东西侧同纬度海域 SST 季节变化幅度小（姜霞，2006）。

6.1.3　南海海洋 – 大气界面热通量

就年平均而言，COADS（The Comprehensive Ocean-Atmosphere Data Set）和 OAFLUX（Objectively Analyzed Air-Sea Fluxes）海面净热通量表明［图 6.3(a)、(b)］：除南海北部的吕宋海峡和我国台湾海峡、广东沿岸海域表现为净失热（冷却率为 −20 ～ −40 W/m^2），南海其他海域均为净得热，得热最大的地方位于靠近赤道的海域（得热率为 40 ～ 60 W/m^2）。海面净热通量的季节变化相当大，年振幅北部大（约为 350 W/m^2）、南部小（约为 100 W/m^2）［图 6.3(c)、(d)］。此外，应当注意海面热通量等值线基本沿东—西向分布，与南海 SST 等值线沿东北—西南向分布是不一致的。这表明 SST 的空间分布并不完全取决于海面热通量的空间分布，海洋动力过程对 SST 的贡献可能会起重要作用。

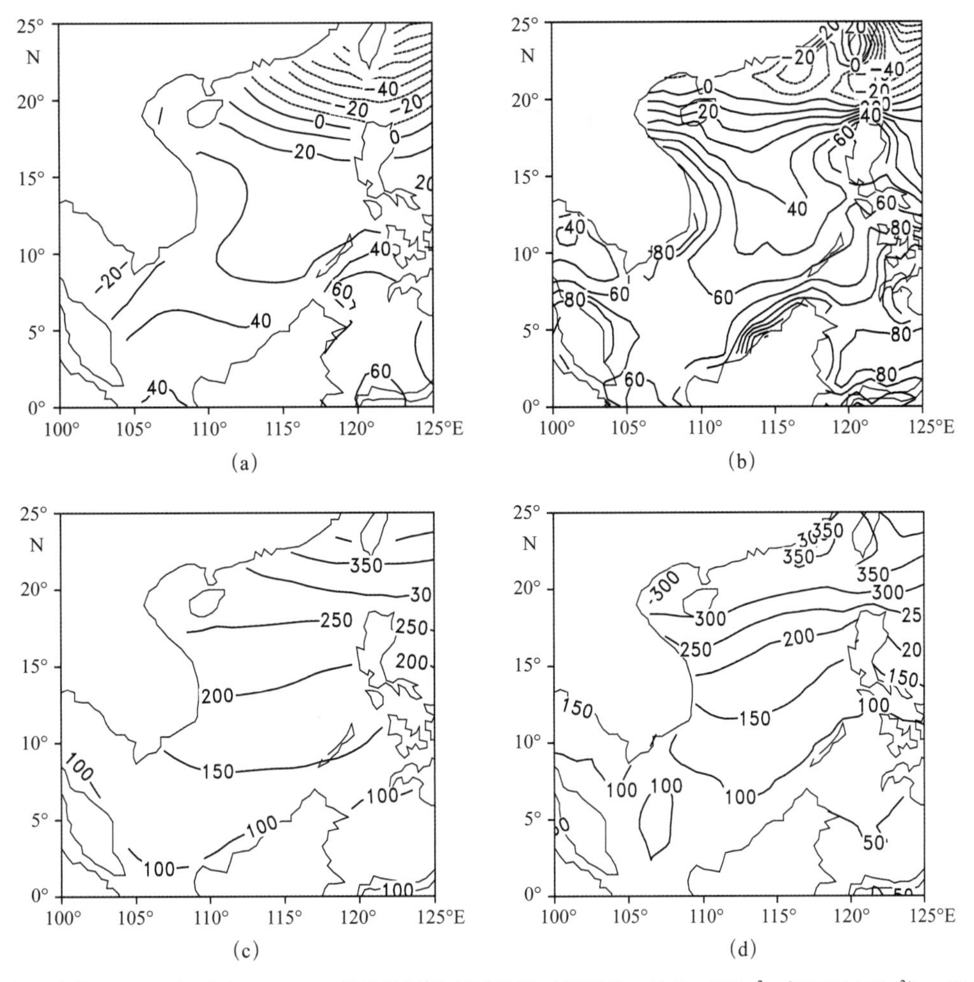

图6.3　（a）COADS和（b）OAFLUX的净热通量年平均场（等值线，单位：W/m^2，间隔10 W/m^2），以及（c）COADS和（d）OAFLUX的净热通量年振幅场（等值线，单位：W/m^2，间隔50 W/m^2）

6.2 季风驱动下海盆尺度的南海上层海洋环流

依据历史观测资料，徐锡桢等（1982）首次给出了南海海洋环流的季节平均状况，大量海洋观测研究证实了南海上层海盆尺度环流在冬季是气旋式的，而夏季在南部转变为反气旋式（Qu，2000）。卫星高度计资料也证明了南海环流的季节差异（图 6.4）。南海环流季节反转的动力机制可以用以下最基本的风生环流理论来解释（刘秦玉等，2000）。

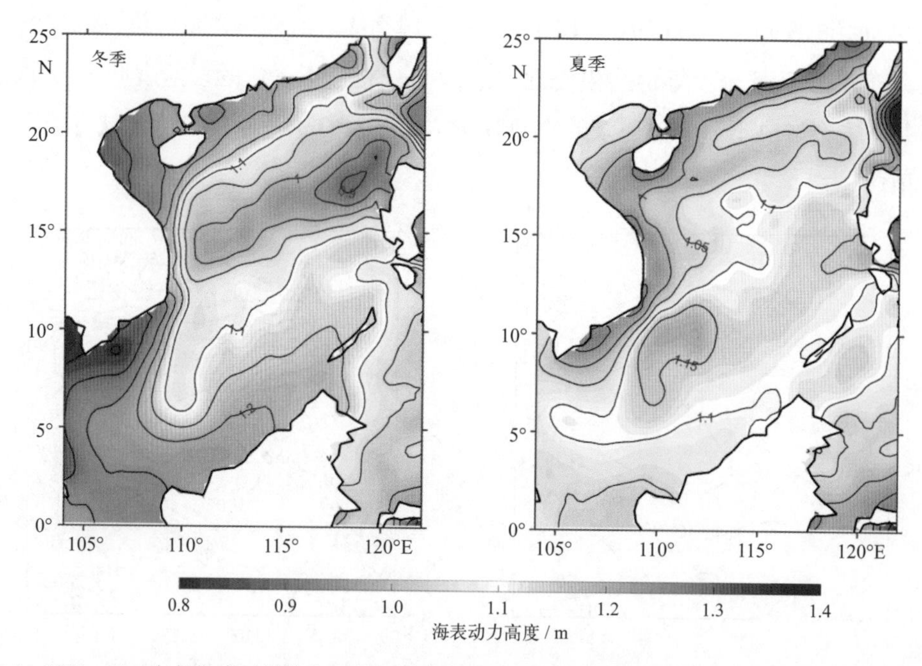

图6.4　1993—2018年气候态平均的北半球冬季（12月至翌年2月）和夏季（6—8月）海表面动力高度场（依据AVISO卫星高度计资料）

取南海特征水平尺度 L=1000 km，速度尺度 U=10^{-1} m/s，β=2×10^{-11} m/s，水平湍流摩擦系数 A_1=1000 m²/s，f 为科氏参数，则南海罗斯贝数及水平埃克曼数为

$$Ro=\frac{U}{fL}\approx\frac{U}{\beta L^2}=\delta_I^2\approx5\times10^{-3}\quad\ll1 \tag{6.1}$$

$$E_H=\frac{A_1}{fL^2}\approx\frac{A_1}{\beta L^3}=\delta_M^3\approx5\times10^{-5}\quad\ll1 \tag{6.2}$$

首先，式（6.1）表明相对涡度平流与行星涡度平流相比可以忽略，式（6.2）表明水平扩散项（黏性项）与行星涡度项相比亦可忽略。南海的空间尺度远大于斜压罗斯贝变形半径（甘子钧等，2001），因此，季风驱动的南海环流也应遵循大洋风生环

流的基本理论。尽管南海纬度较低，但其深海海域主要水体位于 5°N 以北，地转平衡关系在大部分海域也是成立的。可近似用一层半约化重力模式（简化的描述海洋动力学过程的数值模式）来刻画南海动力高度的变化，即

$$\frac{\partial h}{\partial t} - C\frac{\partial h}{\partial x} = -w_{\mathrm{e}} \tag{6.3}$$

式中，h 为扰动温跃层厚度；$x = a\cos\theta(\lambda - \lambda_0)$ 为纬向距离；θ、λ 和 a 分别表示纬度、经度和地球半径；$C=\beta L_D^2$ 为一阶斜压罗斯贝波波速，其中 $L_D^2 = g'H/f^2$ 表示斜压罗斯贝变形半径，$g'=g\Delta\rho/\rho_0$ 代表约化重力，H 是平均温跃层深度；w_{e} 是埃克曼抽吸速度。该模式描述了最基本的南海斜压罗斯贝波的传播和海洋风生环流的调整过程。如果在某个时间尺度上风应力旋度激发的斜压罗斯贝波能够传到南海西边界，完成海洋对风强迫的调整过程，则南海深水海盆环流可以在该时间尺度上基本满足斯韦尔德鲁普关系。南海南部西沙群岛附近的一个反气旋的海洋涡旋从形成后向西移动到在西边界消失，整个过程大约 50 天（Cai et al., 2002）。

南海的纬向海盆尺度较小，使南海风生环流的调整时间远小于其他同纬度大洋，而季风的年循环信号非常明显，这导致南海环流年变化有别于其他大洋。由于行星波波速约为 10 ~ 40 cm/s，行星波横穿南海（约 1 000 km）只需 1 ~ 3 个月时间，如此短的温跃层调整时间意味着南海海平面变化在 3 个月内就能完成对风强迫场的动力调整。而季风的变化周期是 1 年，因此，季节平均（3 个月以上的平均）的海洋环流及其对应的海平面高度场应满足上层海洋斜压斯韦尔德鲁普平衡：

$$\beta H v_{\mathrm{g}} \approx f w_{\mathrm{e}} \tag{6.4}$$

这里，温跃层流速即地转流速 $v_{\mathrm{g}} = g'\partial_x h/f$。

上层海洋斯韦尔德鲁普环流的建立过程可以从海洋调整过程来理解（Anderson et al., 1975）。当风应力施加于南海时，正压罗斯贝波可在数天内穿越整个海盆，建立起正压斯韦尔德鲁普环流，几乎无垂直切变。

$$\beta\frac{\partial \psi}{\partial x} = \mathrm{curl}(\vec{\tau}) \tag{6.5}$$

然后，一阶斜压罗斯贝波经历 1 个月左右的时间穿过海盆，深部流动减弱但总质量输运仍满足总的斯韦尔德鲁普关系 [式（6.4）]。在这种情况下，流的斜压性大大增强，输运主要集中在上层海洋，由 v_{g} 完成。

针对 300 m 以浅的水域，利用 COADS 气候态风场驱动的南海正压斯韦尔德鲁普平衡 [式（6.5）] 的流函数在图 6.5 中给出（Liu et al., 2001a）。

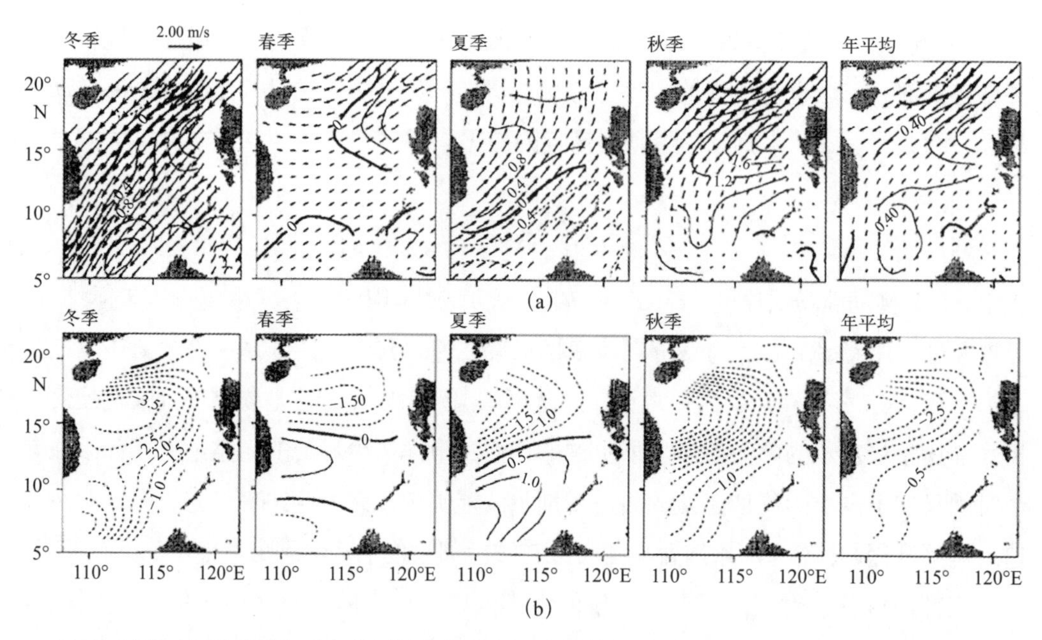

图6.5　南海内区季节平均（a）海面风场和（b）对应的斯韦尔德鲁普环流（引自Liu et al., 2001a）

冬季斯韦尔德鲁普环流呈现为一海盆尺度的气旋式环流，其中南北各有一个小气旋式环流，约以13°N为界分开，平均向北输运量约为4 Sv①。与这两个气旋式环流对应的是两个风应力正旋度中心，分别位于菲律宾西岸和加里曼丹岛以北，它们是南海南部和北部两个小涡旋生成的强迫场。另外，在北部，反气旋式风切变驱动出了一个弱的反气旋式环流。春季，风场减弱，气旋式环流大为减弱，由于冬季风在南海南部减弱最多，南部气旋式环流已经消失；到了夏季，南海南部被一个反气旋式环流所代替，这是因为南海南部的西南季风存在反气旋式切变，而北部的气旋式环流被北部西南季风所驱动，维持中等强度，夏季风应力旋度与越南的地形之间有着非常密切的关系（Xie et al., 2003）；秋季，季风转为西南向，环流表现为气旋式，环流强度最大值出现在南海北部。在季风强盛的冬季和夏季，用斯韦尔德鲁普关系给出的季节平均意义下海洋环流的空间分布（图6.5）与根据历史观测资料用动力计算方法得到的季节平均海洋环流空间分布（徐锡祯等，1980）和用卫星观测海平面高度的季节平均（图6.4）估计的地转流空间分布基本一致。

依据斯韦尔德鲁普关系可以获得仅受风强迫时气候平均的南海环流的空间分布形态，为我们提供了南海环流最基本的背景场。现在，我们换一个角度重新分析南海海洋环流，可以发现以下几个很有意义的现象：①仅因风应力分布的非均匀性，南海环

① Sv，海洋学使用的流量计量单位，1 Sv=10^6 m^3/s。

流表现出明显的多涡结构，特别是在冬季，经常有多个闭合涡旋并存；②在 20°N 纬度带上，常年存在一支西向强流，这支西向流在冬半年很强（流速可超过 0.5 m/s），夏半年较弱。该流是黑潮的南海分支还是局地风驱动，目前尚无定论；③南海环流的季节性转型首先发生在海盆中部，然后再向南扩展。南部环流的流型表现出很明显的年变化，而北部环流流型相对稳定，与徐锡祯（1982）的观点类似，这是因为南部海盆罗斯贝波的传播速度远大于北部海盆，因而对外强迫的响应更快。

通过对比发现，依据一层半模式［式（6.3）］或斜压斯韦尔德鲁普关系［式（6.4）］可以基本上得到南海 18°N 以南上层海洋地转流季节变化的主要规律（刘秦玉等，2000）。南海海面高度的季节变化主要反映了温跃层的季节变化，风强迫导致的埃克曼抽吸是海面高度季节循环的最重要的强迫，海表面热通量强迫是驱动上层海洋环流的次要因素（Liu et al., 2001b）。

综上所述，南海上层环流季节变化的动力框架为，当强风作用于南海时，正压罗斯贝波在数天内穿越整个海盆，很快建立起正压斯韦尔德鲁普环流；然后，一阶斜压罗斯贝波在 1（南海南部）～ 3（南海北部）个月的时间内穿过海盆，深部流动减弱但垂直积分质量输运仍然满足总的斯韦尔德鲁普关系。这样，在年变化风场的强迫下，上层海洋总是处于准平衡的斜压斯韦尔德鲁普平衡态。因此，在季节平均或更长时间尺度的平均意义上，风应力旋度基本上决定了南海 18°N 以南上层海洋环流的基本结构。南海 18°N 以北的海区不仅受到风应力作用，还会受到黑潮通过吕宋海峡对南海环流的影响（Yang et al., 2003）。

6.3　南海冬季上层海洋环流对海表温度的影响——冷舌

根据第 6.2 节的讨论，我们知道在季节平均意义下，南海上层海洋水平环流基本上是由同期的平均风应力旋度决定的，那么，海洋水平环流及与之相关的上升流的热“平流”效应能否影响 SST，进而影响南海天气和气候？如果有影响，这种影响在什么时间、什么地域最为显著？影响程度有多大？如果我们能找到相关证据，南海就不仅仅是被动地对大气强迫作出响应，而是可以主动地影响大气环流、对大气有反馈作用。本节将介绍在南海冬季风盛行时一个典型的上层海洋环流影响 SST 的例子。

6.3.1　冬季冷舌与南海的西边界流

印度洋 - 太平洋暖池区是全球最大的大气对流中心，海表温度 28℃ 等温线通常被用来刻画暖池的边界，按照地理位置来判定，夹在热带印度洋和热带太平洋之间的南海，也应处在暖池中间。在春季和夏季，南海大部分海域的 SST 都高于 28℃，因此，南海成为印度洋 – 太平洋暖池的一部分。但是，冬季风盛行时南海的温度要低于同纬度的孟加拉湾和西太平洋，该现象在观测资料匮乏的时代没有被发现(那时印度洋 – 太平洋暖池也没有确定)，直到卫星遥感资料的出现，人们才看到该现象。Liu 等（2004）利用高分辨率的卫星观测资料 TRMM（Tropical Rainfall Measuring Mission）发现，冬季南海比其西侧的印度洋和东侧的太平洋冷 2℃ 左右［(图 6.6(a)]，当 28℃ SST 等温线在印度洋位于 10°N 附近以及在太平洋位于 15°N 附近的时候，南海大部分区域 SST 都低于 28℃，因此，由于南海南部 105°—110°E 冷舌向南伸入，冬季南海似乎成为“热带印度洋 – 太平洋暖池”的一个“豁口”。在 7°N 附近，印度洋和太平洋的 SST 都高于 28.5℃，但在南海冷舌处仅有 26℃，此冷舌对大气有很强的影响，形成了印度洋 – 太平洋暖池区 10°N 以南大气降水量有一个低值区［(图 6.6(b)]。为什么在冬季南海的海表温度要比同纬度孟加拉湾和西太平洋的海表温度低，是值得我们注意的问题。

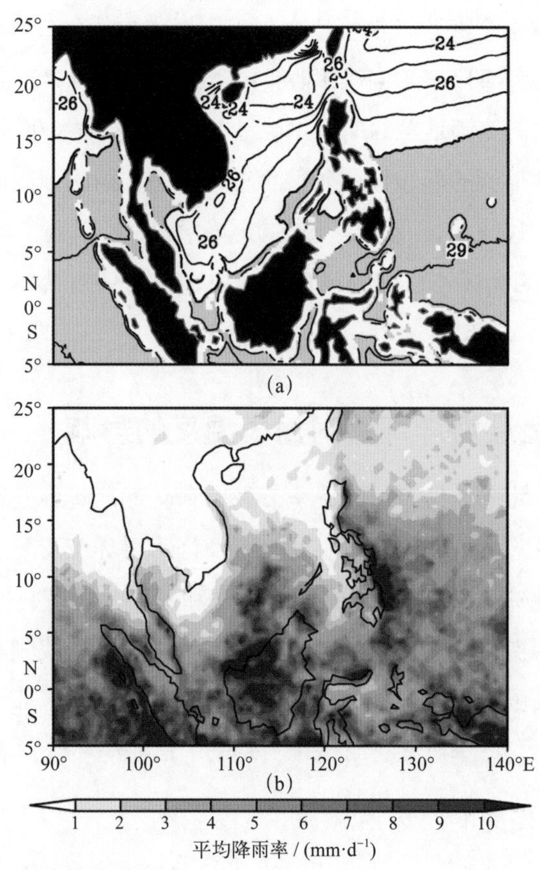

图6.6　冬季气候平均的（a）SST（等值线，单位：℃，温度在28℃以上的区域用阴影表示）及（b）降雨率（单位：mm/d）（资料来自：https://gpm.nasa.gov/data/imerg/precipitation-climatology）

利用最新的高分辨率卫星观测数据可以较为细致地揭示南海海域的海洋 - 大气相互作用。图 6.7 给出了 2000—2006 年 QuikSCAT 资料刻画的风矢量和埃克曼抽吸速度的冬季气候态分布。冬季南海盛行东北季风，陆地地形会对局地风速产生影响 [(图 6.7(a)]，其中一处风速达到 10 m/s 以上的大风区位于台湾海峡和吕宋海峡，这是受台湾岛和吕宋岛山脉地形强迫的结果；另一个大风区位于 11°N 越南南部沿岸处，这里正是位于中南半岛东部沿岸南北走向的海拔高度达 500 m 以上的安南山脉的南端，东北风受此山脉阻挡，形成沿岸的急流。风速达 8 m/s 以上的海盆尺度的大风区基本分布在南海东北—西南向的对角线区域附近，其两侧风速逐渐减小。海面大风区这种东北—西南向的对角线分布将南海分成两部分：占据南海深水海盆（深度大于 200 m）大部分面积的东南海盆呈现出正的风应力旋度，驱动海盆尺度的气旋式环流，对应着向上的埃克曼抽吸 [(图 6.7(b)]；西北部海盆则对应着向下的埃克曼抽吸。冬季的这种气旋式海洋环流也可以从观测到的季节平均温盐场上得到证实（Qu, 2000; Liu et al., 2001a）。此外，台湾岛和吕宋岛上 500 m 以上的山脉地形阻挡了稳定的东北季风，因此，每个岛屿的南、北两侧风速大，岛屿背风面风速小，形成北面为正、南面为负的风应力旋度对，它们的水平尺度不等，尤以吕宋岛西北海域形成的正旋度区范围为最大，纬向尺度约为 300 ～ 400 km，这是由于吕宋海峡位于台湾岛和吕宋岛之间，东北风经过吕宋海峡时，由于“狭管效应”而使风速增大、风应力的水平切变增大。

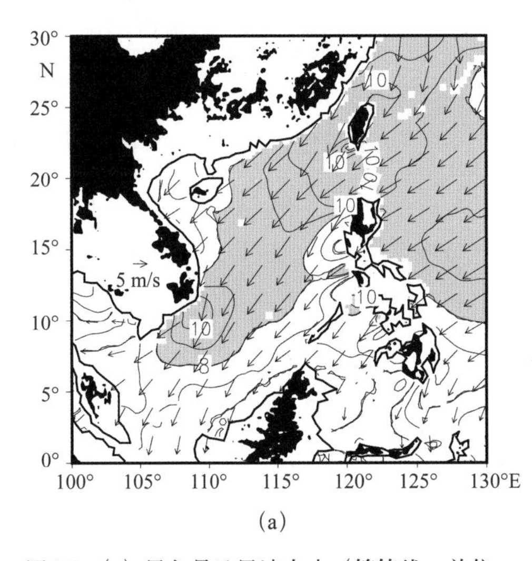

(a)

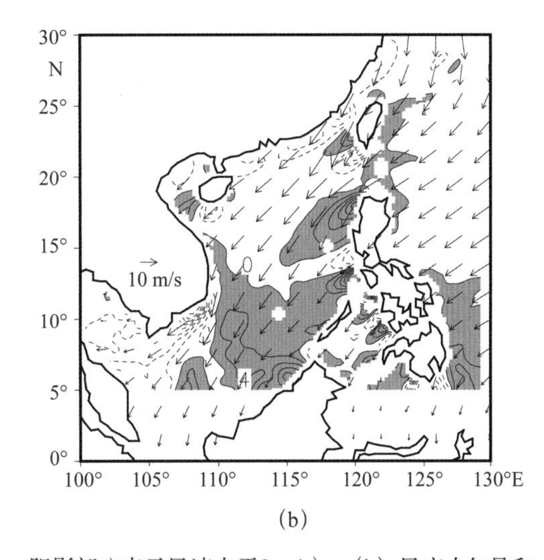

(b)

图6.7　(a) 风矢量及风速大小（等值线，单位：m/s，阴影部分表示风速大于8 m/s）；(b) 风应力矢量和埃克曼抽吸速度（单位：10^{-6} m/s，等值线间隔为4×10^{-6} m/s，阴影表示为正）；高于500 m的陆地地形用黑色阴影表示（引自Liu et al., 2004）

基于卫星观测的海面高度和 POCM（Parallel Ocean Climate Model）模拟的气候平均态海面高度可以计算出冬季平均地转流场［(图 6.8(a)］。越南南部东侧有向南的沿岸流发展，越往南强度越大。离开越南沿岸后，海盆尺度气旋式环流引发的西边界流大致沿着 200 m 地形巽他陆架（位于中南半岛南部和马来半岛东部的宽广大陆架，包括泰国湾）东缘的陆坡继续向南流。季节平均最大流速达到 0.5 m/s (图 6.8)。

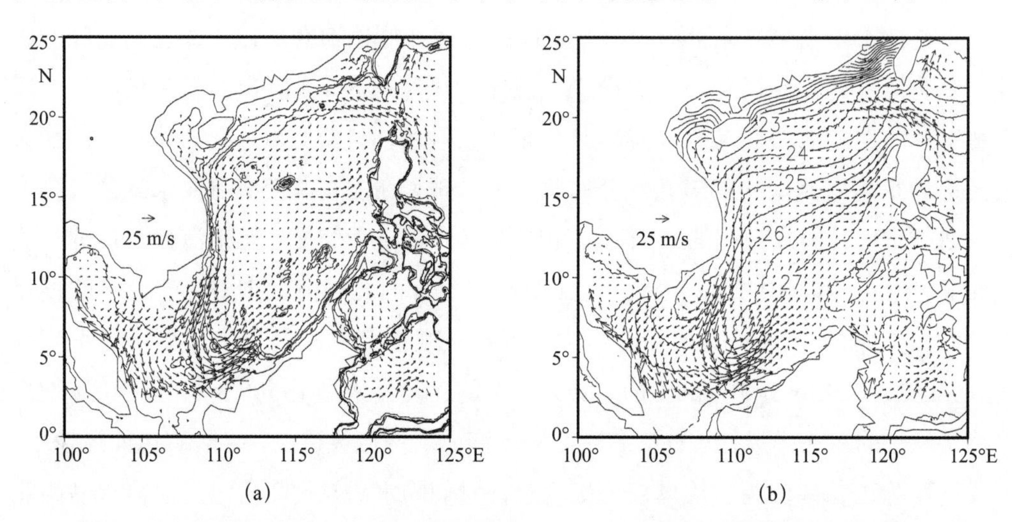

图6.8　11月至翌年1月平均的地转流场，以及（a）50 m、100 m、200 m、1 000 m地形线；（b）12月至翌年2月平均的SST（单位：℃）（引自Liu et al., 2004）

冬季南海内区气旋式环流及其对应的向南的西边界流对 SST 分布的影响十分明显。冷舌中心出现在巽他陆架东缘陆坡附近，这是由于在冬季，强的西边界流向南输送北部冷的沿岸水，到达越南东海岸南端后，又受到海表埃克曼输运的平流作用，因此，冷舌中心相对于西边界流流轴向西偏移。在冷舌形成过程中（10—11 月），随着东北季风的建立，南海出现海盆尺度的冷却，这不仅因为 11 月至翌年 1 月期间太阳辐射减少以及扰动热通量增加，使海洋局地失热；而且在巽他陆坡，典型流速约为 0.25 m/s，按 SST 经向梯度 1℃/(500 km) 估算得到的向南流的平流作用引起的冷却率达到每月 1.3℃，这占 11—12 月冷舌 SST 总减小量（1.5℃）的 85%。对于年平均混合层深度约为 40 m（Qu, 2001）的海区来说，这种平流冷却率相当于 80 W/m^2 的表层净热通量，这要比冬季南海南部局地净热通量（25 W/m^2）大得多。因此，冬季向南的西边界流对 SST 的冷平流效应是冷舌形成的最主要机制。

沿 8°N 纬线、SST 和地转流的经度－时间剖面图（图 6.9）可以反映出冷舌的形成、发展和消失过程。1 月，冷舌约以 107°E 为中心、SST 比周围低 2℃ 左右。图 6.10 表明，10 月南向西边界流一出现，就会形成 107°E 经线上的弱 SST 低值。11 月至翌年

1 月，西边界流最强，导致冷舌的加强，由于存在西北向埃克曼输运，冷舌中心相对西边界流流轴偏西。1 月末至 2 月初，南海深水温度和冷舌都达到季节的最低值。2 月，南向西边界流开始减弱，冷舌也开始减弱。随着太阳辐射量增加以及风速减小，南海从 2 月开始变暖，在西南夏季风爆发前的 5 月 SST 达到年变化的最大值（图 6.9）。这个现象再一次证明位于越南沿岸的南海西边界流的冷平流效应是南海冬季冷舌形成的主要机制。南海冬季冷舌的出现是一种典型的海洋 - 大气相互作用现象：季风驱动海洋环流（包括西边界流），海洋环流又影响 SST，使得南海冬季海表温度比同纬度邻近海域低，形成暖池的“豁口”，改变了大气对流的空间分布。

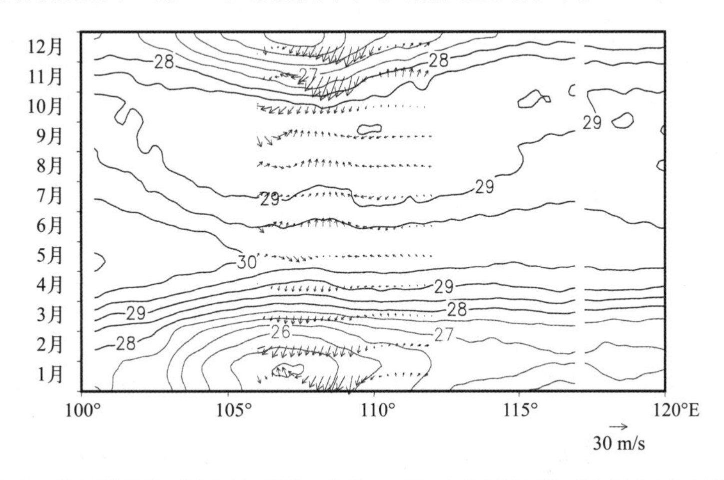

图6.9　沿8°N剖面，SST（等值线，单位：℃）和地转流（矢量箭头）随经度和时间的演变（引自Liu et al., 2004）

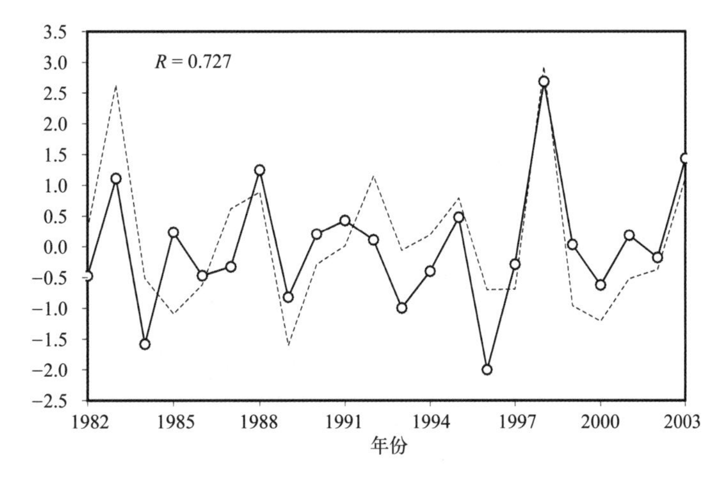

图6.10　北半球冬季南海冷舌指数（带圈实线）和12月Niño 3指数（虚线）的时间序列，二者相关系数为0.727（引自Liu et al., 2004）

6.3.2 冬季冷舌的年际变化

南海 SST 的年际变化很大（Wang et al., 2002），我们可以用统计方法考察南海冷舌的年际变化。定义冷舌指数为每年 12 月至翌年 2 月的（5°—10°N，106°—111°E）区域平均的SST异常。这个指数与赤道东太平洋12月Niño 3指数的相关系数达到0.727（图 6.10）。

南海冷舌区 SST 的异常增暖与冬季风的减弱有关，与冬季风减弱相对应的风应力旋度负异常控制了除巽他陆架之外的南海南部，使正的风应力旋度减小，减弱了海盆尺度的气旋式环流（Liu et al., 2001b）。海洋环流的异常也可用南海中部海面高度的异常增大和边界附近海面高度的异常减小来刻画。总之，海面高度异常与埃克曼抽吸速度异常的表现相一致，海面高度负异常对应着埃克曼抽吸速度正异常，反之亦然。海盆尺度的气旋式环流减弱对应着南向西边界流减弱，冷平流减弱导致冷舌变暖。1997/1998 年冬季异常增暖，南向西边界流流速减小约 0.15 m/s，导致 SST 在 11 月至翌年 1 月期间异常约 1.5℃，与图 6.10 中 Niño 3 指数同步。1995/1996 年冷冬，南向西边界流加强、流速增加约 0.07 m/s，冷舌指数异常达到 −0.5℃（图 6.11）。

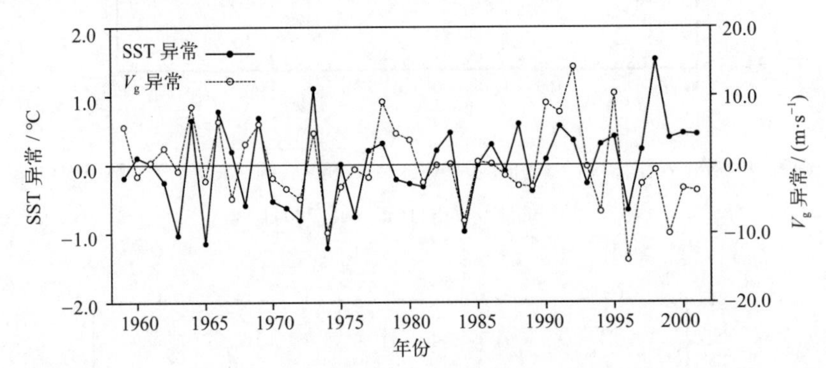

图6.11 北半球冬季南海冷舌区（10.5°—13°N，109.3°—110°E）区域平均SST异常与南海西边界流区（10.5°—13°N，109°—110°E）区域平均经向流异常（V_g）年际变化的时间序列，二者相关系数为0.68（引自姜霞，2006）

冷舌指数与 ENSO 的年际变化之间存在很好的相关关系，这种相关关系存在的物理解释如下：在厄尔尼诺事件的成熟阶段（冬季），大气深对流区东移至日界线附近，形成一对反气旋式大气环流异常跨骑在印度 - 西北太平洋区域之上，使印度洋及西太平洋的降水减少，南海东北季风减弱（Alexander et al., 2002; Lau et al., 2000; Wang et al., 2002）。在厄尔尼诺年冬季，热带太平洋 SST 正异常通过大气影响热带印度洋 - 西太平洋上的反气旋异常和南海东北季风减弱（Alexander et al., 2002）。在拉尼娜盛期，相反的现象发生。冬季风的年际变化又导致了南海西边界流的年际变化和冷舌的年际变化。

6.4 南海夏季上层海洋环流对海表温度的影响——冷丝

冬季风作用下的南海西边界流的冷平流作用能使整个南海的海温降低，南海能变成印度洋－西太平洋暖池的一个“豁口”，那么夏季海洋水平环流及与之相关的上升流的“平流”效应能否影响 SST，进而影响南海天气和气候？本节将给出另一个例子说明夏季风可能扮演的角色。

前人研究表明，南海夏季在越南沿岸存在上升流和越南冷涡。Wyrtki（1961）首先指出南海存在季节性上升流，认为夏季越南离岸处的 SST 要降低 1℃ 以上。Xie 等（2003）利用高分辨率的卫星观测资料（TRMM）发现，在南海，不仅存在越南沿岸上升流和越南冷涡，还有离岸向东的急流产生的冷丝，冷丝的最低温度在 26℃ 以下，冷丝的存在成为印度洋－西太平洋暖池中特有的现象（图 6.12）。

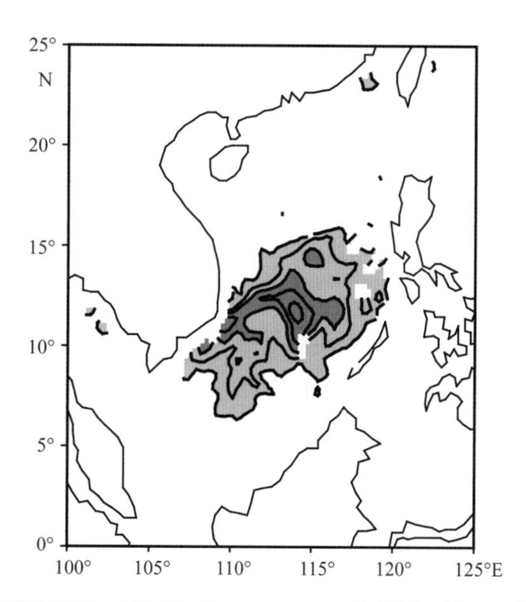

图6.12 夏季南海冷丝。1999年8月3—5日TRMM资料刻画的SST（等值线间隔是0.5℃），浅灰色和深灰色分别表示SST小于28℃和27℃ 的海域（Xie et al., 2003）

安南山脉位于中南半岛东部沿岸越南、老挝和柬埔寨的边界上，南北走向，海拔超过 500 m，终止于胡志明市（10°47′N，106°41′E）。南海夏季盛行西南季风［图 6.13(a)］：在 10°N 附近越南离岸处，西南向风应力达到最大值 0.16 N/m^2，约是其周围的两倍，在其他海面风场资料中也证实了这支西南风急流的存在（Xie, 2002）。这是由于西南风受安南山脉阻挡从而在山脉东侧减弱，而山脉南端气流急速通过，在胡志明市东部离岸处形成很强的西南风急流。高分辨率区域大气模式结果支持这种地形效应假设，若在模式中去除中南半岛上的山脉，西南风经向分量将变得很均匀且离岸的急流消失。

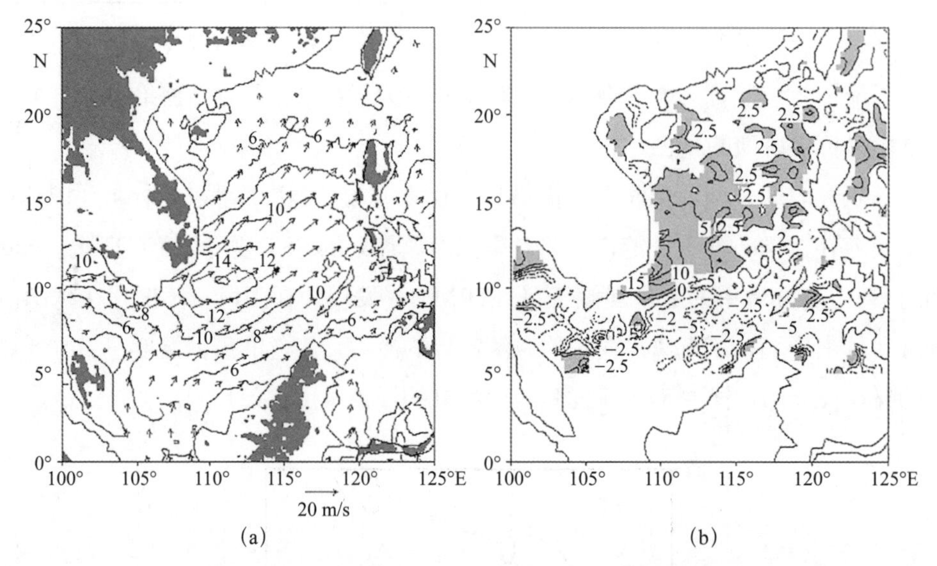

图6.13　2000—2002年6—8月（a）海面风应力（单位：10^{-2} N/m^2，等值线间隔为10^{-2} N/m^2）及（b）埃克曼抽吸速度（向上为正，单位：10^{-6} m/s）（Xie et al., 2003）

西南风的急流轴将南海分成两部分，西北部为正的风应力旋度（正的埃克曼抽吸速度），东南部为负的风应力旋度（负的埃克曼抽吸速度）[图 6.13(b)]，从而在南海南部形成一个反气旋式的环流（Liu et al., 2001b; Wang et al., 2006b）。根据沿岸上升流的生成机制，沿岸风很容易将混合层的冷水抽吸到表层。最强的沿岸冷却发生在胡志明市东部，与沿岸风速最大的区域相一致。虽然此前的研究都强调方向均匀的沿岸风引起的上升流，但高分辨率的 QuikSCAT 资料揭示了与离岸增大的西南风有关的内区强劲的埃克曼抽吸（>2 m/d）引发的上升流也很重要，这种离岸上升流是造成越南胡志明市东部沿岸局地强冷却的重要因子。

南海冷丝 6 月初出现以后，7—8 月向东扩展至南海中部的大部分地区，8 月东北向的冷丝达到最大强度（即温度最低）。与此尺度较窄的冷丝相联系的是 7 月之前范围较宽的海盆尺度的冷却。到 8 月，除了我国广东沿岸，南海大部分海域的 SST 比 6 月低 0.5℃以上。

尽管加强的西南季风导致的蒸发冷却对于南海中部夏季海盆尺度的冷却很重要（Qu, 2001），但是地转平流和内区上升流的作用也是非常重要的。事实上，8 月在近岸处 113°E 以西的范围内，冷丝的中心和与涡旋活动有关的最大离岸流的位置大致相符（图 6.14）；而在 113°E 以东，冷水在反气旋式环流的东缘表现出向南扩展的趋势，这是由于在那里海流开始向南偏转，平流效应使海盆中部冷丝也向南偏转（图 6.14）。

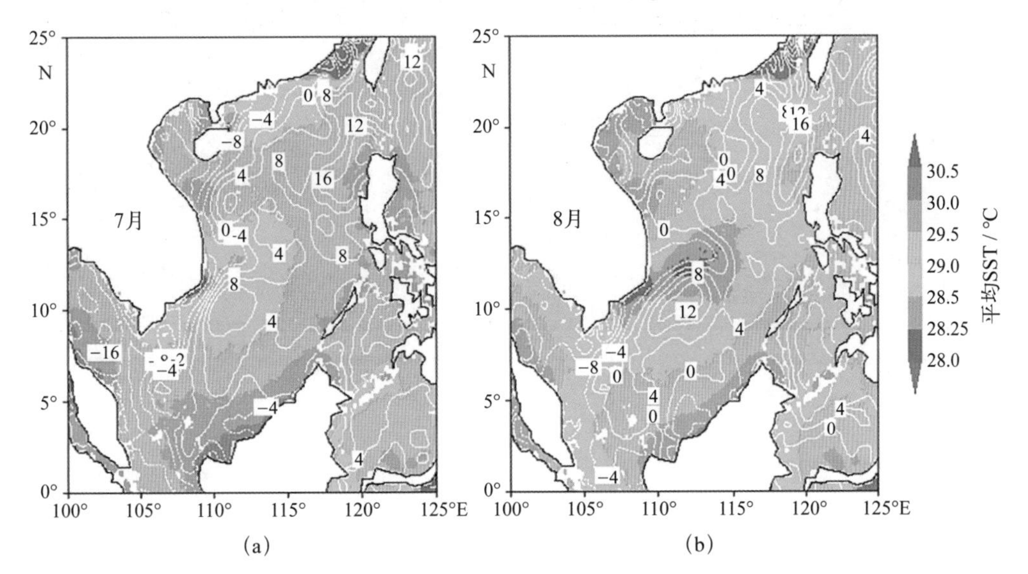

图6.14　卫星观测的海面高度异常（等值线，单位：cm）与（a）7月和（b）8月气候平均的SST（填色区域，单位：℃）（Xie et al., 2003）

图 6.15（a）为卫星观测的 1999—2002 年平均 SST（资料来自 TRMM 卫星星载微波成像仪）和沿 112°E 经线分布的风速纬度 – 时间剖面。冬季，在强的东北季风作用下南海 SST 达到最小值；1 月，随着东北季风的松弛以及太阳辐射量的增加，南海开始增暖，至 5 月夏季西南季风爆发前 SST 达到最大值；随着西南季风的加强，SST 逐渐降低，在 7—8 月达到低值；此后，SST 重新开始增暖并在 10 月达到另一高值。西南季风产生的冷丝是南海中部夏季冷却的原因，尽管局地大气层顶的太阳辐射表现出强的年循环特征，但此处 SST 却形成显著的半年循环。海洋动力学通过影响上升流及东向离岸流是 SST 半年循环形成的重要机制。

基于以上分析，冷丝向东扩展的物理过程如下：当西南季风遭遇中南半岛东部沿岸的山脉，地形阻碍使得安南山脉南端的风速加大，形成强的离岸西南风急流。这种急流产生了沿岸上升流并通过以下机制导致南海中部夏季海盆尺度的冷却：首先，急流轴南侧的埃克曼下沉流强迫出一准定常的海洋反气旋涡，向东输送冷的沿岸水；离岸处，强风导致强的蒸发冷却以维持冷水的东北向扩展；最后，急流轴北侧海洋内区的埃克曼上升流也是冷却的另一机制，使得风速大值区的北侧 SST 为低值。这个概念模型把山脉及其地形效应作为引起沿岸及海洋内区上升流冷却的根本原因，反气旋式的风场强迫是其关键所在。

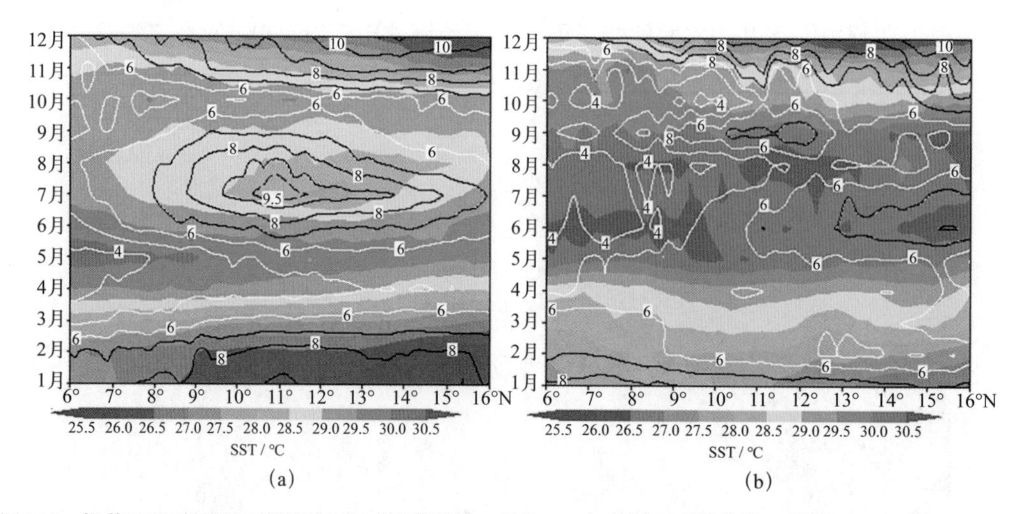

图6.15　沿着112°E经线TMI观测的SST（填色区域，单位：℃）和风速（等值线，单位：m/s）的纬度–时间剖面。（a）1999—2002年平均；（b）1998年（Xie et al., 2003）

在年际尺度上，南海的海温异常主要受ENSO的强迫作用，表现出与北印度洋类似的冬季和次年夏季的双峰增暖特征（Wang et al., 2006a）。这其中局地大气和海洋环流的响应也起到了重要的调制作用：在厄尔尼诺成熟期的晚冬，大气环流异常引起的热通量变化会引起南海SST的第一次增暖。此后在局地海洋环流和热通量变化的共同作用下，南海在北半球春季逐渐变冷，到晚夏（8月）后在平均经向地转流的平流作用下再次变暖。将正常年份气候平均态和厄尔尼诺异常年份的SST及风速做比较（图6.15），可以发现1998年1月，沿112°E经线的SST比气候态高了2℃以上；1998年南海异常增暖、风速异常减弱，尤其是1998年南海中部夏季海盆尺度的冷却没有发生，通常夏季冷丝所占据的10°—14°N纬度带，在1998年8月SST却继续升高。因此，冷丝年际变化与ENSO调控下夏季风的年际变化有关，无论冬季冷舌还是夏季冷丝的形成都是海洋动力学在南海SST的变化中起重要作用的例证。

6.5　南海春季高温暖水

季风驱动的海洋环流形成的南海冬季冷舌，使得几乎整个南海在冬季变成印度洋－太平洋暖池的一个“豁口”（SST都小于28℃）；更有意思的是，5月南海在菲律宾群岛西南部出现30℃以上的高温暖水，成为印度洋－太平洋暖池最高温度出现的海域之一（图6.16）。Chu等（1997）发现，1966年位于菲律宾以西海域30℃以上的高温暖水在南海夏季风爆发前出现，但在季风爆发后消失，这一特征成为季风转换过程中海洋的重要特征。

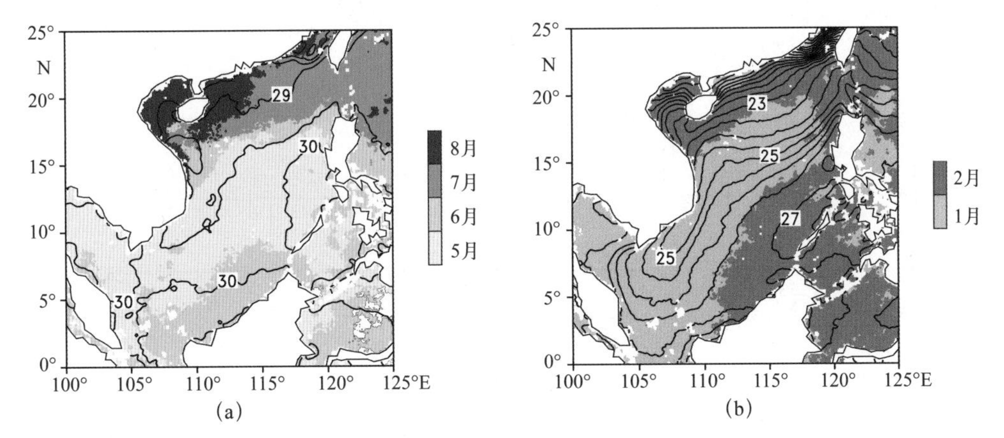

图6.16　月平均SST（a）年最大值和（b）年最小值（等值线，单位：℃，间隔0.5℃）及其出现月份（阴影）（姜霞，2006）

6.5.1　冬季吕宋暖水

首先讨论南海的陆地 – 海洋 – 冬季风相互作用所带来的影响。图 6.17 表明了从冬季到春季南海海面风与 SST 的演变，冬季风时段（10 月至翌年 4 月）由于台湾岛和吕宋岛上的地形对冬季风的阻挡，在台湾海峡和吕宋海峡均出现了风速大于 10 m/s 的风速大值区，形成了一个沿南海东北—西南轴线走向的风速急流区；与此同时，在菲律宾西南海域［图 6.17(f) 中的矩形方框区域，8°—18°N，115°—120°E］埃克曼暖平流与向北的地转冷平流对热收支的影响大小相当，从图 6.18 中可以看到，两者的最大绝对值分别出现于 12 月和翌年 1 月，量值均约为 40 W/m^2，因此，冬季海洋平流（埃克曼暖平流和地转冷平流）对菲律宾西南海域 SST 的总体影响就接近于零，表面净热通量最大出现于 12 月（约为 −90 W/m^2），由于海面风在该海域较小，表面净热通量与其他同纬度海域相比绝对值要小得多，而且在 2 月受短波辐射快速增强的影响由负值转为正值；因此，冬季风期间菲律宾西南海域 SST 高于同纬度其他海域，出现吕宋暖水（LWW）。3—5 月，菲律宾群岛西南部表面风速降至 5 m/s 以下，低于同纬度海区的风速，加上短波辐射的增强减少了海面的热量损失，使此时的 SST 要比冬季时高约 2℃［图 6.17(b) 和图 6.17(e)］。总之，冬季风时段，菲律宾群岛对冬季风的阻挡作用和较小的海洋热平流效应是南海东南部深水海盆区（我国的南沙群岛附近）的 SST 要比同纬度南海西南部海区的 SST 高 1 ～ 2℃ 的重要原因（Liu et al., 2009）。

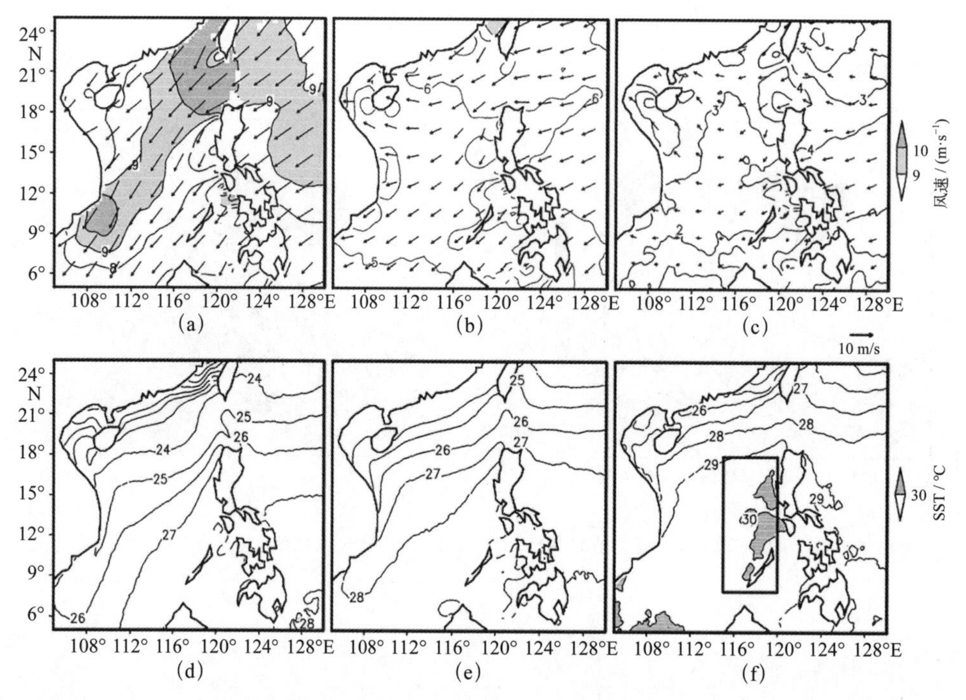

图6.17 (a)、(b)、(c)：2000—2006年平均海面风（矢量）及其速度（等值线，单位：m/s，阴影 > 9 m/s）；(d)、(e)、(f)：SST（等值线，单位：℃，阴影>30℃）。（a）和（d）是12月、1月和2月3个月的气候平均值；（b）和（e）是3月和4月两个月的气候平均值，（c）和（f）是5月1—15日半个月的气候平均值；矩形方框代表菲律宾群岛西南部海域（8°—18°N，115°—120°E）

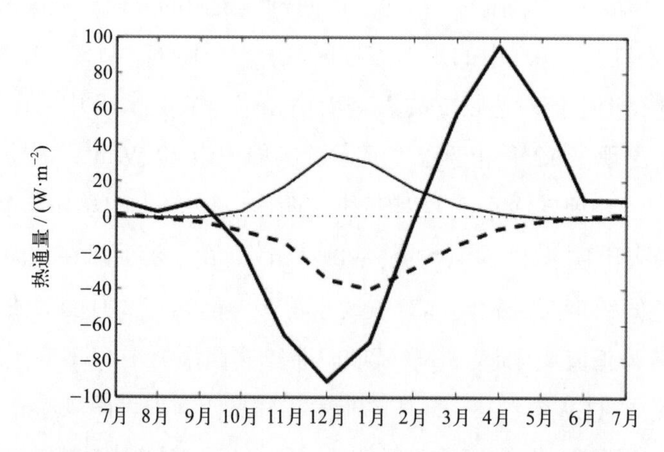

图6.18 菲律宾群岛西南部海域（8°—18°N，115°—120°E）月平均净热通量（粗实线，单位：W/m²），地转流对温度的平流效应（已折合成热通量，粗虚线，单位：W/m²）和埃克曼流对温度的平流效应（已折合成热通量，细实线，单位：W/m²）（引自Liu et al., 2009）

6.5.2　春季南海中部高温暖水的生成与消失

为了解释 5 月菲律宾群岛西南 30℃以上高温暖水（LWW30）的形成过程与机制，可以追溯到早期 3 月，西部热带太平洋（菲律宾群岛东部）的海表面风速达到 4 ~ 6 m/s，而同纬度的菲律宾群岛西部海区海表面风速仅有 1 ~ 2 m/s［图 6.17(c)］，这一差异使得在夏季风爆发前菲律宾群岛的东部比西部海面损失更多的潜热，而群岛两侧海区的短波辐射却强度相当。对照 1—5 月南海东部与同纬度海区的表面净热通量变化，不难得出：冬季风的尾迹效应减少了潜热通量的损失是菲律宾群岛西南部海区春季迅速变暖的重要基础。冬季和早春的 LWW 同样地为菲律宾西南部海区在晚春能够出现 30℃以上高温暖水提供了有利的先决条件，因此，群岛的西部尤其是靠近菲律宾群岛西海岸的海区 SST 达到了 30.5℃，比群岛东部海区的 SST 要高出 1.5℃（Liu et al., 2009）。

LWW30 生成后，由于南海局地海洋 - 大气相互作用，特别是暖水导致的西南风异常可以通过海面风 - 蒸发 - SST 相互作用，使 30℃以上的高温暖水从菲律宾西部沿岸向西南方向扩展开来，与此同时，经向风由北风转为南风（Liu et al., 2009）。LWW30 的出现能够引发局地的大气对流和低层的气流辐合，而此时正值南海东北季风向西南季风的转换期。

一方面，随着菲律宾群岛西部海面风速的不断增大，南海中的潜热释放超过了群岛东部的西太平洋热带海区，并且由于局地对流使得南海上空云层覆盖增多进而减弱了短波辐射。另一方面，由于夏季西南季风爆发后，向东南的埃克曼冷平流输送也加速了南海高温暖水的消失（Wang et al., 2006a）。这一系列的原因使得菲律宾群岛西南部的高温暖水在夏季风爆发后迅速消失。LWW30 向西南扩展并且其面积在夏季风即将爆发前达到峰值，之后便迅速消退。LWW30 的生命期仅有 9 个候（5 天为 1 候），即 45 天（5 月 1 日至 6 月 15 日）（姜霞等，2006）。菲律宾以西海域（10°—20°N，115°—120°E）30℃以上高温暖水在季风爆发前 3 候突然出现并在短短 3 候时间内面积迅速增长至峰值，而 30℃以下（28 ~ 29.5℃）暖水的面积则在更早时间之前就已出现并迅速增长，所以可以初步确定南海 30℃以上高温暖水的出现并面积突增可以作为季风爆发的先兆 (姜霞等，2006)。

简言之，台湾岛和菲律宾群岛对冬季风的阻挡有两个产物，其一是北半球冬季（12 月至翌年 2 月）南海南部的冷舌和菲律宾群岛西南部的吕宋暖水；其二是晚春由冬季的吕宋暖水发展而来的 LWW30。由于埃克曼暖平流与地转冷平流的相互抵消，受冬季风尾迹效应引起的海水潜热释放减少就决定了冬季吕宋暖水的形成，而冬季吕宋暖水存在又为晚春 LWW30 的生成提供了先决有利条件。因此，冬季风尾迹效应是春季菲律宾西南部海水迅速增暖的基础。

6.5.3 春季南海中部高温暖水的年际变化

晚春 LWW30 的年际变化可以由 5 月菲律宾群岛西南部海区（8°—18°N，115°—120°E）SST 异常的区域平均值来表征。同样的，选取年际变化方差最大的南海深水区域（深度 >200 m；5°—10°N，106°—111°E）的 SST 异常区域平均值作为冷舌指数。前面已经提到，冷舌的变化依赖于冬季风的变化（Liu et al., 2004）。依据卫星观测的资料，发现冬季的风应力旋度异常与晚春 LWW30 异常有着显著的相关性。在 2000 年、2001 年和 2006 年，正的冬季风应力旋度异常对着负的 SST 异常及晚春 LWW30 最大面积的负异常。而另外的年份（2002 年、2003 年和 2005 年）负的风应力旋度异常则对应着 LWW30 温度正异常和最大面积的正异常。这是由于在厄尔尼诺期间，南海东北季风的减弱也减少了南海的失热。从而引起南海在厄尔尼诺期间冬季 SST 正异常，这为晚春 SST 正异常提供了基础，因此，LWW30 在厄尔尼诺年较其他年份要更暖，例如，1983 年、1987 年和 1998 年的晚春南海 SST 都是正异常，LWW30 也比往年更暖（Liu et al., 2009）。

另外，由于 LWW30 在 5 月初出现，4—5 月副热带高压西伸到南海导致的菲律宾群岛西南侧强的短波辐射也是 LWW30 出现的重要原因之一（谢晗，2020），目前尚无定论。

综上所述，LWW30 的年际变化主要受冬季风变化的影响。在冬季风的强(弱)年，从冬季至早春南海会有更多(少)的热量损失，而这种变化在一定程度上影响了 LWW30 的年际变化。另外，4—5 月副热带高压西伸导致的强的短波辐射也在 LWW30 的形成和发展中起着重要的作用。

6.6 本章小结

位于热带北印度洋和热带北太平洋之间的南海是一个半封闭性的深水海盆，在季风的驱动下，纬向跨度只有 12 个经度的南海深水海盆，对季风强迫的调整很快，在冬季为气旋式环流，夏季南海南部为反气旋环流，并存在南海强流导致的冬季冷舌和夏季冷丝，改变了大气环流的对流场空间分布。冬季风在菲律宾群岛的阻挡下，有利于春季南海菲律宾西南部高于 30℃ 的高温暖水形成。南海的季风会受热带太平洋和热带印度洋海洋 – 大气相互作用的影响，存在明显的年际变化。因此，南海也是全球热带海洋 – 大气耦合系统重要成员之一。目前，还存在一些没有解决的问题，例如，什么是春季南海菲律宾西南部高于 30℃ 的高温暖水年际变化的主要机制？该高温暖水究竟在南海季风爆发中起什么作用？ 南海的 SST 异常究竟对季风有什么反馈作用？另外，南海热带气旋和 ITCZ 中的海洋 – 大气相互作用也值得深入探讨。

参考文献

谢以萱 , 1981. 南海的海底地形轮廓 // 中国科学院南海海洋研究所 . 南海海洋科学集刊(第二集), 北京：科学出版社 : 1–12.

梁必骐 , 1991. 南海热带大气环流系统 . 北京 : 气象出版社 : 244.

杨海军 , 2000. 南海海洋环流的时空结构及其形成机制的研究 . 青岛 : 中国海洋大学 : 77.

姜霞 , 2006. 海洋动力过程对南海海面温度的影响 . 青岛 : 中国海洋大学 : 132.

刘秦玉 , 杨海军 , 刘征宇 , 2000. 南海 Sverdrup 环流的季节变化特征 . 自然科学进展 , 10(11): 1035–1039.

姜霞 , 刘秦玉 , 王启 , 2006. 菲律宾以西海域的高温暖水与南海夏季风爆发 . 中国海洋大学学报 , 36(3): 349–354.

徐锡祯 , 邱章 , 陈惠昌 , 1982. 南海水平环流概述 // 中国海洋湖沼学会水文气象学会学术会议论文集 . 北京：科学出版社 : 137–145.

甘子钧 , 蔡树群 , 2001. 南海罗斯贝变形半径的地理及季节变化 . 热带海洋学报 , 20(1):1–9.

谢晗 , 2020. 南海中部春季高温暖水的形成机制及其在南海夏季风爆发中的作用 . 青岛 : 中国海洋大学 .

ALEXANDER M A, BLADÉ I, NEWMAN M, et al., 2002. The atmospheric bridge: The influence of ENSO teleconnections on air-sea interaction over the global oceans. Journal of Climate, 15(16): 2205–2231.

ANDERSON D, GILL A, 1975. Spin-up of a stratified ocean, with applications to upwelling. Deep-Sea Research, 22(9): 583–596.

CAI S, SU J, GAN Z, 2002. The numerical study of the South China Sea upper circulation characteristics and its dynamic mechanism, in winter. Continental Shelf Research, 22(15): 2247–2264.

CHU P C, CHANG C P, 1997. South China Sea warm pool in boreal spring. Advance in Atmospheric Science, 14(2): 195–206.

LAU N C, NATH M J, 2000. Impact of ENSO on the variability of the Asian-Australian monsoons as simulated in GCM experiments. Journal of Climate, 13(24): 4287–4308.

LIU Q, YANG H, WANG Q, 2000. Dynamic characteristics of seasonal thermocline in the deep sea region of the South China Sea. Chinese Journal of Oceanology and Limnologe, 18(2): 104–109.

LIU Q, XIE S P, LI L, et al., 2005. Ocean thermal advective effect on the annual range of sea surface temperature. Geophysical Research Letters, 32(24), L24604.

LIU Q, YANG H, LIU Z, 2001a. Seasonal features of the Sverdrup circulation in the South China Sea. Progress in Natural Science, 11(3): 202−206.

LIU Q, JIANG X, XIE S P, et al., 2004. A gap in the Indo-Pacific warm pool over the South China Sea in boreal winter: Seasonal development and interannual variability. Journal of Geophysical Research, 109(C7), C07012.

LIU Q, SUN C, JIANG X, 2009. Formation of spring warm water southwest of the Philippine Islands: Winter monsoon wake effects. Dynamics of Atmospheres and Oceans, 47: 154–164.

LIU Z, YANG H, LIU Q, 2001b. Regional dynamics of seasonal variability in the South China Sea. Journal of Physical Oceanography, 31(1−3): 272−284.

QU T, 2001. Role of ocean dynamics in determining the mean seasonal cycle of the South China surface temperature. Journal of Geophysical Research, 106(C4): 6943−6955.

QU T, 2000. Upper layer circulation in the South China Sea. Journal of Physical Oceanography, 30: 1450−1460.

WANG C, WANG W, WANG D, 2006a. Interannual variability of the South China Sea associated with El Niño. Journal of Geophysical Research, 111(C3): C03023.

Wang D, Xie Q, Du Y, et al., 2002. The 1997—1998 warm event in the South China Sea. Chinese Science Bulletin, 47(14): 1221−1227.

WANG G, CHEN D, SU J, 2006b. Generation and life cycle of the dipole in the South China Sea summer circulation. Journal of Geophysical Research. 111(C6): C06002.

WYRTKI K, 1961. Physical oceanography of the Southeast Asian waters: Scientific results of marine investigations of the South China Sea and the Gulf of Thailand. NAGA Report 2, Scripps Institution of Oceanography, La Jolla, CA: 195.

XIE S P, XIE Q, WANG D, et al., 2003. Summer upwelling in the South China Sea and its role in regional climate variations. Journal of Geophysical Research, 108(C8): 3261.

XIE S P, HAFNER J, TANIMOTO Y, et al., 2002. Bathymetric effect on the winter sea surface temperature and climate of the Yellow and East China Seas. Geophysical Research Letters, 29(24): 2228.

YANG H, LIU Q, 2003. Forced Rossby wave in the northern South China Sea. Deep Sea Research Part I, 50(7): 917−926.

第 7 章 热带海 – 气耦合系统年际变化的“遥相关”效应

热带三大洋海 – 气耦合系统中包含了一系列有明显年际变化特征的海 – 气耦合模态，这些模态不仅会反映热带海区的气候异常变化，同时会对热带外气候产生显著影响，造成全球许多地区的气候年际变化。例如，ENSO 作为热带海洋年际变化最显著的海 – 气耦合模态，就会通过大气和海洋的遥相关作用，影响全球气候。因此，ENSO 也成为最重要的气候短期预报指标。本章将重点介绍 ENSO 通过激发大气行星波对太平洋和美洲气候的重要作用，以及 ENSO 与印度洋耦合系统的协同作用对亚洲季风系统产生的重要影响机理。

7.1 厄尔尼诺 – 南方涛动对热带外太平洋和美洲的影响

ENSO 作为年际尺度上最强的海 – 气耦合模态，造成这种影响最直接的原因是厄尔尼诺的热带中、东太平洋 SST 暖异常通过产生大气深对流提升对流层的温度，并将这种温度通过赤道波动调整扩散到整个热带地区，从而增加大气静力稳定性并抑制其他区域特别是陆地上的对流活动。具体而言，厄尔尼诺导致大气深对流从海洋大陆移动到太平洋中部，对流移动还会引起其他海盆的海温变化，例如前面章节介绍的厄尔尼诺会导致热带印度洋和北大西洋随后的变暖。

需要注意的是，ENSO 不仅能够影响热带太平洋气候系统以及其他两个大洋，还对全球气候，特别是中高纬度气候有重要影响。在厄尔尼诺盛期引起的对流层增暖异常信号并不是均匀的，而是在对流中心附近呈现“Matsuno-Gill 分布型”的斜压大气响应，我们在第 1 章里对该分布型做过详细介绍（图 1.4）。具体到厄尔尼诺，赤道中太平洋的异常对流中心会造成赤道以北以夏威夷（约 20°N，60°W）为中心的对流层高层（低层）辐合（辐散），对应的下沉运动会造成这里冬季的降雨量持续减少。

此外，厄尔尼诺在热带和副热带海洋上造成的异常信号会在对流层高度场上激发出一个向美洲大陆方向的遥相关波列。例如，北太平洋和北美大陆的 500 hPa 大气环流异常［图 7.1(a)］：在夏威夷附近为一个高压异常，在阿留申群岛附近上空为一个低压异常（即阿留申低压的加强），在加拿大西北部为高压异常，在北大西洋为一个低压异常。这种相当正压的大气异常信号就是我们第 1 章介绍的太平洋 – 北美（Pacific-

North American，PNA）遥相关型，这也是 ENSO 可以影响热带外北太平洋和北美大气环流及气候（Hoskins et al., 1981; Wallace et al., 1981; Horel et al., 1981）的“大气桥”。另外，从图 7.1(a) 可以看出在北半球冬季东亚地区还存以日本海为中心的高压异常，其成因将在 7.3 节中进一步阐明。

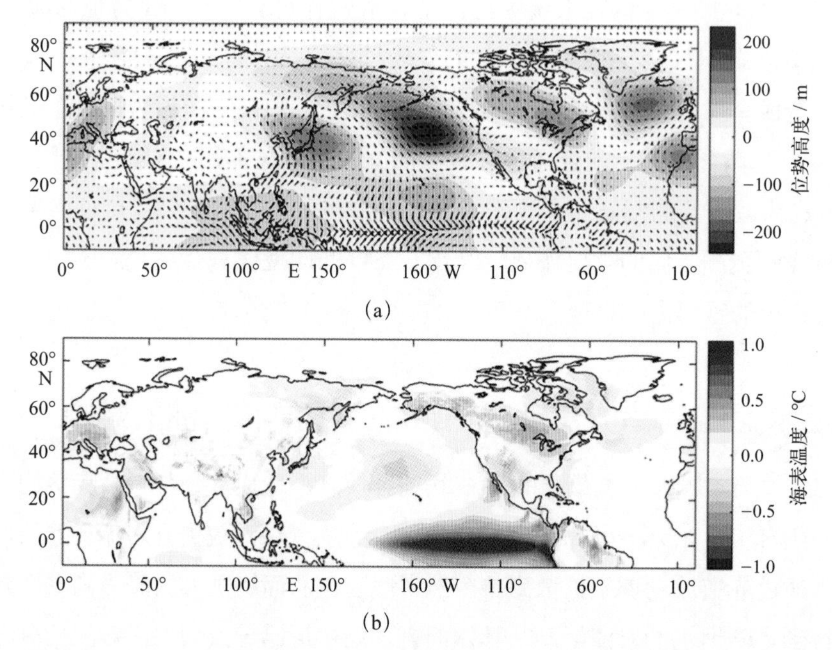

图7.1　北半球冬季（12月至翌年2月）Niño 3.4指数对北半球（a）500 hPa位势高度场（填色）、表面风场（箭头）和（b）表面温度（填色）的回归系数场

在 PNA 波列中的夏威夷高压和阿留申低压之间，副热带急流可以从西太平洋一直向东延伸到美国西海岸。加强的副热带急流将更多的中纬度风暴携带至美国西南部，造成冬季降水的增加和降温。同时，阿留申低压的加强并在其东北侧产生东南风异常，将低纬度的暖空气带到高纬度，造成太平洋东北沿岸和北美大陆西北地区的增暖。北美中部的高压系统会致使暖平流在美国中北部同样造成温暖的气候异常［图 7.1(b)］。总之，与 ENSO 相关的 PNA 波列是年际尺度上北美洲重要的气候短期预测指标。

与 ENSO 对应的热带中、东太平洋对流加热异常会导致遵循球面地球的大圆路径的 PNA 波列（Hoskins et al., 1981）。该响应实质上是中纬度西风带对大气长波向东的平流效应与罗斯贝波向西传播的相速度相互抵消后形成的行星驻波，此时只有正压波动（即对流层上下层具有相同的运动方向）的西传速度才能够抵消西风急流的平流效应来形成驻波。与正压波相比较而言，大气的斜压波动传播速度太慢，则无法平衡西风急流的平流效应。因此，天气尺度上的斜压扰动（例如，温带气旋）一般在西风带里是向东移动的。

由于大气的正压能量转换在急流的出口区最容易从扰动中获得能量，PNA 波列中的纬向风异常往往在阿留申低压和夏威夷高压之间达到峰值，因为这里位于太平洋西风急流的出口处，有利于行星驻波信号沿大圆路径向东发展（Simmons et al., 1983）。因此，热带强迫信号对中高纬度的影响，被与地理分布相关的西风急流分布锁定在特定位置，例如总是在阿留申群岛上空和加拿大西北部达到峰值。此外，PNA 波列在北半球冬季的信号最强，这是因为副热带西风急流在冬季最强，同时 ENSO 在北半球冬季的“锁相”特征也有一定的贡献。

依据一个两层球坐标大气原始方程模式，Lee 等（2009）推导了在气候平均背景下的大气对热源响应的稳态解。通过对理想背景流和真实背景流稳态解的讨论，不仅证实了热带“Matsuno-Gill 分布型”响应是无背景流条件下大气对热源的斜压响应，而且只有在正压背景流是西风，斜压背景流也存在的情况下，类似 PNA 这样从热带向高纬度的波列也存在才出现。图 7.2 所示就是以气候平均的纬向平均风场作为背景场，关于赤道对称的大气加热异常场激发的 PNA 波列。当加热异常中心位于 160°W（与一般的厄尔尼诺事件大气加热异常），并存在真实的背景流时，模式的结果表现为冬季有关赤道不对称的 PNA 波列和太平洋－南美（PSA）波列更容易出现（Lee et al., 2009）。

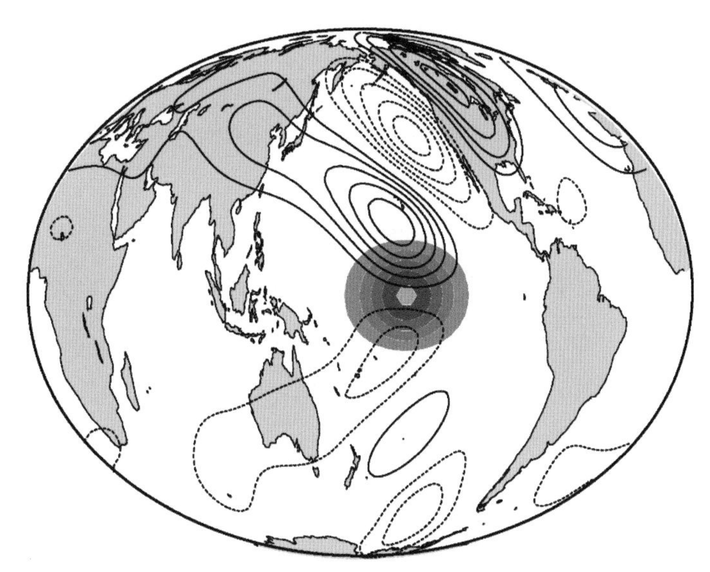

图7.2　气候平均的纬向平均风场作为背景场条件下，大气对关于赤道对称的大气加热的响应的正压流函数（参考Lee et al., 2009）

除了大气行星波的 PNA 遥相关过程之外，ENSO 对热带外的遥相关也存在于海洋之中。在厄尔尼诺事件期间，赤道东太平洋的温跃层加深，海平面升高。这一升高的海平面信号会通过赤道和沿岸开尔文波的波导，逐渐从赤道地区沿北美大陆西海岸向极地传播。在 1997/1998 年的极端厄尔尼诺事件中，赤道东太平洋加拉帕戈斯群岛的海平面高度在 1997 年 11 月达到峰值，上升了 30 ~ 40 cm，并在随后几个月逐渐沿北美洲西海岸向北传播并最终于 1998 年 2 月达到了阿拉斯加以南海区。沿岸的下沉海洋开尔文波极大地加深了局地的温跃层，在美国加利福尼亚附近海区，1998 年 4 月的 10°C 等温线与 1999 年相比加深了大约 80 m。美洲西海岸在厄尔尼诺时期的海平面上升现象在其他极端厄尔尼诺事件，例如，1982/1983 年、2015/2016 年的厄尔尼诺事件中都有体现（Hamlington et al., 2015）。事实上，不同尺度的热带信号，例如，季节内的赤道变率，也会通过海洋波动信号影响北美洲西海岸海平面高度，并造成局地海温异常（Wei et al., 2021）。

在南半球，存在与北半球 PNA 对应的受 ENSO 强迫的遥相关信号，被称为太平洋 – 南美（Pacific-South Americian, PSA）分布型（Mo et al., 1987; Karoly, 1989; Cai et al., 2020）。考虑到 ENSO 的季节“锁相”以及南半球大气经向梯度的季节变化，PSA 往往在 9—11 月达到最强。在厄尔尼诺事件发生时，PSA 会在太平洋副热带产生异常高压中心，在新西兰以东的中纬度太平洋海区上空产生异常低压，在阿蒙森海上空形成异常高压中心并减弱当地的阿蒙森海低压系统，以及在下游的副热带南美洲和南大西洋海区形成另外的异常低压（高压）中心（图 7.3）。该遥相关型有利于在巴西南部、乌拉圭和阿根廷北部产生强降雨和洪水（Cai et al., 2020），并且通过与阿蒙森海低压的相互作用造成西南极附近的海冰生消（Yuan et al., 2001; Li et al., 2021）。

总之，ENSO 通过调节赤道太平洋的大气深对流加热场，能够在北半球和南半球分别产生两列沿大圆路径传播的定常行星罗斯贝波，并相应的影响太平洋 – 北美洲和太平洋 – 南美洲的气候异常。同时海洋波动信号也会在太平洋东海岸产生海平面高度和温跃层深度的异常变化，影响沿岸的海洋环境。由于厄尔尼诺和拉尼娜之间的不对称性，以及厄尔尼诺事件多样性的存在，不同的 ENSO 事件对太平洋 – 美洲大陆的气候影响有所差异，是目前短期气候预测的难点。

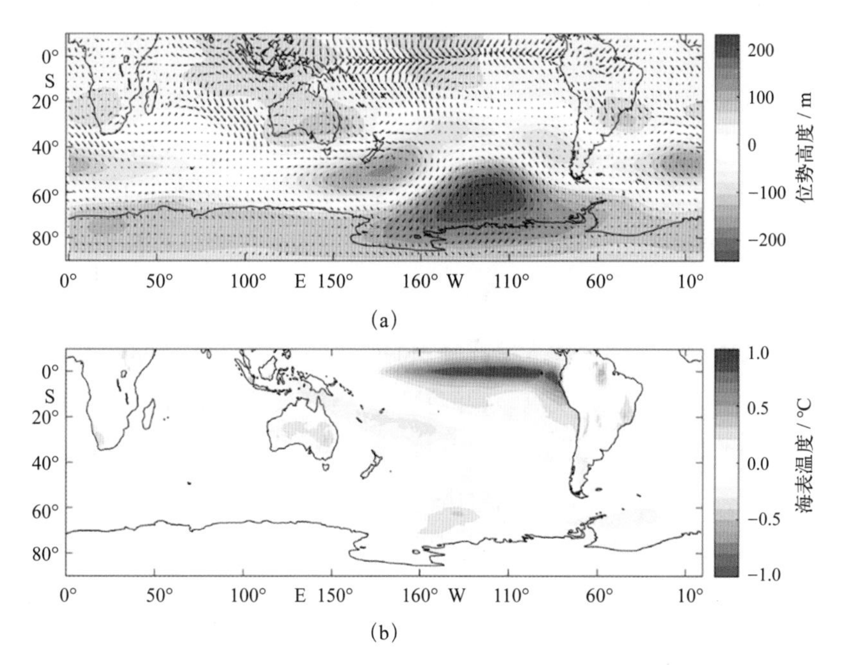

图7.3　北半球秋季（9—11月）Niño 3.4指数对南半球（a）500 hPa位势高度场（填色）、表面风场（箭头）和（b）表面温度（填色）的回归系数场

7.2　热带印度洋和太平洋海温异常的“电容器”效应

ENSO 可以通过大气和海洋遥相关作用直接影响美洲气候。但是对占全球人口一半的亚洲季风区气候，ENSO 的影响则不是那么直接。最近的一些研究认为，ENSO 对亚洲季风的影响，主要通过与热带印度洋和西北太平洋海 – 气耦合的协同作用实现。在本节和第 7.3 节我们将分别介绍北半球夏季和冬季这两种不同的热带印度洋和西太平洋海 – 气耦合协同作用对东亚季风的影响。

印度洋 – 太平洋暖池气候异常对东亚夏季风的影响，前人在很早就予以关注了。早在 20 世纪 80 年代，研究发现北半球夏季西太平洋暖池区上空的降水异常会通过类似第 7.1 节介绍的大气遥相关波列影响东亚夏季风，并命名这一波列为太平洋 – 日本（Pacific-Japan，PJ）遥相关型（Nitta，1987）或东亚 – 太平洋（East Asia-Pacific，EAP）遥相关型（Huang et al., 1992）。这其中在西北太平洋上空会形成大气低层的异常反气旋（气旋），会增强（减弱）西太平洋副热带高压，进而影响我国的季风降水。但该遥相关型和 ENSO 的关系并不清晰。

为了更好地理解热带海 – 气系统对印度洋 – 太平洋暖池区降水及亚洲气候的影

响，在这里我们计算了热带印度洋－西太平洋在北半球夏季（6—8 月）降水的 EOF 前两个主模态（图 7.4 左上图和左中图）。很明显第一模态为降水在西太平洋增多，在印度洋和海洋大陆减少的特征；第二模态体现出热带印度洋降水增多，西北太平洋降水减少，并伴随着菲律宾以东海域上空的大气低层异常反气旋环流的特点。这两个模态对应的同期海温异常也有很大的差异（图 7.4 右上图和右中图），其中第一模态对应着热带中、东太平洋的海温正异常，而第二模态也对应着热带东太平洋的 SST 正异常，同时还对应着热带印度洋的海盆增暖特征。考虑到热带印度洋海盆模态是厄尔尼诺的强迫信号，因此，热带印度洋－西太平洋降水的两个主模态，都与 ENSO 有显著的关联。进一步的相关分析证实了这一观点，我们发现第一模态与同期的 Niño 3.4 指数有显著的正相关（图 7.4 右下图），说明该模态对应着 ENSO 发展年夏季的降水异常，即厄尔尼诺强迫下印太海盆降水中心的东移和沃克环流的减弱（图 7.4 上图）。而第二模态与前一个冬天（11 月至翌年 1 月）平均的 Niño 3.4 指数有显著相关（图 7.4 右下图），同时与同期（6—8 月）的印度洋海盆平均海温异常有很高的相关。说明该模态表征了 ENSO 衰退年夏季的气候异常信号（图 7.4 中图）。

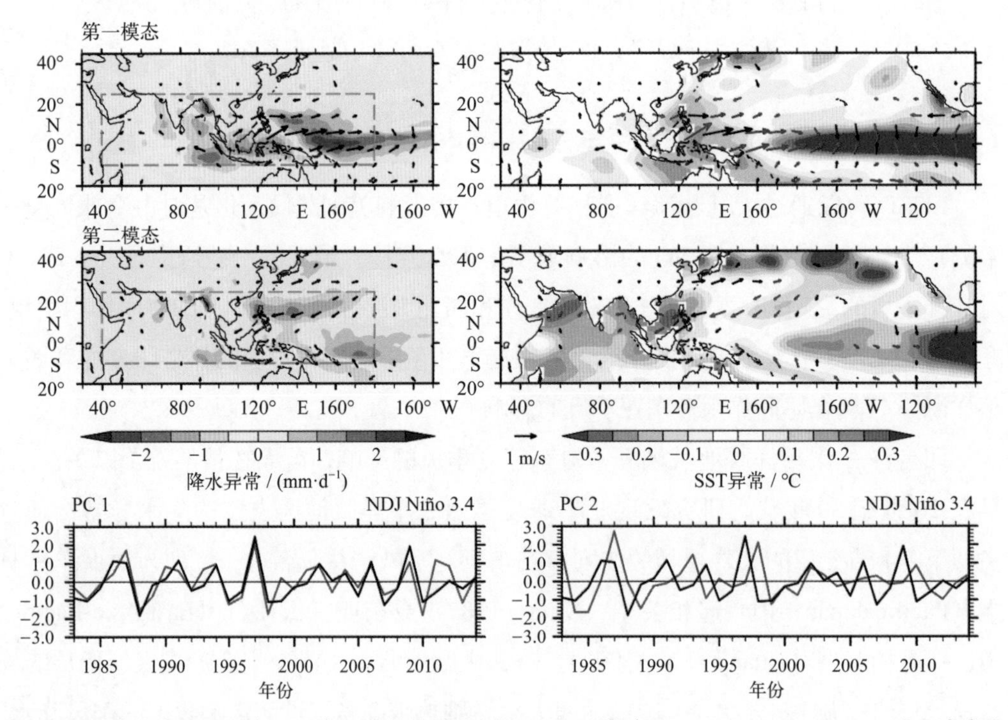

图7.4　观测中北半球夏季（6—8月）平均的热带印度洋–西太平洋（10°S—25°N，40°—180°E，左图内虚线框区域）降水EOF分解的第一（上）和第二（中）主模态的主成分时间序列对降水（左图填色）、同期SST异常（右图填色）和表面风场（矢量箭头）的回归值。其中右侧蓝色和红色箭头分别代表异常风减小和增大气候背景风速。下图左右分别为两个模态主成分的时间序列（红色）以及Niño 3.4指数（黑色）

我们知道，ENSO 作为热带海洋最强的海 - 气耦合模态，其成熟期处于北半球冬季。在 ENSO 正 / 负位相的发展期和衰退期都有可能出现在夏季，因此，ENSO 对亚洲夏季降水的影响可能存在。前人研究提出，厄尔尼诺的发展会造成热带印度洋 - 太平洋海盆对流中心向东移动（图 7.4 左上图），从而引起印度夏季风的显著减弱（Kumar et al., 1999）；人们也发现在 ENSO 达到峰值以后，在热带西北太平洋菲律宾以东的海面上会形成一个大气低层的异常反气旋环流（简称“西北太平洋反气旋”，Northwestern Pacific Anticyclone），能从厄尔尼诺盛期一直持续到翌年夏季，对东亚季风系统有潜在影响（Zhang et al., 1996）。夏季该反气旋异常也是前面提到的 PJ/EAP 遥相关型的重要组成部分。研究指出，局地的海 - 气相互作用会对厄尔尼诺翌年的西北太平洋反气旋的维持起到重要作用：首先厄尔尼诺对流异常激发出的“Matsuno-Gill 分布型”会在中太平洋赤道以北产生低空的气旋式环流；这一环流西北侧的东北风异常与背景东北信风的叠加会加大风速，通过海面风 - 蒸发 - SST（WES）机制产生局地的 SST 冷异常；冷的 SST 异常又会抑制局地对流，形成西北太平洋反气旋（Wang et al., 2000）。但值得注意的是，厄尔尼诺在翌年夏季已经衰退，难以通过上述的 WES 反馈机制维持西北太平洋的局地冷海温和异常反气旋（Xie et al., 2009）。

通过第 5 章的介绍以及图 7.4 我们知道，热带印度洋的 IOB 模态在一定条件下能够一致持续到厄尔尼诺翌年的夏季，这一热带印度洋海盆增暖的信号就会对亚洲夏季风系统产生潜在的影响。前人一系列的研究工作证明，热带印度洋在这其中起到了一个“电容器”的作用，在被热带太平洋厄尔尼诺事件“充电”（增暖）后会对热带海洋 - 大气系统产生“放电”作用。除了会对赤道太平洋产生影响外，这种“放电”效应势必会影响位于热带印度洋 - 西太平洋上空的亚洲季风（Yang et al., 2007; 杨建玲等，2008; Xie et al., 2009; Du et al., 2009; Yang et al., 2010）。

基于观测资料和统计方法，并结合海洋 - 大气耦合模式数值试验，我们前期的工作系统地研究了热带印度洋 SST 异常年际变化的 IOB 模态对亚洲季风区大气环流的影响。在北半球春季，作为热源的热带印度洋海盆增暖，也会在热带印度洋 - 西太平洋上空的大气环流产生类似“Matsuno-Gill 分布型”的响应特征。需要注意的是，这种响应方式与标准的“Matsuno-Gill 分布型”不同，表现在大气罗斯贝波关于赤道的不对称分布、北印度洋上空的响应偏北，这可能与季风气流的垂直切变有关（Wang et al., 1996）。从而在高层青藏高原西侧产生高压异常［图 7.5(a)］，在低层引起孟加拉湾南部至赤道西太平洋海区较强的东风异常；热带印度洋海盆一致增暖导致的赤道大气开尔文波将有利于维持和加强西北太平洋地区的反气旋式异常环流以及东亚地区的南风异常。东亚地区异常偏南气流可以输送更多的水汽，造成中国东部到日本南部降水异常偏多，而菲律宾东部降水异常偏少（Yang et al., 2007; Xie et al., 2009; Yang et al., 2010）。

到了夏季，热带印度洋暖海盆模态得以持续，但因气候平均背景态的变化导致海盆一致增暖的 SST 异常激发出的大气响应与春季有着明显的不同。夏季平均西南季风可以将由印度洋暖海面引起的异常偏多的水汽向青藏高原南侧地区输送，造成阿拉伯海东部至印度西部降水异常偏多，从而在该地区形成一个大气对流层中的新热源，该热源诱导其西北侧（即青藏高原西侧）出现异常高压，该高压异常与春季相比位置向西北方向有所偏移［图 7.5(b)］。春季和夏季热带印度洋海盆增暖模态都对应着热带西北太平洋低空的反气旋式环流异常，中国东部夏季风依然偏强，水汽输送和降水也异常偏多。对于热带印度洋海盆模态冷位相，则将对应产生一系列相反的变化。

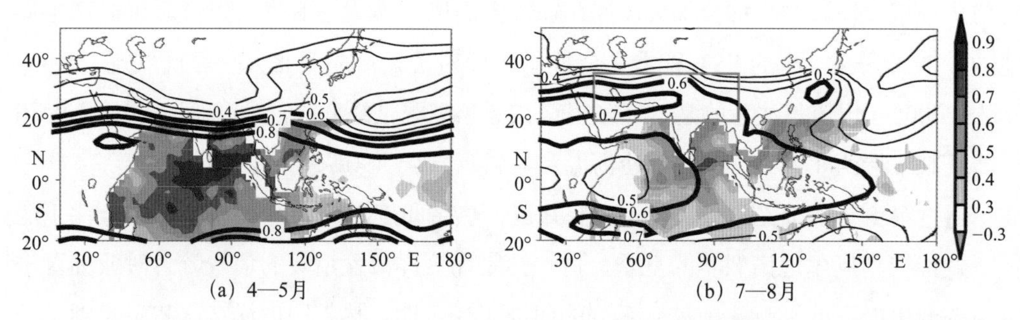

图7.5　IOBM指数与（a）4—5月和（b）7—8月SST异常相关系数（填色区域）及与200 hPa位势高度异常相关系数（等值线）的空间分布（已扣除ENSO的影响）（引自Yang et al., 2007）

通过比较热带太平洋 ENSO 和热带印度洋 IOB 模态对夏季南亚高压的影响，我们的研究进一步证实了热带印度洋 SST 升高（降低）将使南亚高压增强（减弱）；夏季太平洋的 ENSO 已衰减，对南亚高压的直接影响不显著，夏季南亚高压和前期 Niño 3 指数之间的显著正相关并不是 ENSO 直接影响南亚高压的结果，而是冬季的 ENSO 影响热带印度洋产生热带印度洋海盆一致模态，热带海盆一致模态又反过来影响南亚高压（杨建玲等，2008）。

Xie 等（2009）进一步使用观测和大气模式深入研究了 IOB 模态在夏季对西太平洋局地海洋－大气相互作用的“电容器效应”。发现海盆增暖会通过深对流中的湿绝热调整使对流层温度上升，从而在热带印度洋上空激发“Matsuno-Gill 分布型”的东传大气开尔文波来影响热带西太平洋。在热带印度洋 SST 为正异常的夏季，暖开尔文波会在赤道上形成低压中心。在地表摩擦的影响下，西北太平洋低层会形成向赤道辐合的东北风异常，进而在副热带西太平洋底层产生辐散，抑制对流并激发反气旋环流（即前面提到的西北太平洋反气旋），增强东亚的东南夏季风，并造成东亚降水增加（如 1998 年夏季的长江极端降水）。这种大气开尔文波引起的埃克曼辐散（wind-induced Ekman divergence）机制在赤道开尔文波的北支比较强，是因为在夏季对流和对流反馈作用在北半球比南半球强（Xie et al., 2009）。上述的热带印度洋被加热，并再影响热带西太平洋和东亚大气的“电容器效应”可以用图 7.6 来表示。在海洋 - 大气耦合预报模式中，如果把热带印度洋的海温用气候态代替的话，在 ENSO 衰退年的夏季（6—8 月），热带印度洋造成的大气开尔文波动会明显减弱，而且西北太平洋的大气异常幅度会减弱 50%（Chowdary et al., 2011）。因此，这一机制基本可以解释为什么西北太平洋反气旋异常能从厄尔尼诺盛期冬季一直持续到翌年夏季。

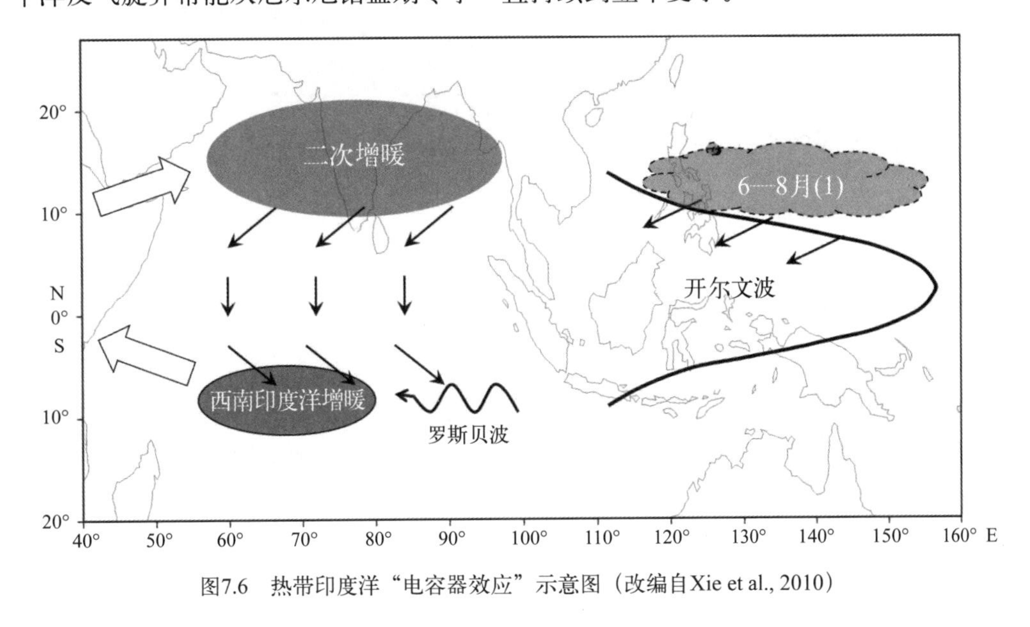

图7.6 热带印度洋“电容器效应”示意图（改编自Xie et al., 2010）

后续的研究发现，西北太平洋反气旋中心南侧的异常东风可以延伸到南海和北印度洋，减弱当地背景西南季风，降低海洋蒸发和潜热释放，从而维持南海和北印度洋 SST 暖异常（Du et al., 2009）。而北印度洋 SST 暖异常则进一步通过“电容器效应”维持异常反气旋。这样就使得“电容器效应”在夏季北印度洋的 SST 和西北太平洋反气旋之间存在正反馈关系，形成了一个跨海盆的正反馈过程，因此，热带印度洋 SST 异常和热带西太平洋低空大气的反气旋环流异常可以组成一个新的海 - 气耦合模态（Kosaka et al., 2013）。

Xie 等（2016）总结了前人关于西北太平洋反气旋维持的局地 WES 理论以及 IOB

模态的“电容器效应”，认为西北太平洋反气旋和北印度洋、西北太平洋 SST 相互耦合，异常信号能在局地和跨海盆的正反馈作用下相互加强，在这一区域形成一个异常信号衰减速率最低的区域海－气耦合模态，被称为“印度洋－西太平洋海洋电容器”（Indo-western Pacific Oceanic Capacitor，IPOC）。而 ENSO 作为气候系统中最显著的年际变化信号，能够分别激发西北太平洋和印度洋的大气和海洋异常信号，激发 IPOC，从而进一步影响印度洋－西太平洋地区夏季气候（图 7.7）。

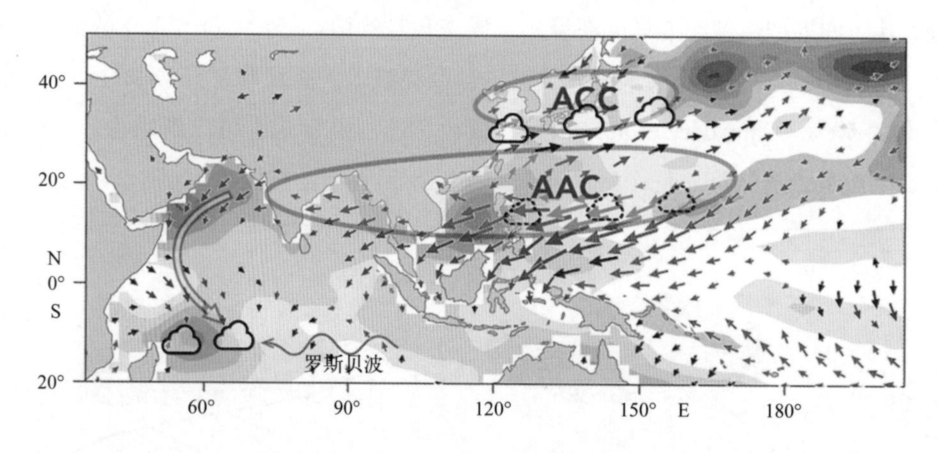

图7.7　厄尔尼诺衰退年夏季（6—8月）热带印度洋–西太平洋区域海–气耦合模态示意图。ACC：异常气旋式环流；AAC：异常反气旋式环流（引自Xie et al., 2016）

既然 IPOC 是可以通过局地海洋－大气耦合反馈过程自我维持的固有气候模态，那么维持其发展的动力过程就可以不依赖于厄尔尼诺及其带来的海盆增暖，而存在不依赖于 ENSO 的部分。在观测中，有证据表明热带大西洋 SST 异常和 IOD 等非 ENSO 因素也能够激发 IPOC 模态。2020 年夏季就只在前期 IOD 和大西洋海温异常的共同驱动下激发起了 IPOC 耦合过程以及极强的西北太平洋异常反气旋，并产生了创纪录的长江中下游降水以及严重的洪涝灾害（Zheng et al., 2021; Zhou et al., 2021）。

通过部分耦合技术的数值试验可以抑制 ENSO 信号，从而体现出非 ENSO 强迫的海－气耦合信号。我们发现，此时夏季印度洋－西太平洋地区气候年际变率的最主要模态便是 IPOC 模态。同时通过这一试验可以分别估算 ENSO 强迫导致和独立于 ENSO 的 IPOC 模态，发现后者可以占到前者的 40% ～ 50%，也是影响东亚气候短期预测的重要因素。

此外，夏季热带印度洋海温异常导致的大气加热异常诱导其西北侧（即青藏高原西侧）出现异常高压；夏季亚洲中纬度急流将青藏高原西侧的高压异常信号沿急流波导向下游传播，引起日本海上空的位势高度异常和类似前人（Ding et al., 2005）提出的北半球夏季中纬度绕球遥相关波列（Circumglobal Teleconnection, CGT）（图 7.8），将热带印度洋 SST 年际变化对季风的影响传递到整个北半球。该现象不仅在观测资料的统计研究中发现，而且在海洋 – 大气耦合模式的数值试验中得到验证（Yang et al., 2009）。这说明印度洋海盆增暖对北半球夏季气候可能存在普遍影响。

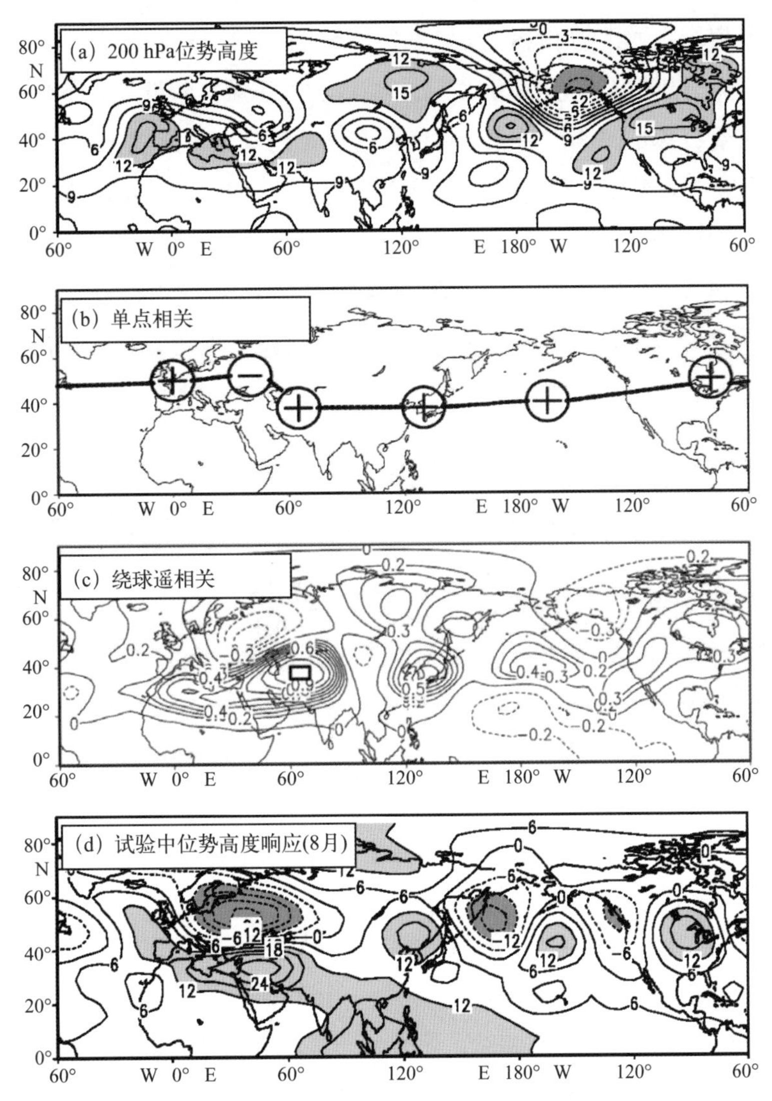

图7.8 （a）扣除ENSO对大气影响后，夏季（7—9月）200 hPa位势高度异常场与春季（3—5月）的热带印度洋IOB指数的回归场；（b）1948—2003年夏季（6—9月）200 hPa位势高度异常场与图中方框区位势高度异常场的相关图（Ding et al., 2005）；（c）中纬度绕球的遥相关波列（CGT）6个活动中心示意图（Ding et al., 2005）；（d）8月热带印度洋上40 m初始海温异常后FORM模式在200 hPa位势高度异常（集合）结果（引自Yang et al., 2009）

7.3 热带印度洋和太平洋海温对东亚冬季风的协同影响

Yang 等（2010）使用最大协方差分析（MCA）方法对海盆模态和亚洲季风区的关系作了进一步研究。发现亚洲夏 / 冬季风环流分别受到印度洋海盆（IOB）模态和印度洋偶极子（IOD）模态的影响，其中 IOB 模态主要通过“电容器效应”影响亚洲夏季风，而北半球秋天达到峰值的 IOD 模态主要影响亚洲冬季风。由于 IOD 模态在秋季达到峰值，且通常与 ENSO 协同发展，因此，IOD 模态如何与热带西太平洋的 SST 异常共同调节热带大气加热场，进而影响亚洲冬季风异常就成为一个重要的问题。

从观测上看，热带印度洋－太平洋海区在冬季的降水年际变化异常信号主要位于两个海区：赤道中太平洋和印度洋－太平洋暖池地区（图 7.9），这些降水的年际变化对应大气对流加热场的年际变化，必定会对大气环流异常有重要影响。其中，赤道中太平洋的降水异常信号出现的原因主要是 ENSO，而在 IWP 海区的降水年际变化的强度虽然不如前者，IWP 海区在冬季降水异常也会引起热带印度洋－南海－菲律宾以东的大气对流加热场异常，该异常是否会导致东亚气候异常信号呢？

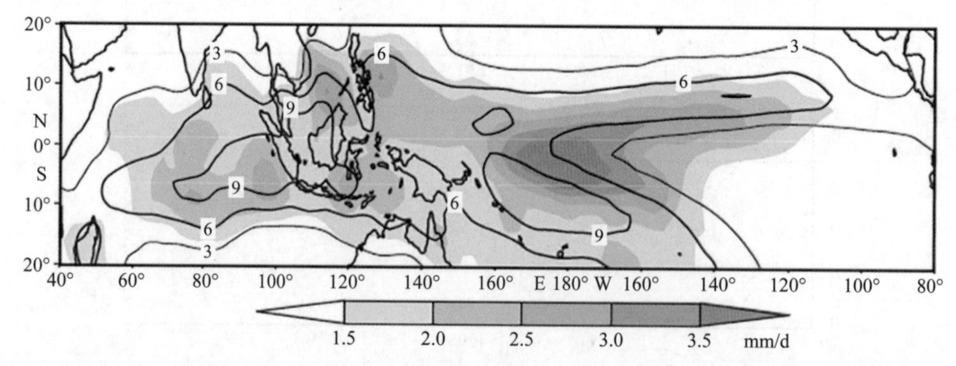

图7.9 印度洋–太平洋海区在北半球冬季（12月至翌年2月）气候平均的降水（等值线，单位：mm/d）以及降水异常的年际标准差（填色），降水资料来自1979—2008年的CMAP数据（引自Zheng et al., 2013）

为了回答这个问题，Zheng 等（2013）首次依据观测资料发现印度洋－太平洋暖池地区冬季降水年际变化的主模态表现为一个东西偶极子型（Indo-Western Pacific Dipole，IWPD）。该分布型正位相时，热带西印度洋降水增多，而热带东印度洋和西太平洋降水减少［图 7.10(a)］；反之在负位相时，热带西印度洋降水减少，而热带东印度洋和西太平洋降水增多。在热带印度洋上，IWPD 的空间分布与 IOD 发生时降水异常的分布类似。

从 IWPD 模态的时间序列中可以发现，极端的 IWPD 事件通常与厄尔尼诺伴随发生，例如，1982 年和 1997 年［图 7.10(b)］。IWPD 时间序列和 Niño 3.4 指数的同期相关为 0.87（超过 0.01 的显著性检验）。同时 IWPD 也与 IOD 相关，其时间序列与前期 9—11 月 IOD 指数的相关系数为 0.68（也超过了 0.01 的统计显著性检验）。因此，IWPD 既受太平洋 ENSO 的影响，也受到印度洋 IOD 的影响。考虑到 ENSO 与 IOD 经常同时出现并反馈发展，因此，可以认为 IWPD 是印度洋和太平洋协同发展的一个气候模态。

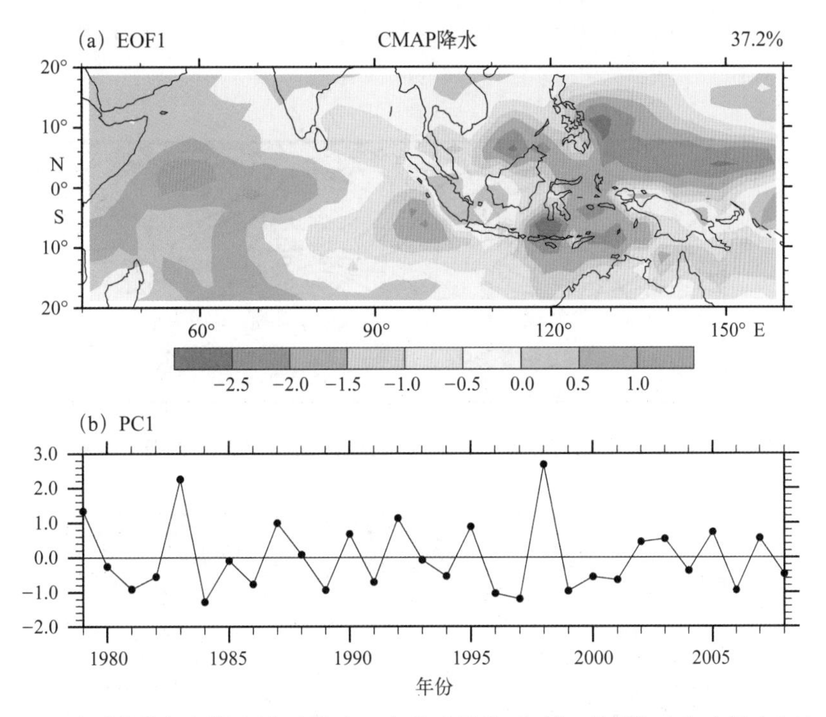

图7.10　冬季热带印度洋–西太平洋（IWP）降水异常EOF第一模态的（a）空间分布及（b）时间序列。降水资料来自1979—2008年的CMAP数据

那么，IWPD 如何影响亚洲冬季风气候呢？通过对观测资料的进一步分析，我们发现 IWPD 对应的对流异常可以激发一个从 IWP 海区到东亚－西北太平洋的遥相关波列，被称为印度洋－西太平洋－东亚（IWP-EA）型波列。在 IWPD 正位相［图 7.11(a)］，热带海区的 200 hPa 位势高度场（H200）有两个反气旋出现在赤道中东太平洋上空，与赤道中东太平洋的暖 SST 异常对应，也就是大气对 ENSO 的“Matsuno-Gill 分布型”响应。而在 IWP 海区，H200 异常表现为热带印度洋 SST 异常导致的开尔文波响应（Yang et al., 2007; Xie et al., 2009）。在热带外地区，H200 场上有两个遥相关波列对应热带的两个 H200 异常信号。一个是与 ENSO 产生的加热异常激发的 PNA 遥相关波列。另一个遥相关波列与 IWPD 正位相对应，在 IWP 和东亚地区上空，位势高度异常表现出中国东南部上空位势高度降低，在中国东北部 / 朝鲜半岛 / 日本上空位势高度升高的特征。该遥相关波列即前面提到的 IWP-EA 波列。IWP-EA 分布型在对流层

上层最明显。在海平面气压上，中国东部上空的负异常中心很弱，但是日本附近上空的高压中心依然比较明显［图 7.11（b）］。总体而言，IWP-EA 波列与 PNA 波列相似，其垂直方向上表现为相当正压结构。进一步研究发现这个遥相关波列代表了冬季东亚地区大气环流年际变化的主要特征，不论从空间分布还是从时间演变特征上，IWP-EA 波列都与东亚地区 200 hPa 位势高度异常的主模态非常相似（Zheng et al., 2013）。

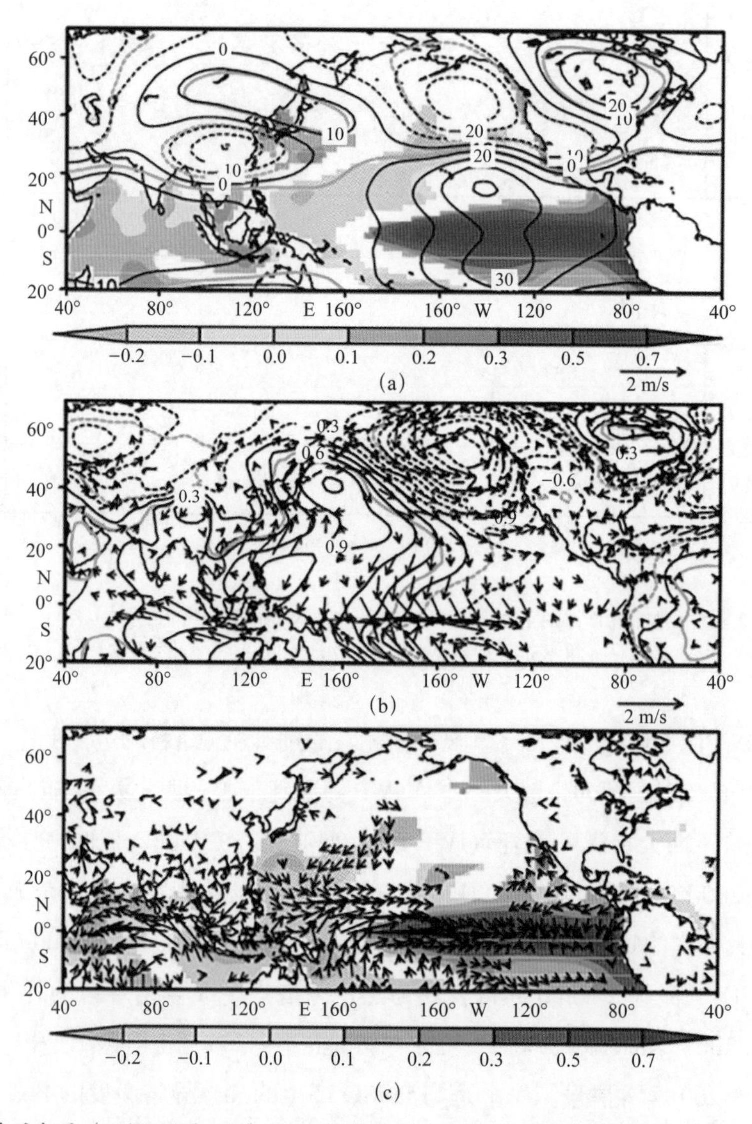

图7.11　北半球冬季（12月至翌年2月）IWPD指数对（a）同期200 hPa位势高度场（H200，等值线，单位：m）和SST（填色，单位：℃）、（b）同期海平面气压（SLP，等值线，单位：hPa）和表面风场（箭头，单位：m/s），以及（c）前期9—11月SST（填色，单位：℃）和表面风（箭头）的回归场。（a）和（b）中的绿色等值线分别表征超过90%可信度的H200和SLP、SST和表面风（引自Zheng et al., 2013）

考虑到大气的异常可能受前期海温异常的影响（Frankignoul et al., 1998; Liu et al., 2006），我们还分析了与 IWPD 正位相对应的前期秋季（9—11 月）SST 异常的分布情况［图 7.11(c)］。很明显此时 SST 异常在太平洋表现为厄尔尼诺，而在热带印度洋表现为 IOD 型。因此，12 月至翌年 2 月期间在 IWP 海区的偶极子降水特征可以被看作是对前期热带印度洋和西太平洋海温偶极子分布的响应。该 IWPD 正好对应热带印度洋 – 西太平洋大气加热场的偶极子分布，特别是在 9—11 月东印度洋 – 西太平洋有显著的表面风辐散，对于局地降水的抑制有重要作用［图 7.11(c)］。

进一步利用加热异常驱动的简单大气模式验证了观测资料中热带海温对东亚冬季气候的遥相关作用（Zheng et al., 2013）。IWPD 事件中热带西印度洋、东印度洋 – 西太平洋以及赤道中东太平洋都存在不同的 SST 异常，区分不同海区的 SST 异常对 IWP-EA 波列的贡献后发现，IWP-EA 遥相关波列就是大气对热带印度洋 – 西太平洋对流加热异常的响应（图 7.12）。IWPD 模态中的正、负加热异常都可以影响该遥相关波列，它们的联合效应的结果更接近于观测结果［图 7.12(a) ~ (c)］；模式结果还表明，赤道中太平洋的加热对 IWP-EA 遥相关波列的直接影响非常弱［图 7.12(d)］（Zheng et al., 2013）。

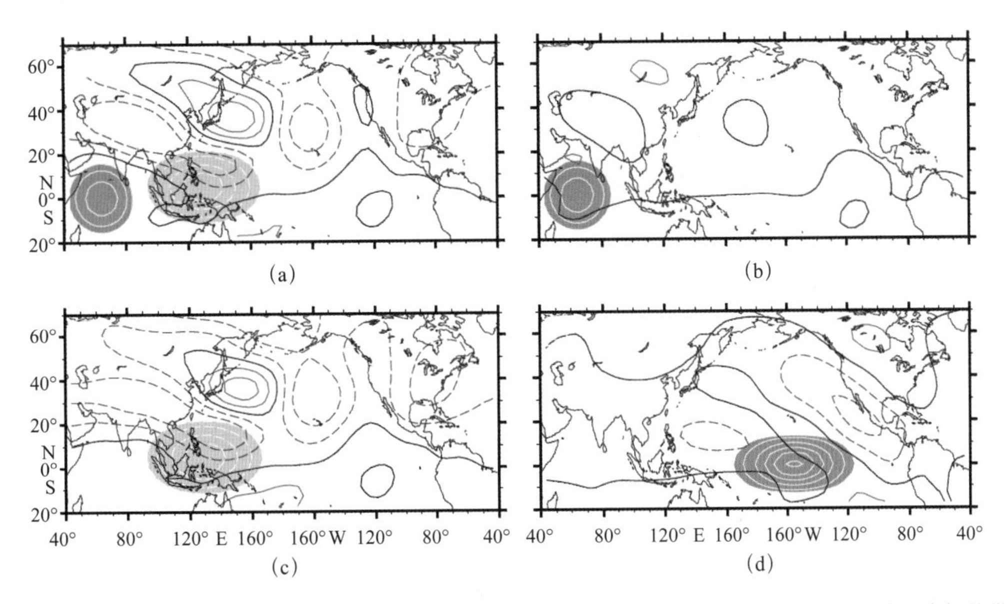

图7.12 冬季（12月至翌年2月）大气简单模式对（a）热带印度洋–西太平洋正、负加热场异常，（b）热带西印度洋正加热场，（c）热带东印度洋–西太平洋负加热场异常，以及（d）热带中东太平洋正加热场的大气正压流函数响应信号。图中等值线为正压流函数响应，阴影为施加的大气热源（引自Zheng et al., 2013）

IWPD 造成的大气环流异常会引起冬季东亚地区的天气和气候系统的变异。IWP-EA 波列在日本附近上空的正异常中心位置在冬季东亚大槽附近，而东亚大槽是东亚冬季风非常重要的天气系统，因此，IWP-EA 波列可以通过东亚大槽影响东亚地区冬季的气温和降水（Leung et al., 2017）。在该遥相关波列正位相时，中国东部上空是异常气旋式环流，这样在中国东部沿海有南风异常，在华北、西北地区有东风异常［图 7.11(d)］。这样的异常风场会减弱平均态下来自西伯利亚地区的冷空气，因此，中国大部分地区（除西南地区以外）和南海附近地区，以及朝鲜半岛、日本的气温都是偏暖的，同时我国东部沿岸的南风异常也会从海上输送更多的水汽，导致东南地区和华北地区降水增多，这些特征与厄尔尼诺时东亚冬季风减弱的结论是一致的（Li，1990）。

另外，北半球冬季印度洋 – 太平洋暖池区的对流异常及其激发的遥相关波列主要受到 ENSO 和前期秋季 IOD 的影响。最近我们的研究发现，虽然 1997/1998 年和 2015/2016 年冬季都发生了强厄尔尼诺，但东亚地区大气环流异常并不相同：前者有 IWP-EA 波列出现，而后者没有。产生这种差异的原因是 2015 年秋季和冬季没有 IOD 发生，导致 2015/2016 年冬季印度洋 – 太平洋暖池区降水异常的位置和强度与 1997/1998 年冬季不同。该例子证实了 IOD 在东亚冬季风异常中的重要作用（Zheng et al., 2019）。

总而言之，热带印度洋 – 太平洋的海 – 气耦合模态，如 ENSO、IOB、IOD 及其相互作用，在亚洲季风的年际变化中充当重要的角色。季风本身具有相当的复杂性，我们可以归纳出热带印度洋与季风相互作用过程中，亚洲夏季风气候受热带的 ENSO 导致的印度洋“电容器”的影响；而受到 ENSO 和 IOD 协同作用的 IWPD 影响，东亚冬季风则在 IWP-EA 遥相关波列调控下发生变异。另外，印度洋 – 太平洋海区是否还存在独立于 ENSO 的局地海 – 气耦合过程，中纬度的 CGT 是否还会因除了热带印度洋以外的其他海洋 – 大气相互作用所激发，这些问题都与地处副热带 / 中纬度的东亚地区的短期气候预报精度较低有关，还需要开展深入研究，以提高对东亚季风变异机理及其可预报性的认识。

7.4 本章小结

热带海洋具有显著的年际变化信号，特别是热带印度洋 – 太平洋海区，具有年际尺度上最强信号 ENSO，同时与热带印度洋的 IOB 模态和 IOD 模态具有紧密的联系。

这些海 – 气耦合模态在全球具有显著的气候效应。对于 ENSO 而言，可以通过 PNA 和 PSA 这样的大气遥相关波列直接影响北美和南美的气候异常；同时，ENSO 可以通过与 IOB 的协同作用激发热带印度洋“电容器”效应影响亚洲夏季风，通过与 IOD 的协同作用激发 IWPD 降水模态和 IWP-EA 遥相关影响东亚冬季风。这些遥相关过程将热带海 – 气耦合系统的异常信号带到全球中高纬度地区，从而影响数十亿人口的生活，使诸如 ENSO、IOB 和 IOD 这样的热带海 – 气耦合模态成为气候短期预测的重要指标。

参考文献

杨建玲 , 刘秦玉 , 2008. 热带印度洋 SST 海盆模态的“充电 / 放电”作用——对夏季南亚高压的影响 . 海洋学报 , 30(2): 12-19。

CAI W, et al., 2020. Climate impacts of the El Niño–Southern Oscillation on South America. Nature Reviews Earth Environment, 1: 215–231.

CHOWDARY J S, XIE S P, LUO J J, et al., 2011. Predictability of Northwest Pacific climate during summer and the role of the tropical Indian Ocean. Climate Dynamics, 36(3–4): 607–621.

DING Q, WANG B, 2005. Circumglobal teleconnection in the Northern Hemisphere summer. Journal of Climate, 18(17): 3483–3505.

DU Y, XIE S P, HUANG G, et al., 2009. Role of air-sea interaction in the long persistence of El Niño-induced North Indian Ocean warming. Journal of Climate, 22(8): 2023–2038.

FRANKIGNOUL C, CZAJA A, L'HEVEDER B, 1998. Air-sea feedback in the North Atlantic and surface boundary conditions for ocean models. Journal of Climate, 11(9): 2310–2324.

HAMLINGTON B D, LEBEN R R, KIM K Y, et al., 2015. The effect of the El Niño-Southern Oscillation on U.S. regional and coastal sea level. Journal of Geophysical Research-Oceans, 120(6): 3970–3986.

HOREL J D, WALLACE J M, 1981. Planetary-scale atmospheric phenomena associated with the Southern Oscillation. Monthly Weather Review, 109(4): 813–829.

HOSKINS B J, KAROLY D J, 1981. The steady linear response of a spherical atmosphere to thermal and orographic forcing. Journal of Atmospheric Sciences, 38(6): 1179–1196.

HUANG R H, SUN F, 1992. Impact of the tropical western Pacific on the East Asian summer monsoon. Journal of the Meteorological Society of Japan, 70(113): 213–256.

KAROLY D J, 1989. Southern hemisphere circulation features associated with El Niño–Southern Oscillation events. Journal of Climate, 2(11): 1239–1252.

KOSAKA Y, CHOWDARY J S, XIE S P, 2012. Limitations of seasonal predictability for summer climate over East Asia and the Northwestern Pacific. Journal of Climate, 25(21): 7574–7589.

KOSAKA Y, XIE S P, LAU N C, et al., 2013. Origin of Seasonal Predictability for Summer dimate over the Northwestern Pacific. Proceedings of the National Academy of Sciences of the

USA, 110(19): 7574–7579.
KUMAR K, RAJAGOPALAN B, CANE M A, 1999. On the weakening relationship between the Indian Monsoon and ENSO. Science, 284(5423): 2156–2159.
LEE S K, WANG C, MAPES B E, 2009. A simple atmospheric model of the local and teleconnection responses to tropical heating anomalies. Journal of Climate, 22(2): 227–284.
LEUNG M Y T, CHEUNG H H N, ZHOU W, 2017. Meridional displacement of the East Asian trough and its response to the ENSO forcing. Climate Dynamics, 48(1): 335–352.
LI C, 1990. Interaction between anomalous winter monsoon in East Asia and El Niño events. Advances in Atmospheric Sciences, 7(1): 36–46.
LI X, et al., 2021. Tropical teleconnection impacts on Antarctic climate changes. Nature Reviews Earth Environment, 2: 680–698.
LIU Q, WEN N, LIU Z, 2006. An observational study of the impact of the North Pacific SST on the atmosphere. Geophysical Research Letters, 33(18): L18611.
MO K C, GHIL M, 1987. Statistics and dynamics of persistent anomalies. Journal of Atmospheric Sciences, 44(5): 877–902.
NITTA T, 1987. Convective activities in the tropical western Pacific and their impact on the Northern Hemisphere summer circulation. Journal of the Meteorological Society of Japan, 65(3): 373–390.
SIMMONS A J, WALLACE J M, BRANSTATOR G W, 1983. Barotropic wave propagation and instability, and atmospheric teleconnection patterns. Journal of Atmospheric Sciences, 40(6): 1363–1392.
WALLACE J M., GUTZLER D S, 1981. Teleconnections in the geopotential height field during the Northern Hemisphere winter. Monthly Weather Review, 109(4): 784–812.
WANG B, XIE X, 1996. Low-Frequency equatorial waves in vertically shear flow. Part I: Stable waves. Journal of the Atmospheric Sciences, 53(3): 449–467.
WANG B, WU R, FU X, 2000. Pacific–East Asian teleconnection: How does ENSO affect East Asian climate? Journal of Climate, 13(9): 1517–1536.
WEI X, LI K Y, KILPATRICK T, et al., 2021. Large-scale conditions for the record-setting Southern California marine heatwave of August 2018. Geophysical Research Letters, 48(7), e2020GL091803.
XIE S P, HU K, HAFNER J, et al., 2009. Indian Ocean capacitor effect on Indo-western Pacific climate during the summer following El Niño. Journal of Climate, 22(3): 730–747.
XIE S P, DU Y, HUANG G, et al., 2010. Decadal shift in El Niño influences on Indo-western Pacific and East Asian climate in the 1970s. Journal of Climate, 23(12): 3352–3368.
XIE S P, KOSAKA Y, DU Y, et al., 2016. Indo-western Pacific Ocean Capacitor and Coherent Climate Anomalies in Post-ENSO Summer: A Review. Advance in Atmospheric Science, 33(4): 411–432.
YANG J, LIU Q, XIE S P, et al., 2007. Impact of the Indian Ocean SST basin mode on the Asian summer monsoon. Geophysical Research Letters, 34(2), L02708.
YANG J Q, LIU Z, LIU L, et al., 2009. Basin mode of Indian Ocean sea surface temperature and Northern Hemisphere circumglobal teleconnection. Geophysical Research Letters, 36(19), L19705.
YANG J, LIU Q, LIU Z, 2010. Linking observations of the Asian monsoon to the Indian Ocean SST:

Possible roles of Indian Ocean basin mode and dipole mode. Journal of Climate, 23(21): 5889–5902.

YUAN X, MARTINSON D G, 2001. The Antarctic dipole and its predictability. Geophysical Research Letters, 28(18): 3609–3612.

ZHANG R H, SUMI A, KIMOTO M, 1996. Impact of El Niño on the East Asian monsoon: A diagnostic study of the '86/87 and '91/92 events. Journal of the Meteorological Society of Japan, 74(1): 49–62.

ZHENG J, LIU Q, WANG C, et al., 2013. Impact of heating anomalies associated with rainfall variations over the Indo-Western Pacific on Asian atmospheric circulation in winter. Climate Dynamics, 40(7–8): 2023–2033.

ZHENG J, LIU Q, CHEN Z, 2019. Contrasting the impacts of the 1997—1998 and 2015—2016 extreme El Niño events on the East Asian winter atmospheric circulation. Theoretical and Applied Climatology, 136(3–4): 813–820.

ZHENG J, WANG C, 2021. Influences of three oceans on record-breaking rainfall over the Yangtze River Valley in June 2020. Science China Earth Sciences, 64(10): 1607–1618.

ZHOU Z Q, XIE S P, ZHANG R, 2021. Historic Yangtze flooding of 2020 tied to extreme Indian Ocean conditions. Proceedings of the National Academy of Sciences of the USA, 118 (12), e2022255118.

第 8 章　全球变暖背景下热带海洋 - 大气相互作用的变化

全球变暖会导致气候、生态、环境和社会等方面的一系列问题。而作为对气候有重要影响的热带海洋 - 大气耦合系统，也会在全球变暖背景下产生变化。联合国政府间气候变化专门委员会（Intergovernmental Panel on Climate Change，IPCC）自 20 世纪 90 年代以来陆续发布 6 次报告，对近百年（特别是工业革命以来）全球平均气温持续增暖的现象取得了共识。并认识到全球大气平均温度和海洋温度都会上升，大部分气温的增加是间接由海表温度上升造成的；另外，全球变暖中 SST 的增暖也不是一致的。在全球变暖背景下，SST 增暖空间非均匀的原因及其对热带海洋 - 大气耦合系统的影响是关系到气候预测的重要问题。本章主要介绍目前海洋 - 大气耦合系统的平均态以及主要耦合模态对全球变暖响应研究的一些主要观点。

8.1　全球变暖背景下热带海洋气候平均态的变化

随着人类社会工业化进程的发展，人们向大气中排放二氧化碳等温室气体的数量在最近 100 多年快速上升，二氧化碳浓度从工业革命前的 280 ppm 增长到目前的超过 400 ppm。由于这些温室气体对来自太阳辐射的可见光具有高度的透过性，而对地球反射出来的长波辐射具有高度的吸收性，能强烈吸收地面辐射中的红外线，也就是所谓的“温室效应”，这会导致全球气候变暖，过去 140 年全球平均温度上升了接近 1℃。并且气候模式的模拟结果表明按照目前的温室气体排放情况，到 21 世纪末全球平均温度还会上升 2 ~ 3℃。

联合国政府间气候变化专门委员会（IPCC）自 20 世纪 90 年代以来陆续发布的 6 次报告，对全球的平均温度变化进行了大量的研究工作，并对近百年（特别是工业革命以来）全球平均气温持续增暖的现象取得了共识。热带海洋在气候变化中起到了十分重要的作用。研究表明：随着大气对包括二氧化碳在内的温室气体（Greenhouse Gas，GHG）的吸收，全球大气平均温度和海洋温度都会上升，大部分气温的增加是间接由 SST 上升造成的。气候模式模拟结果表明：陆地上的表面气温（Surface Air Temperature，SAT）的增加主要是由于海洋上 SST 的增加而不是 GHG 直接强迫的结果。另外，全球变暖中 SST 的增暖也不是一致的，海洋环流和表面热通量的变化会导致 SST 的增暖产生一个区域的分布型（Xie et al., 2010a; Sobel et al., 2011）。热带海洋 -

① ppm 为百万分之一。

大气耦合系统对全球变暖的响应及其在气候变化中作用的研究在近年来取得了一些进展，但还存在着诸多争议和不确定性。

前面几章我们分别介绍了热带海洋 - 大气气候特征，特别是印度洋 - 太平洋暖池、东太平洋冷舌，以及太平洋和大西洋海温的南北不对称分布，对热带降水和全球大气环流有重要影响。全球变暖，热带海温在普遍增暖的前提下，热带印度洋 - 太平洋海区海温空间分布有怎样的改变，这些变化将如何影响降水及大气环流是本节将讨论的基本问题。

8.1.1 热带太平洋海温对全球变暖的响应

作为全球最大的洋盆，热带太平洋气候平均态的改变将对全球气候有重要影响。研究发现，全球变暖对热带太平洋海温有显著的影响。在全球变暖过程中，除了整体的 SST 有明显的上升之外，增暖还存在明显的区域特征。考虑到赤道地区蒸发作用的减弱，SST 的增暖在赤道太平洋出现峰值（Liu et al., 2005 ；Xie et al., 2010a）。但关于赤道上 SST 的纬向梯度变化，是东高西低的“类厄尔尼诺”增暖型，还是西高东低的“类拉尼娜”增暖型，则依然存在争议（Vecchi et al., 2008; Seager et al., 2019）。

造成争议的主要原因是，海洋和大气动力过程在全球变暖下的变化对热带太平洋增暖的纬向分布起到了不同的作用。有的学者认为，由于东部赤道太平洋海区存在显著的海洋上升运动，海洋次表层冷水会在此处显著减缓全球增暖的信号，即海洋扮演了一个恒温器的作用（Clement et al., 1996），因此，热带太平洋在全球变暖下会表现出“西高东低”的增暖特征（也就是所谓的“类拉尼娜”增暖型，Cane et al., 1997）。若在一个只考虑海洋动力过程的海洋模式中，施加空间一致的辐射强迫进行全球变暖模拟，确实能够模拟出热带太平洋的增暖分布型为“类拉尼娜”型，这验证了“海洋恒温器”机制的作用（Vecchi et al., 2008）。最近的研究表明，这一效应在温室气体强迫初期比较强，随着中纬度海洋增暖信号影响赤道地区而减弱（Luo et al., 2017）。

另一部分学者则从大气响应的角度出发，得到了截然不同的结论：依据全球变暖下大气的水汽含量变化基本遵循克劳修斯 - 克拉珀龙关系，即全球平均温度每上升 1℃，全球大气中水汽含量应该上升约 7%，但观测表明，全球平均的降水在同样的条件下增加幅度远远落后于水汽，只上升了 2% 左右。这意味着全球大气环流场会有显著的减弱（Held et al., 2006）。作为最重要的热带环流系统，沃克环流确实表现出减弱的特征（Vecchi et al., 2006; Vecchi et al., 2007; Tokinaga et al., 2012）。这种大气纬向环流变化会造成东太平洋的海洋上升运动减弱，进而使东太平洋 SST 增暖加强，形成“东高西低”的增暖特征（也就是所谓的“类厄尔尼诺”增暖型）。这一观点可以在一个混合层海洋耦合模式中得以验证（Vecchi et al., 2008）。而在目前的全球海洋－大气耦合模式中，在充分考虑海洋过程和大气过程后，热带太平洋 SST 的增暖型态介于以上两种情况之间，但倾向于“类厄尔尼诺”型。前人根据海平面气压、海面风以及云量的长期趋势变化研究发现，热带太平洋海温变化表现为“类厄尔尼诺”增暖型，同时沃克环流受到海温的强迫有减弱的趋势（Tokinaga et al., 2012）。但不同的海温资料中热带太平洋 SST 增暖趋势的空间分布特征存在较大差异（Vecchi et al., 2008）。

在最近的卫星观测中，可以观测到显著的“类拉尼娜”增暖型，并对应着沃克环流的加强［图 8.1(a)］。这与气候模式模拟出的“类厄尔尼诺”增暖型的特征［图 8.1(b)］截然相反。最新的研究认为，过去 40 年热带太平洋表现出的这种趋势主要受热带太平洋的年代际自然变化信号调制，从而掩盖了热带太平洋海洋－大气耦合系统对全球变暖的响应（Watanabe et al., 2021）。因此，对于海洋－大气系统的长期变化研究不能依靠单一资料、单一变量，而需要使用海洋和大气的多种变量进行系统性研究，得到不同变量之间的相互佐证，才能给出相对确定的结果。

除此之外，基于观测和气候模式的模拟结果发现，在南北方向上，热带太平洋 SST 的增暖在北太平洋大于南太平洋（图 8.1）。这种跨赤道的南北不对称海温增暖会产生跨赤道南风，并在科氏力的作用下导致北半球东北信风减弱和南半球东南信风增强。进而通过海面风－蒸发－SST（WES）反馈机制加强这一经向不对称信号（Xie et al., 2010a）。

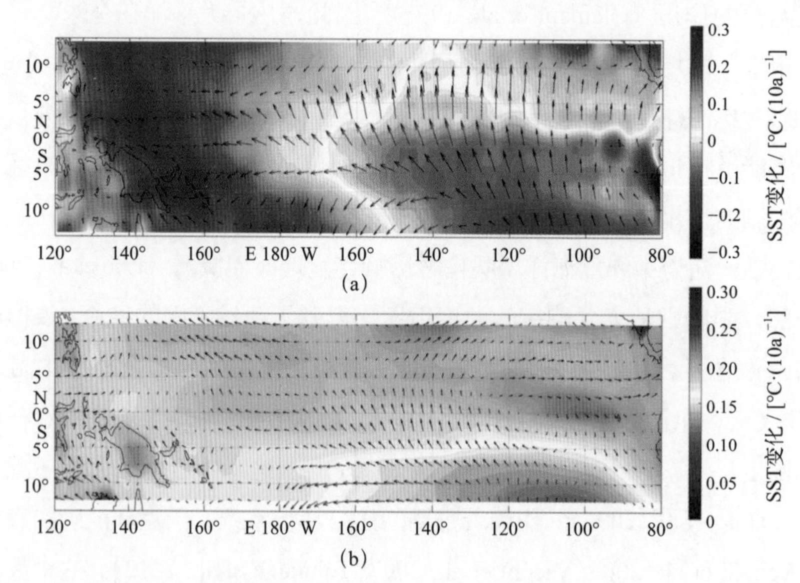

图8.1　热带太平洋1982—2014年间SST（填色，单位：℃/10a）以及海表面风（箭头）的长期变化趋势。（a）基于OISST和ERA5海表温度资料和（b）基于22个CMIP6模式历史模拟集合平均的结果

8.1.2　热带印度洋海温对全球变暖的响应

观测发现，自 20 世纪 50 年代到 21 世纪初，热带印度洋 60 年左右的增暖趋势大约为 0.5℃（Alory et al., 2007）。值得注意的是，热带印度洋 SST 的增暖信号（长期趋势）要明显大于其年际变化的幅度，这种显著的增暖特征是热带印度洋独有的（Du et al., 2008）。图 8.2 为热带印度洋增暖趋势与年际变化方差的比率［图 8.2(a)］，以及观测和模式中 20 世纪的增暖的时间序列［图 8.2(b)］。可以看出，热带印度 SST 增暖信号（长期趋势）和噪声（自然变率）比在全球热带大洋中是最大的，即全球变暖的信号最为显著的。并且模式可以较好地模拟出热带印度洋 SST 的增暖。同时研究发现，热带印度洋 SST 的增暖主要由温室气体所导致的向下长波辐射增加所引起，并通过水汽反馈过程和大气调整过程将这种信号放大，因此，使热带印度洋的增暖信号要比其他大洋显著（Du et al., 2008）。

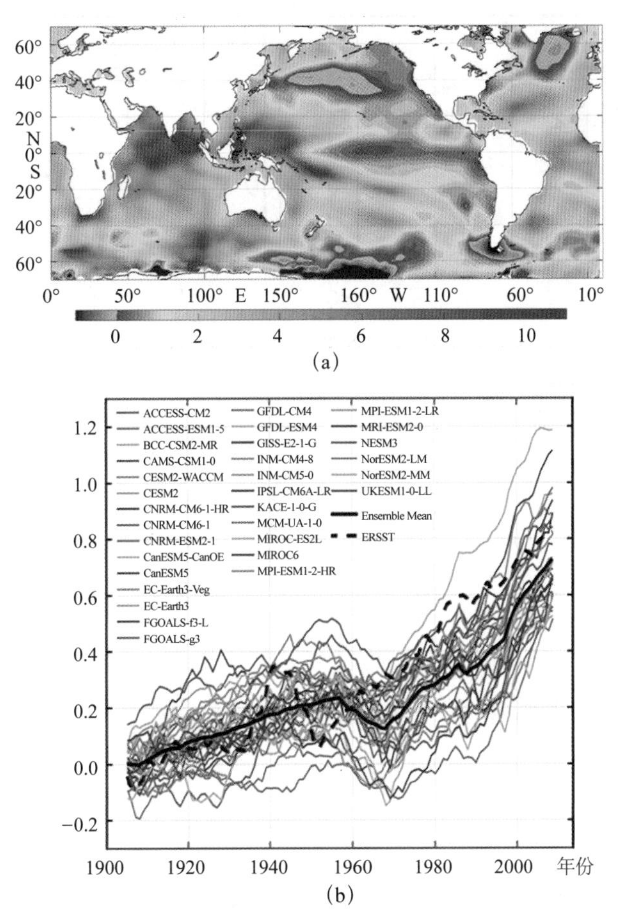

图8.2　(a) 观测（ERSST）中1900—2014年SST的增暖趋势与去掉趋势后SST变化方差的比率和（b）1900—2014年热带印度洋海盆（20°S—20°N，40°—120°E）SST 在观测（ERSST）和32个CMIP6耦合模式历史模拟试验中的变化

热带印度洋增暖的另外一个主要特征是在赤道海区，尤其是在夏季和秋季，SST 增暖主要表现为一个东西向的偶极子型分布，即在东部（西部）增暖减少（增多）。这一特征伴随着中部海盆的东风趋势，以及赤道东印度洋的温跃层抬升现象（图 8.3）。这种增暖的特征被认为与全球变暖中的沃克环流减弱有关：当沃克环流减弱时，赤道印度洋会产生东风加强的趋势，并抬升东赤道太平洋的温跃层，因此会减弱局地的增暖效果，造成赤道印度洋 SST 增暖东部少西部多的空间特征。由于这种增暖与印度洋偶极子模态的空间特征类似，因此也被称为“类 IOD”分布型。这种“类 IOD”分布型的增暖特征在 20 世纪的珊瑚礁代用资料中得到了验证（Abram et al., 2008）。同样在 IPCC 第四次和第五次报告的大多数温室气体增加试验中，都会出现“类 IOD”的 SST 增暖分布特征，并伴随着东风加强以及赤道东印度洋温跃层抬升的现象（Vecchi et al., 2007; Du et al., 2008; Zheng et al., 2010, 2013; Cai et al., 2013）。

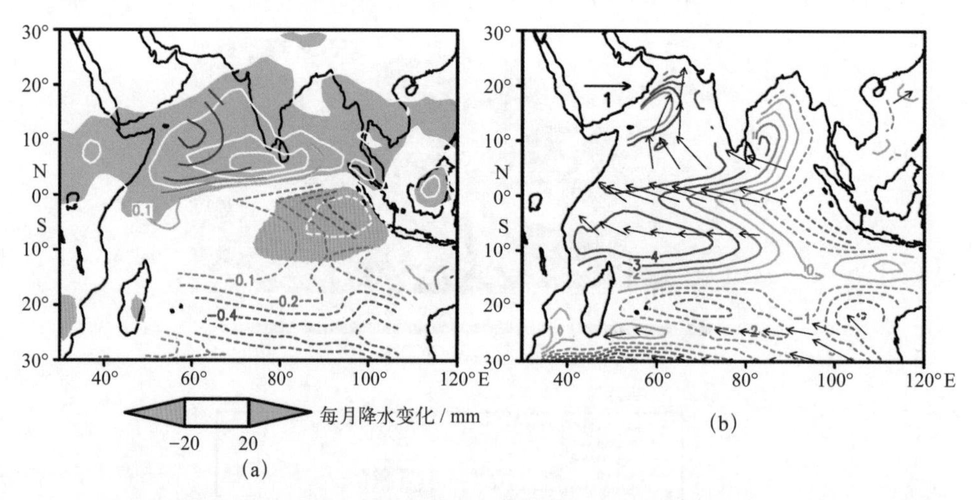

图8.3　9—11月CMIP5多模式平均的热带印度洋平均态在全球变暖前后下的变化特征。（a）SST（等值线，单位：℃）和降水（填色和20 mm/月为间隔的白色等值线）。（b）表面风场（箭头，单位：m/s）和相对于全球平均值的海面高度（等值线，单位：cm）（改编自Xie et al., 2010a）

综上述，全球变暖下热带海温增暖具有显著的空间分布不均匀性。那么热带海温增暖的这种不均匀性对热带降水和大气环流有怎样的调控作用？这是我们下面要探讨的一个问题。

8.1.3　热带海洋降水对全球变暖的响应

通过前面章节的介绍我们知道，热带降水变化与热带海温存在显著联系，在高海温区降水较多，而在冷海温区降水较少。在全球变暖背景下，全球的 SST 受温室效应的辐射强迫显著上升，并同时提高海表气温。根据克劳修斯－克拉珀龙关系，全球变暖下大气的水汽含量会随温度的上升而增加。一般而言，全球平均温度每上升 1℃，全球大气中水汽含量上升约 7%。但有趣的是，全球的平均降水，特别是对全球大气环流有重要调控作用的热带降水，并没有随水汽的增加而同步变化，而是仅有微弱的（约 2%）的增加。这说明，热带降水在全球变暖下并非表现为一致的增加，而是表现出显著的空间分布不均匀性。

如何理解热带降水对全球变暖响应的空间分布特征？前人的研究给出了不同的解释。一种观点认为，降水对全球变暖响应的空间分布，由平均降水的分布决定：平均降水多的地方，全球变暖后降水会增加；反之平均降水少的地方，全球变暖后降水也会减少。这就是所谓的 wet-get-wetter 降水变化分布型（Chou et al., 2004; Heldet al., 2006; Chou et al., 2009）。此理论被 2007 年的 IPCC 第四次报告采用。该观点认为，在气温均匀增温的情况下，水汽的增加是极不均匀的，在平均气温高的赤道海表附近达到极大值，而向上及南北方向减少。这增强了水汽的垂向及经向的梯度，若不考虑大气环流的改变，热带降水将形成 wet-get-wetter 变化分布。

然而，这种理论的前提是“全球热带海温的增暖一致”。但正如我们前面两节提到的，在实际观测和数值模式中，热带海温对全球变暖的响应存在着显著的空间分布特征。基于这个考虑，Xie 等（2010a）又提出关于热带降水对全球变暖响应的空间分布新理论。在海洋 – 大气耦合模式的全球变暖模拟中，由于海洋动力和海洋 – 大气耦合过程的存在，SST 的增暖存在显著的空间分布不均匀性。这种 SST 增暖的空间分布，会决定热带海洋降水的空间分布（图 8.4），也就是所谓的 warmer-get-wetter 降水变化分布型。这一理论认为，全球变暖的过程中，热带对流层顶部自由大气的增暖幅度由于大气环流快速调整在水平方向上达到基本均匀。而低层大气的增暖，特别是边

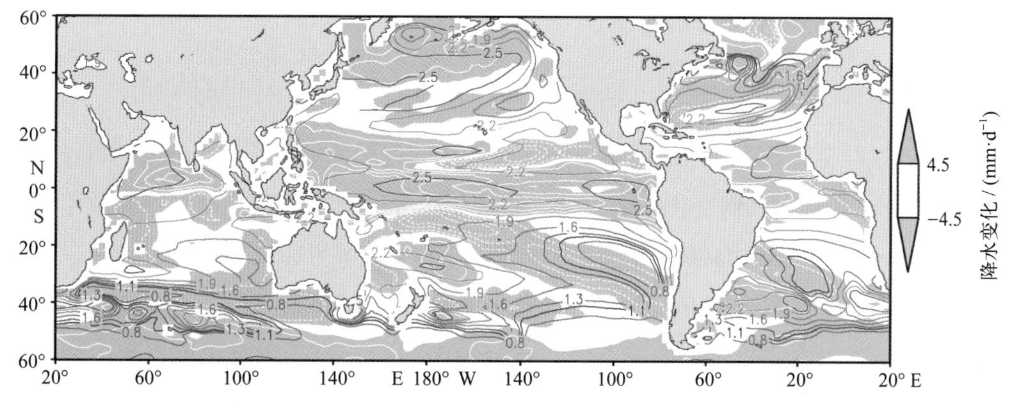

图8.4　气候耦合模式全球变暖前后年平均SST（等值线，单位：℃）和降水（阴影，单位：mm/d）的差异（参考Xie et al., 2010a）

界层气温的增暖，主要由以 SST 为主的下垫面温度变化所决定。众所周知，温度垂向变化影响的湿静态能量的垂直梯度，决定大气的稳定度，进而影响降水强度。由于上层大气的温度增暖情况差别不大，因此决定大气稳定度的主要因素受 SST 增暖的空间分布所影响。所以，SST 增暖的空间分布不均匀性是影响热带降水对全球变暖响应的重要因素。

事实上，warmer-get-wetter 和 wet-get-wetter 机理在全球变暖背景下会共同调制热带降水的变化（Huang et al., 2013）。由于海温增暖的季节性较弱，因此在年平均下，热带降水大致体现出 warmer-get-wetter 型特征。而在不同季节平均的降水变化则随不同季节的气候态降水改变，表现为 wet-get-wetter 的倾向。也就是季节平均的降水增加的极大值总是偏在夏半球，在季节气候态 ITCZ 的赤道一侧。因此，不同季节 ITCZ 内的上升气流比年平均大好几倍，从而加强了季节降水变化中 wet-get-wetter 型的比重。

热带海洋海温和降水的平均态变化，除了会调控全球大气环流以及区域气候之外，还会通过调制海洋－大气耦合过程的强度，进而改变热带海洋－大气耦合模态的特征。我们将在第 8.2 节探讨热带主要海洋－大气耦合模态对全球变暖的响应特征及主要机理。

8.2 全球变暖背景下热带主要海洋－大气耦合模态的变化

第 8.1 节我们讨论了全球变暖背景下热带海洋、大气基本场的主要变化特征。除此之外，全球变暖还会影响气候的年际变化特征。我们知道气候的年际变化是引起洪水、干旱等极端天气事件的首要因素，能产生巨大的环境、社会和经济影响。而气候的年际变化在很大程度上与热带海洋－大气耦合模态有关。因此，研究热带海洋－大气耦合模态对全球变暖的响应，对未来气候变化的预测，尤其是极端气候事件发生的变化预测，具有十分重要的意义。

8.2.1 太平洋主要海洋－大气耦合模态（ENSO）对全球变暖的响应

热带太平洋 ENSO 模态是影响全球气候年际变化最重要的海洋－大气耦合模态。ENSO 在全球变暖中如何变化，一直是气候变化研究的热点问题。前人对此做了大量的研究，分别在 ENSO 的强度和空间分布等特征的变化等方面取得了一些认识。

对于全球变暖背景下 ENSO 强度变化的机制认识，目前有以下两种观点：一种是考虑大气平均态的变化，由于全球变暖过程中高层大气的增暖幅度要大于低层大气，这会导致大气干静力稳定度增加，会引起海洋－大气耦合过程中的对流－纬向风反馈减弱，进而降低 ENSO 强度（Meehl et al., 1993; Knutson et al., 1997; Huang et al., 2017）；另一种观点是从海洋的平均态变化出发，认为在全球变暖背景下，上层海洋的增暖幅度要大于下层海洋，这会导致上层海洋混合层变浅以及热力层结的加强，进而强化海洋动力信号以及温跃层反馈过程，增强 ENSO 的振幅和频率（Timmerman et al., 1999; Cai et al., 2018）。Collins 等（2010）回顾了全球变暖背景下 ENSO 变化的主要机制变化，分别从平均态上升流和平流、温跃层反馈作用（温跃层深度的变化）、SST/ 风应力反馈作用、表面纬向平流反馈作用、大气衰减作用和大气高频变率作用等方面在全球变暖中的变化进行了探讨。其中有些因素会加强，有些因素会减弱，而有些因素的变化还不清楚。在最新的海洋 - 大气耦合模式的全球变暖模拟中，各耦合模式对 ENSO 的强度变化的预测很不一致，没有统一的结论（图 8.5）。

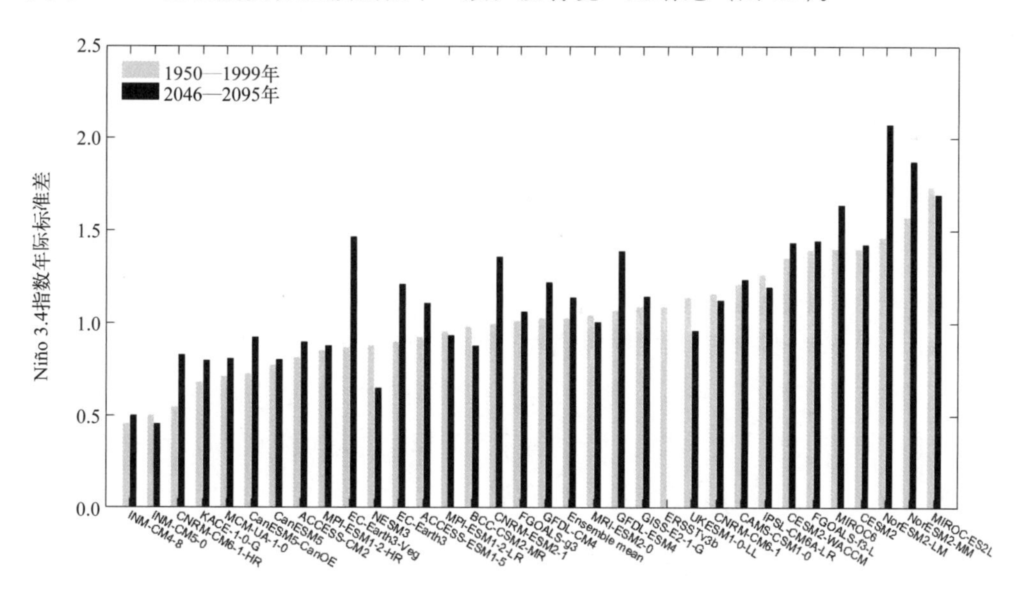

图8.5　CMIP6模式集合中Niño 3.4指数振幅在全球变暖前（灰色柱状图）和全球变暖后（黑色柱状图）的比较。观测资料采用ERSST

除了 ENSO 的强度之外，ENSO 的空间分布特征对全球变暖也会有所响应。研究发现，在全球变暖背景下，中太平洋厄尔尼诺（CP-El Niño）发生的频率会有所增加。这一特征也是由于平均态的变化所引起的。在大部分耦合模式的全球变暖模拟中，中太平洋厄尔尼诺发生的频率和传统的东太平洋厄尔尼诺（EP-El Niño）相比有所增加（Yeh et al., 2009）。这一变化也与热带海洋平均态对全球变暖的响应有很大的关系。Yeh 等（2009）认为，由于全球变暖会导致沃克环流的减弱，引起赤道东风减弱，赤道地区的温跃层东西梯度减小，即东太平洋的温跃层变深，西太平洋温跃层变浅。因此，SST 对海洋动力作用感应强的区域就会从东部太平洋向西移动，相应的中太平洋厄尔尼诺发生的频率会有所增加。另有一部分研究认为，ENSO 在全球变暖下的海洋动力过程加强会在东太平洋产生更强劲的海温异常，从而导致东太平洋厄尔尼诺（EP-El Niño）的强度增强（Cai et al., 2018）。

尽管 ENSO 海温异常的强度和发生位置的变化仍未有统一认识，但在大部分气候模式中，ENSO 的大气异常信号却有较为统一的对全球变暖的响应。研究发现，绝大部分气候模式中的厄尔尼诺引起的降水都在全球变暖下有向东移动并加强的特征（Power et al., 2013），引起极端厄尔尼诺事件的发生增多（Cai et al., 2014a）。这一现象与热带太平洋平均态变化紧密联系：由于热带太平洋海温增暖在大部分气候模式中表现为“类厄尔尼诺”增暖型，这就会造成接近于对流降水阈值的暖的 SST 范围向东扩张，因此，即便 ENSO 海温的振幅变化不大，在厄尔尼诺事件时降水信号也向东迁移（Power et al., 2013; Cai et al., 2014a; Zheng et al., 2016）。这种 ENSO 降水信号的增强和向东迁移，又会引起第 7 章我们提到的冬季的 PNA 遥相关分布型，会出现显著的东移和加强（Zhou et al., 2014）。因此，ENSO 对全球气候的影响效应也会在对应的热带大气热力过程加强作用下得以强化（Hu et al., 2021）。

总之，通过前人的一系列研究，人们对 ENSO 及其气候效应对全球变暖下的响应问题有了初步认识，但鉴于目前气候模式对于气候平均态的模拟存在较大偏差，例如，存在冷舌偏强、双 ITCZ 以及云反馈模拟能力有限等问题，会造成 ENSO 在气候模式中的模拟也出现很大的偏差。因此，上述基于气候模式结果理解 ENSO 对全球变暖响应的发现还存在一定的争议，需要进一步研究。

8.2.2 热带印度洋海盆增暖模态对全球变暖的响应

根据第 8.1.2 小节的介绍，热带印度洋是全球变暖背景下热带海洋增暖最明显的海域，并且增暖存在着显著的空间不均匀性。这种平均态的变化特征，会对热带印度洋主要海洋－大气耦合模态的发展有潜在的影响。对于印度洋耦合模态如何对全球变暖响应这一问题，近些年来人们利用观测资料和耦合模式进行了一系列研究，并取得了系统性的认识。

观测数据发现在最近 50 年中热带印度洋第一主模态——海盆模态存在显著的增强现象。Xie 等（2010b）通过对船舶观测资料的分析发现，IOB 模态及其“电容器效应”在 20 世纪 70 年代存在年代际变化特征。70 年代之前 IOB 模态只能持续到北半球春季，而 70 年代之后海盆增暖模态尤其是北印度洋的增暖可以持续到北半球夏季（图 8.6）。进一步研究发现，IOB 模态及其“电容器效应”的局地海－气相互作用过程也存在对应的年代际变化特征：在 70 年代之后，厄尔尼诺发展和成熟阶段热带东印度洋的赤道东风异常会在热带南印度洋激发出海洋下沉罗斯贝波，并导致热带西南印度洋产生暖 SST 异常信号并持续到第二年 6 月。西南热带印度洋的增暖又会进一步在夏天引起一个反对称的海面风异常分布，通过减小平均西南风使得北印度洋出现第二次增暖。而北印度洋的增暖又会帮助激发出暖对流层开尔文波来影响西北太平洋的环流和对流（Xie et al., 2009）。而在 70 年代之前，这些热带印度洋对 ENSO 响应的特征并不明显，热带南印度洋的罗斯贝波以及对西南印度洋 SST 的作用也不明显。70 年代之前，由于西南印度洋增暖较弱，导致北半球夏季关于赤道的反对称风形态不明显，从而导致北印度洋夏季第二次增暖也不明显。而由于失去了热带印度洋第二次增暖的支持，北半球夏季西北太平洋的大气环流异常也有所减弱。总之，从观测中我们可以看出，过去 60 年中 IOB 模态及其“电容器效应”有显著加强的特征。

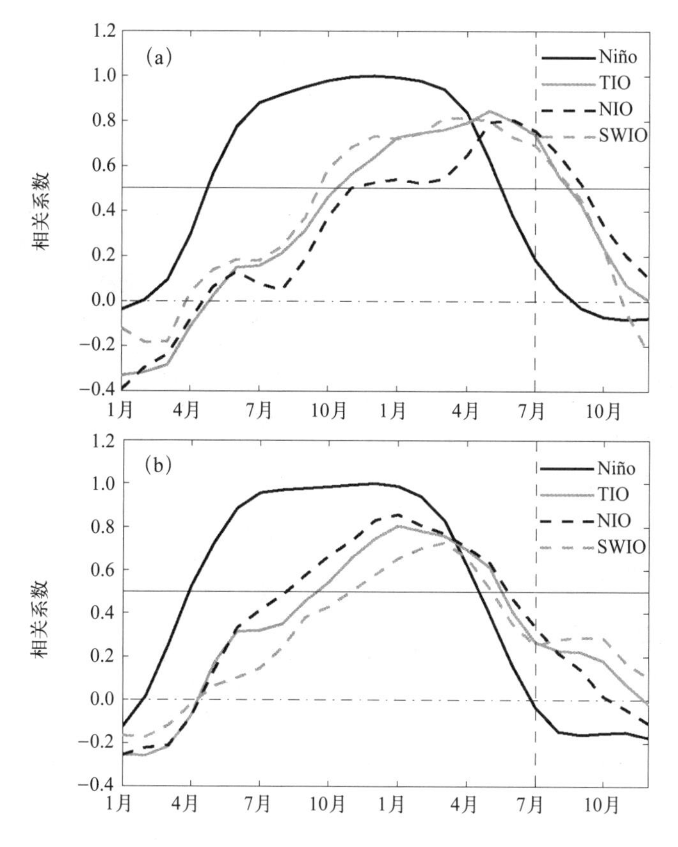

图8.6　热带印度洋及其各子海盆在（a）1977—2003年和（b）1950—1976年的SST在ENSO发展年和衰退年与NDJ(0)的Niño 3.4指数的相关系数。黑色实线为Niño 3.4指数超前滞后自相关系数（参考Xie et al., 2010b）

观测中 IOB 模态的增强特征，是否与工业革命以来人类活动造成的全球变暖信号有关呢？目前这一问题还存在一定的争议。有研究认为，IOB 模态在 20 世纪后半段的加强，与 ENSO 强度变化的年代际调制有关（Chowdary et al., 2012）。但根据数值模式的全球变暖模拟结果，一些研究发现，IOB 模态在全球变暖背景下确实有增强的趋势（Zheng et al., 2011; Hu et al., 2014）。其中，Zheng 等（2011）使用一个全球变暖的海洋－大气耦合模式结果研究了温室气体加倍过程中 IOB 模态及其“电容器效应”的变化，发现温室气体加倍能够延长 IOB 模态持续时间（图 8.7），并指出这种加强与全球变暖后印度洋局地的海洋－大气相互作用的强化有关。Hu 等（2014）进一步采用 CMIP5 多耦合模式的全球变暖试验结果分析发现，由于全球变暖下对流层低层水汽的增加，厄尔尼诺可以更有效的通过对流层温度机制（即 TT 机制）强迫 IOB 模态，并通过“电容器效应”对未来西太平洋和东亚夏季气候年际变化产生更为显著的影响。但最近也有观点认为，“电容器效应”最重要的产物——西北太平洋异常反气旋会在全球变暖下有所减弱。这是因为全球变暖下的大气静力稳定度的增加，会削弱热带印度洋海盆模态引起的大气开尔文波信号，同时削弱 ENSO 衰退期北印度洋和西北太平洋海温异常的纬向梯度，进而不利于印度洋和西北太平洋之间的正反馈过程（Jiang et al., 2018）。因此，关于 IOB 模态及其“电容器效应”对全球变暖的响应仍需进一步研究。

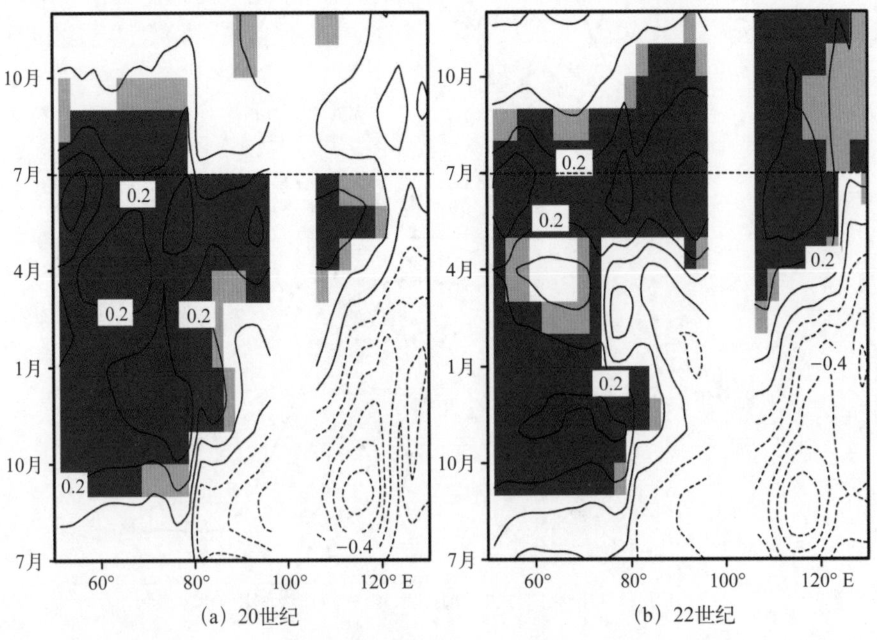

图8.7 热带北印度洋及南海在（a）全球变暖前和（b）全球变暖后在ENSO发展年和衰退年与NDJ(0)的Niño 3.4指数的回归系数的经度–时间断面。红线（黄色）阴影为99%（95%）信度检验范围（参考Zheng et al., 2011）

8.2.3　热带印度洋偶极子模态对全球变暖的响应

与 IOB 模态类似，依据长期观测资料可以得到热带印度洋海温的第二主模态——IOD 模态也增强的现象。根据珊瑚氧同位素的观测，Abram 等（2008）指出，IOD 事件在过去的 150 年之间有强化现象，并且他们发现偶极子现象的加强，与赤道东印度洋（即 IOD 模态的东边一极，位于苏门答腊岛和爪哇岛西侧沿岸）温跃层抬升有关。这与观测资料近几十年的趋势相吻合（Alory et al., 2007）。在全球变暖背景下，由于热带的沃克环流有减弱趋势（Vecchi et al., 2006），会在赤道印度洋产生东风趋势，从而改变赤道温跃层的东西倾斜，导致赤道东印度洋温跃层抬升。由于该海区对 IOD 的海 - 气耦合反馈至关重要，一些研究（Vecchi et al., 2007; Ihara et al., 2008）猜想此处温跃层的变浅会通过加强温跃层反馈作用增强未来的 IOD 事件。但是，在大多数气候模式的全球变暖模拟中，IOD 的变化并不显著（Ihara et al., 2009）。因此，全面理解 IOD 的海 - 气反馈过程对全球变暖的响应，就成为预测未来 IOD 如何变化的关键。

为了确定 IOD 模态强度在全球变暖过程中是否有所加强，以及对应的海洋 - 大气反馈如何变化，Zheng 等（2010）使用能模拟 IOD 模态的一个气候模式检验了 IOD 模态在温室气体增加中的变化。该研究发展了一种评估海洋 - 大气反馈作用的方法：用赤道东印度洋海区的 SST 对温跃层起伏的回归响应系数来衡量 IOD 的温跃层 -SST 反馈强度，也就是 Bjerknes 反馈中的海洋部分；同时，使用中部太平洋纬向风异常对赤道东印度洋的 SST 异常的回归相应系数来衡量 SST- 纬向风反馈，也就是 Bjerknes 反馈中大气部分的强度，分析结果发现，在无外强迫的控制试验中，IOD 的振幅确实与赤道东印度洋海区的温跃层深度以及温跃层 - SST 反馈存在显著的相关性，即当温跃层较浅时，温跃层 -SST 反馈较强，因此 IOD 的强度也较强，相反当温跃层深度较深，温跃层反馈也比较弱，对应 IOD 的强度也较弱。这与观测中赤道东印度洋海区温跃层抬升会导致 IOD 强度增强的现象是一致的。

在全球变暖模拟下，伴随着沃克环流减弱而导致的赤道印度洋东风趋势的出现，赤道东印度洋的温跃层从 90 m 抬升到 60 m［图 8.8(b)］，温跃层抬升造成温跃层 -SST 反馈作用增强了约 20%。尽管如此，IOD 的方差并没有太大的变化。这说明 IOD 事件的强度在全球变暖过程中并不仅由海洋反馈过程的强度决定，一定还会有其他因素的影响。我们发现在温跃层抬升的同时，赤道印度洋的纬向风的年际变化方差显著减弱［图 8.8(a)］，同时减弱的还有温跃层的温度变化方差［图 8.8(b)］，这就说明 IOD 事件中大气的作用在全球变暖下也产生了变化，并且有所减弱。

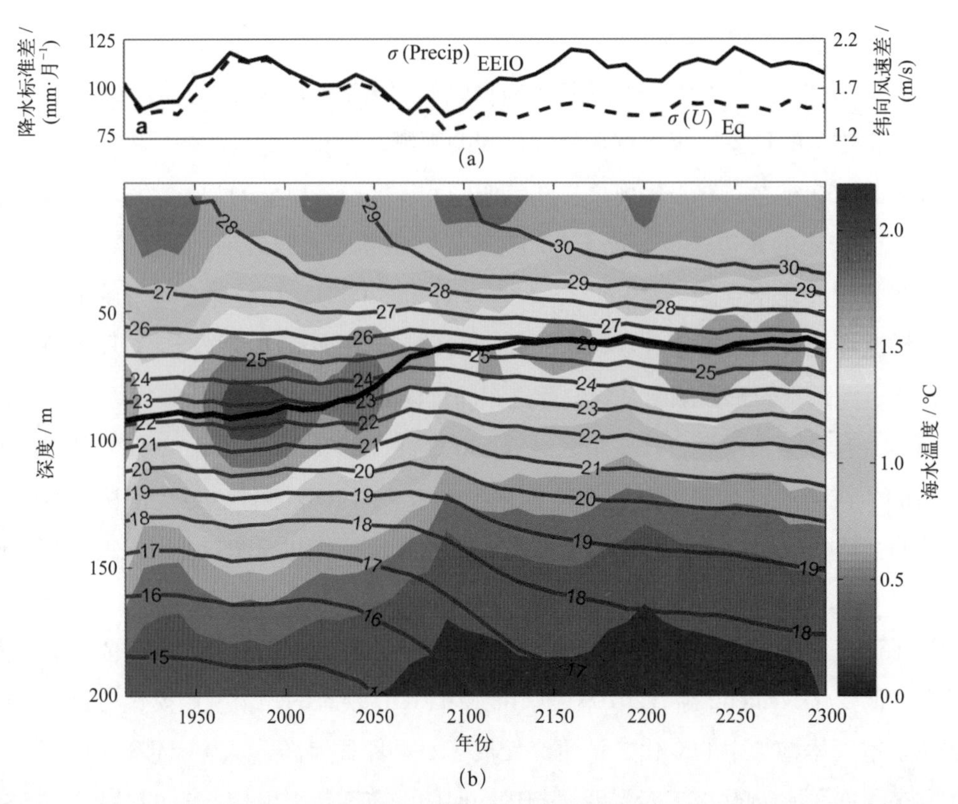

图8.8　温室气体增加模拟中，7—10月期间50年滑动窗口的年际变化标准差：(a) 赤道东印度洋（EEIO）海区的降水（实线，单位：mm/月，左轴）和中部赤道印度洋的纬向风速（虚线，单位：m/s，右轴）。(b) 赤道东印度洋海区的海水温度（颜色填充等值线，单位：℃）。在（b）中还包括由垂直最大梯度确定的温跃层（黑实线），以及平均海水温度（棕色等值线，单位：℃）（参考Zheng et al., 2010）

通过进一步的研究发现，IOD 事件中大气反馈作用会有所减弱。这是由于对流层稳定性在温室气体增加过程中的增加，在 IOD 形成过程中纬向风对 SST 异常响应减弱了大约 20%。中部赤道印度洋纬向风方差和次表层温度方差的减小反映了这种大气反馈作用的减弱。因此，减弱的大气反馈作用恰好抵消了增强的温跃层反馈作用，使得 IOD 的方差在温室气体增加中很大程度上保持不变（图 8.9）。而这些大气－海洋反馈作用的改变与基本场的显著变化息息相关，特别是赤道东印度洋海区温跃层的抬升以及大气稳定度的增强。

上述 IOD 模态的海洋和大气反馈过程在全球变暖下的反向变化，在 CMIP5 的多耦合模式的全球变暖模拟中得到了验证（Zheng et al., 2013; Cai et al., 2013）。如图 8.10 所示，尽管 IOD 指数的振幅在全球变暖前后变化不大，但赤道中印度洋纬向风的年际标准差的减少反映了 IOD 大气反馈作用的减弱。纬向风年际振幅的下降又会造成赤道东印度洋温跃层（用海平面高度表示）的变化方差减小，从而抵消了由温跃层抬升引起的加强的温跃层 -SST 反馈对 IOD 的加强作用。

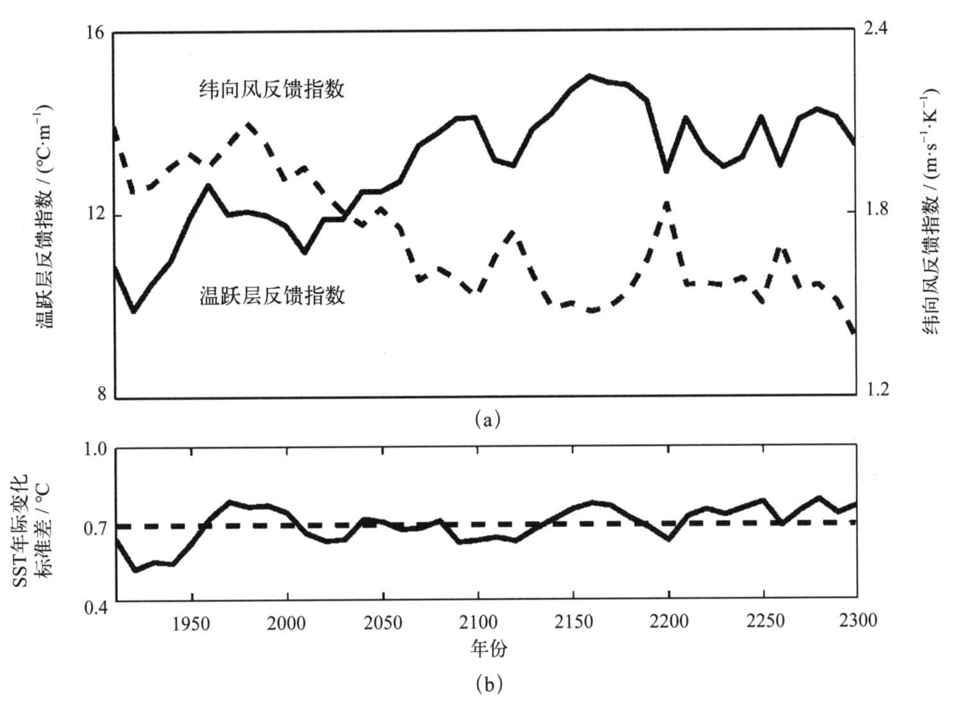

图8.9　温室气体增加模拟中8—11月期间50年滑动的时间序列：(a) 赤道东印度洋海区的温跃层反馈指数 [$R(T,\eta)$，实线，单位：℃/m] 和纬向风反馈指数 [$R(U,T)$，虚线，单位：$m/(s\cdot K)^{-1}$]；(b) 赤道东印度洋海区SST年际变化的标准差（单位：℃）（参考Zheng et al., 2010）

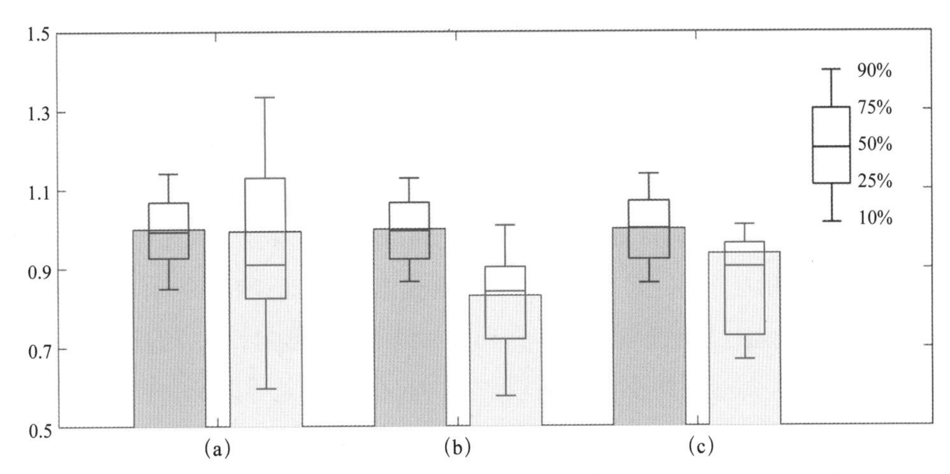

图8.10　CMIP5多模式集合中的全球变暖前后的（a）IOD指数（10°S—10°N，50°—70°E和10°S—0°，90°—110°E的海温差）的年际标准差；(b) 赤道中印度洋（5°S—5°N，70°—90°E）纬向风的年际标准差，以及（c）赤道东印度洋（10°S—0°，90°—110°E）海平面高度的年际标准差。所有指数都进行了标准化（参考IPCC第五次报告中图14.11）

既然全球变暖的数值试验中，IOD 并未表现出增强的特征，那么观测中 IOD 表现出强度加强、频率提高的趋势就另有原因。目前，一般认为与热带印度洋气候平均态在全球变暖下的“类 IOD”海温增暖分布型有关。由于气候平均意义下西部增暖、东部变冷，因此在计算海温异常信号的时候，若不扣除这一平均态的变化，就会造成正 IOD 事件的发生频率上升（Cai et al., 2013）。但也有研究指出，热带印度洋 Bjerknes 反馈效应在气候模式中普遍偏强，“类 IOD”海温增暖分布型的产生与此模式偏差有关（Li et al., 2016）。关于 IOD 在全球变暖背景下如何变化，依然是一个存在争议的科学问题。

尽管在未来变暖气候下 IOD 的振幅变化不明显，但其他的一些特征会有显著的变化。与 ENSO 类似，但其降水异常在全球变暖过程中有显著的变化。Cai 等（2014）发现在一部分强 IOD 事件中，东印度洋的干旱能够延伸到赤道印度洋中部，而大气对流中心可以被推到印度洋西侧，从而造成更显著的极端气候和天气现象。他们将这一类 IOD 事件定义为极端 IOD 事件。在全球变暖背景下，热带印度洋的“类 IOD”增暖型以及赤道的东风趋势导致 IOD 事件在东侧的变冷加强并向西延伸，引起更加频繁的极端 IOD 事件。基于 CMIP5 模式的高排放情景，未来极端 IOD 事件会增加几乎 3 倍，这会大大提升未来变暖气候下 IOD 的气候影响。此外，随着赤道东印度洋的温跃层在全球变暖下抬升，IOD 发展过程中的温跃层－SST 反馈的非线性特征会减弱，这会缩小正负 IOD 事件之间的不对称性，造成未来更强的负 IOD 事件（Zheng et al., 2010; 2013）。

热带海洋的海盆间相互作用是气候年际变化的重要组成部分，是联系不同海盆的海－气耦合模态的重要纽带（Cai et al., 2019）。这些海盆间相互作用对温室气体增加的响应及其对耦合模态的影响仍未完全认识清楚。现在一般认为，增强的大气对流层稳定度会减弱海盆间相互作用。例如，热带大西洋－太平洋的遥相关过程就在多数模式中表现出衰减的特征（Jia et al., 2019）。此外，在不同海盆之间还存在年代际以及更低频的海盆间相互作用，对热带海－气耦合模态有潜在影响。例如，热带大西洋多年代际振荡，就会通过调制赤道太平洋纬向风和经向风来影响 ENSO 的强度和类型（Hu et al., 2018）。在全球变暖背景下，这些因素如何改变，也是亟待解决的重要问题。

8.3 本章小结

通过本章的介绍，我们发现全球变暖中在海洋－大气相互作用过程的调制下，热带气候平均态会发生显著的变化，在太平洋产生“类厄尔尼诺”增暖型，在印度洋产生“类 IOD”增暖型，这些增暖的空间分布不均匀性，又会在 warmer-get-wetter 的机制下调控热带降水和大气环流。平均态的变化会进一步调制包括 ENSO、IOB 和 IOD 在内的主要气候模态：其中 ENSO 和 IOB 的信号，特别是其大气响应有显著的加强，而 IOD 在海洋和大气动力过程相互抵消下振幅变化不大。随着 CMIP6 中大量数值模式试验结果的发布以及模式模拟能力的改进，人们对全球变暖如何影响热带海－气系统的认识会更为清晰，并会进一步丰富全球变暖背景下海洋－大气相互作用动力学研究的理论框架。

参考文献

ABRAM N J, GAGAN M K, COLE J E, et al., 2008. Recent intensification of tropical climate variability in the Indian Ocean. Nature Geoscience, 1: 849−853.

ALORY G, WIJFFELS S, MEYERS G, 2007. Observed temperature trends in the Indian Ocean over 1960—1999 and associated mechanisms. Geophysical Research Letters, 34(2), L02606.

CAI W, ZHENG X T, WELLER E, et al., 2013. Projected response of the Indian Ocean Dipole to greenhouse warming. Nature Geoscience, 6: 999−1007.

CAI W, et al., 2014a. Increasing frequency of extreme El Niño events due to greenhouse warming. Nature Climate Change, 4: 111−116.

CAI W, SANTOSO A, WANG G, et al., 2014b. Increased frequency of extreme Indian Ocean Dipole events due to greenhouse warming. Nature, 510: 254−258.

CAI W, WANG G, DEWITTE B, et al., 2018. Increased variability of Eastern Pacific El Niño under greenhouse warming. Nature, 564: 201−206.

CAI W, et al., 2019. Pantropical climate interactions. Science. 363(6430), eaav4236.

CANE M A, CLEMENT A C, KAPLAN A, et al., 1997. 20th century sea surface temperature trends. Science, 275(5302): 957−960.

CHOU C, NEELIN J D, 2004. Mechanisms of global warming impacts on regional tropical precipitation. Journal of Climate, 17(13): 2688−2701.

CHOU C, NEELIN J D, CHEN C A, et al., 2009. Evaluating the “rich-get-richer” mechanism in tropical precipitation change under global warming. Journal of Climate, 22(8): 1982−2005.

CHOWDARY J S, XIE S P, TOKINAGA H, et al., 2012. Interdecadal variations in ENSO teleconnection to the Indo-western Pacific for 1870-2007. Journal of Climate, 25(5): 1722−744.

CLEMENT A C, SEAGER R, CANE M A, et al., 1996. An ocean dynamical thermostat. Journal of Climate, 9(9): 2190−2196.

COLLINS M, et al., 2010. The impact of global warming on the tropical Pacific Ocean and El Niño. Nature Geoscience, 3: 391−397.

DU Y, XIE S P, 2008. Role of atmospheric adjustments in the tropical Indian Ocean warming during the 20th century in climate models. Geophysical Research Letters, 35(8), L08712.

HELD I M, SODEN B J, 2006. Robust responses of the hydrological cycle to global warming. Journal of Climate, 19(21): 5686–5699.

HU K, HUANG G, ZHENG X T, et al., 2014. Interdecadal variations in ENSO influences on Northwest Pacific-East Asian summertime climate simulated in CMIP5 models. Journal of Climate, 27(15): 5982–5998.

HU K, HUANG G, HUANG P, et al., 2021. Intensification of El Niño-induced atmospheric anomalies under greenhouse warming. Nature Geoscience, 14: 377–382.

HU S, FEDOROV A V, 2018. Cross-equatorial winds control El Niño diversity and change. Nature Climate Change, 8: 798–802.

HUANG P, XIE S P, HU K, et al., 2013. Patterns of the seasonal response of tropical rainfall to global warming. Nature Geoscience, 6: 357–361.

HUANG P, CHEN D, YING J, 2017. Weakening of the tropical atmospheric circulation response to local sea surface temperature anomalies under global warming. Journal of Climate, 30(20): 8149–8158.

IHARA C, KUSHNIR Y, CANE M A, 2008. Warming trend of the Indian Ocean SST and Indian Ocean dipole from 1880 to 2004. Journal of Climate, 21(10): 2035–2046.

IHARA C, KUSHNIR Y, CANE M A, et al., 2009. Climate change over the equatorial Indo-Pacific in global warming. Journal of Climate, 22(10): 2678–2693.

JIA F, CAI W, WU L, et al., 2019. Weakening Atlantic Niño–Pacific connection under greenhouse warming. Science Advance, 5. eaax4111.

JIANG W, HUANG G, HUANG P, et al., 2018. Weakening of Northwest Pacific anticyclone anomalies during post–El Niño summers under global warming. Journal of Climate, 31(9): 3539–3555.

KNUTSON T R, MANABE S, GU D, 1997. Simulated ENSO in a global coupled ocean-atmosphere model: Multidecadal amplitude modulation and CO_2 sensitivity. Journal of Climate, 10(1): 138–161.

LI G, XIE S P, DU Y, 2016. A robust but spurious pattern of climate change in model projections over the tropical Indian Ocean. Journal of Climate, 29(15): 5589–5608.

LIU Z, VAVRUS S, HE F, WEN N, et al., 2005. Rethinking tropical ocean response to global warming: The enhanced equatorial warming. Journal of Climate, 18(22): 4684–4700.

LUO Y, LU J, LIU F, et al., 2017. The role of ocean dynamical thermostat in delaying the El Niño-like response over the equatorial Pacific to climate warming. Journal of Climate, 30(8): 2811–2827.

MEEHL G A, BRANSTATOR G W, WASHINGTON W M, 1993. Tropical Pacific interannual variability and CO_2 climate change. Journal of Climate, 6(1): 42–63.

POWER S, DELAGE F, CHUNG C, et al., 2013. Robust twenty-first-century projections of El Niño and related precipitation variability. Nature, 502: 541–545.

SEAGER R, CANE M, HENDERSON N, et al., 2019. Strengthening tropical Pacific zonal sea surface temperature gradient consistent with rising greenhouse gases. Nature Climate Change, 9: 517–522.

SOBEL A, CAMARGO S, 2011. Projected future seasonal changes in tropical summer climate Journal of Climate, 24(2): 473−487.

TIMMERMANN A, OBERHUBER J, BACHER A, et al., 1999. Increased El Niño frequency in a climate model forced by future greenhouse warming. Nature, 398: 694−697.

TOKINAGA H, XIE S P, DESER C, et al., 2012. Slowdown of the Walker circulation driven by tropical Indo-Pacific warming. Nature, 491: 439−443.

VECCHI G A, SODEN B J, WITTENBERG A T, et al., 2006. Weakening of tropical Pacific atmospheric circulation due to anthropogenic forcing. Nature, 441.

VECCHI G A, SODEN B J, 2007. Global warming and the weakening of the tropical circulation. Journal of Climate, 20(17): 4316−4340.

VECCHI G A, CLEMENT A, SODEN B J, 2008. Examining the Tropical Pacific's Response to Global Warming. EOS, Transactions American Geophysical Union, 89(9): 81−83.

WATANABE M, DUFRESNE J L, KOSAKA Y, et al., 2021. Enhanced warming constrained by past trends in equatorial Pacific sea surface temperature gradient. Nature Climate Change, 11: 33−37.

XIE S P, HU K, HAFNER J, et al., 2009. Indian Ocean capacitor effect on Indo-western Pacific climate during the summer following El Niño. Journal of Climate, 22(3): 730−747.

XIE S P, DESER C, VECCHI G A, et al., 2010a. Global warming pattern formation: Sea surface temperature and rainfall. Journal of Climate, 23(4): 966−986.

XIE S P, DU Y, HUANG G, et al., 2010b. Decadal shift in El Niño influences on Indo-western Pacific and East Asian climate in the 1970s. Journal of Climate, 23(12): 3352−3368.

YEH S W, KUG J S, DEWITTE B, et al., 2009. El Niño in a changing climate. Nature, 461: 511−514.

ZHENG X T, XIE S P, VECCHI G A, et al., 2010. Indian Ocean dipole response to global warming: Analysis of ocean-atmospheric feedbacks in a coupled model. Journal of Climate, 23(5): 1240−1253.

ZHENG X T, XIE S P, LIU Q, 2011. Response of the Indian Ocean basin mode and its capacitor effect to global warming. Journal of Climate, 24(23): 6146−6164.

ZHENG X T, XIE S P, DU Y, et al., 2013. Indian Ocean Dipole response to global warming in the CMIP5 multimodel ensemble. Journal of Climate, 26(16): 6067−6080.

ZHENG X T, XIE S P, LV L H, et al., 2016. Intermodel uncertainty in ENSO amplitude change tied to Pacific ocean warming pattern. Journal of Climate, 29(20): 7265−7279.

ZHOU Z Q, XIE S P, ZHENG X T, et al., 2014. Global warming-induced changes in El Niño teleconnections over North Pacific and North America. Journal of Climate, 27(24): 9050−9064.

附录：资料来源

本书中的图表除了特殊说明外主要依据以下资料绘制。

海表温度（1950—2010年）来自 NOAA Extended Reconstructed Sea Surface Temperature (ERSST) (Smith et al., 2008) 资料：http://www.esrl.noaa.gov/psd/data/gridded/data.noaa.ersst.html。

降水（1979— 2010年）来自 NOAA CPC Merged Analysis of Precipitation (CMAP) (Xie and Arkin, 1997) 资料：http://www.esrl.noaa.gov/psd/data/gridded/data.cmap.html。

海面风应力（1950—2010年）来自 NCEP/NCAR Reanalysis (Kalnay et al., 1996) 资料：http://www.esrl.noaa.gov/psd/data/gridded/data.ncep.reanalysis.derived.html。

海面风（1950—2010年）来自 NOAA International Comprehensive Ocean-Atmosphere Data Set (ICOADS) (Woodruff et al., 2011) 资料：http://www.esrl.noaa.gov/psd/data/gridded/data.coads.2deg.html。

次表层的温度、盐度（1950—2010年）来自 Simple Ocean Data Assimilation (SODA) (Carton, Giese, 2008) 资料：http://www.atmos.umd.edu/ ~ ocean/data.html。